巴西美丽山 ±800kV 特高压直流送出二期特许经营权项目

管理实践

国家电网巴西控股公司　组编

中国电力出版社
CHINA ELECTRIC POWER PRESS

图书在版编目（CIP）数据

巴西美丽山±800kV 特高压直流送出二期特许经营权项目管理实践 / 国家电网巴西控股公司组编 . —北京：中国电力出版社，2021.9
ISBN 978-7-5198-5910-7

Ⅰ. ①巴…　Ⅱ. ①国…　Ⅲ. ①特高压输电–直流输电线路–电力工程–项目管理–巴西　Ⅳ. ①TM726.1

中国版本图书馆 CIP 数据核字（2021）第 182602 号

审图号：GS（2021）5769 号

出版发行：中国电力出版社
地　　　址：北京市东城区北京站西街 19 号（邮政编码 100005）
网　　　址：http://www.cepp.sgcc.com.cn
责任编辑：苗唯时　王蔓莉
责任校对：黄　蓓　王海南
装帧设计：郝晓燕
责任印制：石　雷

印　　刷：北京博海升彩色印刷有限公司
版　　次：2021 年 9 月第一版
印　　次：2021 年 9 月北京第一次印刷
开　　本：787 毫米×1092 毫米　16 开本
印　　张：19.5
字　　数：322 千字
印　　数：0001—1200 册
定　　价：150.00 元

编 委 会

巴西美丽山二期特高压直流输电项目公司总裁

国家电网巴西控股公司董事长　蔡鸿贤

2019 年 10 月 25 日，在巴西美丽山特高压直流输电二期项目提前 100 天投运后不久，中巴两国元首共同见证了项目正式投入商业运行。这条北起亚马逊地区、南至里约热内卢，横跨巴西 5 个州、81 座城市的"电力高速公路"，惠及约 2200 万人口，是国家电网公司服务和推进"一带一路"建设落地生效的标志性项目，成为中巴两国经贸领域合作共赢的一张"金色名片"。

美丽山二期工程全长 2539 千米，是世界上同电压等级输电距离最长的特高压直流工程，也是巴西历史上最大的输电工程。2015 年 7 月 17 日，国家电网公司与国际同行同台竞技，以恰好胜出的打折率独立中标美丽山二期项目。2017 年 9 月 1 日，在中巴两国元首的共同见证下，项目获颁开工许可，之后项目历经近 2 年建设，于 2019 年 8 月 22 日成功并网运行，成为我国首个在海外独立投资、建设和运营的特高压工程。

自 2010 年受命到巴西筹建国家电网巴西控股公司以来，我长期驻扎巴西工作，全面负责美丽山二期项目开发经营。美丽山二期项目自 2011 年起历经技术方案推介和比选、参与可研编制、特许经营权竞标、项目建设和项目运维，十分曲折而漫长，犹如"试金石"，检验着国家电网在巴西发展的成色。

国家电网公司于 2010 年进入巴西市场，以设立于里约热内卢的国家电网巴西控股公司为实施主体，开展输电网投资和运营业务。十年来，按照公司国际化战略和特高压"走出去"决策部署，巴控公司一步一个脚印实现了特高压巴西"三步走"发展战略，即推动巴西政府采用±800 千伏方案，联合中标美丽山一期项目，以及独立中标投资建设运营美丽山二期项目。在完美地实现特高压投资、建设、装备、运营一体化"走出去"战略目标的同时，巴控公司资产规模和经营效益也取得长足发展。2020 年，公司资产总额 290 亿雷亚尔，较 2010 年增长 7.0 倍，运行管理输电线路达 15 700 千米，年利润约 20 亿雷亚尔，位列巴西第二大输电企业，两次获巴西电力行业最佳企业；积极履行社会责任，赞助马累交响乐团、中巴文化交流等 50 多项社会公益项目，塑造了中国企业海外良好形象，公司获联合国全球契约组织"社会责任管理最佳实践奖"，国资委"中央企业先进基层党组织"，成为央企走出去的"排头兵"。

美丽山二期项目穿越巴西北部亚马逊雨林、中部塞拉多热带草原及东南部大西洋沿岸雨林等三个气候区，自然人文环境异常敏感复杂。在国家电网有限公司和国网国际公司的高度重视和正确指导下，美丽山二期项目建设集国家电网公司在巴西多年绿地项目开发经验之大成，在管理模式、施工组织和环境保护等方面进行了一系列创新，美丽山二期项目管理也荣获 2020 年国际项目管理协会（PMI）项目管理年度大奖，主要管理经验和创新有：

创新项目治理架构。为充分发挥国网公司特高压技术和管理综合优势，充分利用巴控公司本地化运营和属地协调能力，美丽山二期项目形成了"国网总部—国际公司—巴控公司—项目公司"四层组织结构，并对前段项目公司采用"股东会—董事会—高管委员会"三层治理结构，以项目公司为主体负责项目建设运营全过程的具体实施。

创新建设管理模式。借鉴世界最先进的管理技术和做法，项目建设采用 EPC 总承包模式，为有效管控项目进展，项目公司将 HSQE（健康安全质量环境）管理和风险管理纳入项目建设全过程，建立了符合巴西实际的、完整的项目管理制度体系，为项目公司全过程高效、合规运作提供了制度保障。结合国家电网公司成功管理经验，选派业主项目经理常驻现场加强施工现场管理，并聘请监理公司协助建设管控，项目建设进度和质量始终可控在控。

卓越环境管理成就绿色发展典范。世界级工程要有世界级环境保护。为达成"避免影响环境,增强巴西全国电力供应可靠性"总体目标,美丽山二期项目环境管理采用了"HSQE 管理委员会—首席环保官—环保部—第三方环保咨询单位"组织架构,在项目环保团队四年如一日,艰苦严谨高效开展环保工作的努力下,美丽山二期项目成为巴西近年来第一个零环保处罚的大型工程,获评"2019 年巴西社会环境管理最佳实践奖"。

按照以上项目治理和管控模式,在国网公司的有力领导下,项目公司和 50 余家参建单位近 4 万名中巴建设者们团结协作,夜以继日,倾力奋战,克服了属地协调繁重、环保严苛、施工条件恶劣等重重困难和挑战,实现了项目安全高质量提前投运,用引以为傲的建设成果,精彩展示了国家电网首个独资海外特高压工程建设者的风采。借此机会,再次感谢所有参建单位和参建人员。

集大成而开新局。美丽山二期项目投运后,项目团队深感我国电力企业在巴西开发建设绿地项目之艰辛,不仅市场环境与国内迥异,也面临着当地乃至国际企业的完全市场化竞争,于是及时组织有关方对工程管理经验进行了认真总结,希望对同行尤其是公司后续在巴的奋斗者们有所裨益,登高望远创造巴控公司更大的辉煌,为建设具有中国特色国际领先的能源互联网企业贡献力量。

2020 年 10 月

巴西　里约热内卢

2015 年 7 月，国家电网公司独立中标巴西美丽山±800kV 直流特高压送出二期项目（简称美丽山二期项目）。2017 年 9 月和 2019 年 10 月，在习近平主席和巴西总统的共同见证下，美丽山二期项目分别获得巴西政府颁发的开工许可和投运许可。

美丽山二期项目是巴西境内最大的水电站——美丽山水电站的送出工程，是将北部亚马逊流域清洁水电输送到东南部负荷中心，是巴西电网南北互联互通的主通道。该项目是国家电网公司服务和推进"一带一路"建设，并在海外成功落地生效的重大项目，是中巴两国遵循"共商、共建、共享"的理念在能源领域实现国际产能合作双赢的典范。

作为中国在海外首次独立投资、建设和运营的特高压输电项目，面对与国内迥异的社会经济和监管制度环境，美丽山二期项目开发建设的管理遇到了许多新问题和前所未有的挑战。国家电网公司集团化运作、周密部署，项目业主单位——国家电网巴西控股公司严格贯彻落实总部指示精神，充分依托和发挥集团技术和系统优势，严格遵守执行巴西各项法律法规，团结联合系统内各兄弟单位、巴西当地和国内外各参建单位，积极发挥主观能动性，坚守初心、勇于创新、沉着应对，提前建成美丽山二期项目，创多项南美电力工程纪录。

项目实现了"安全零事故、质量零缺陷、环保零处罚"的目标，创纪录提前 100 天投运，超预期满足了巴西电力监管、环保等政府主管机构的期望，更是在巴西严苛的环保要求之下，近 10 年来首个环保零处罚的大型电力工程。

坚持遵循"共商、共建、共享"的核心理念，项目建设近 70%的设备、材料和施工服务，超过 70%的资金来自巴西当地，建设期间为巴西当地创造税收 38.1 亿元人民币（约合 22 亿雷亚尔），为巴西提供了约 40 000 个就业岗位，高峰期有约 16 000 名中巴建设者同时参与建设；带动了超过 50 亿元人民币的中国国产特高压电工装备进入国际市场，整个项目周期实现了中巴互利双赢、共同发展。

项目动态总投资节省 12.5 亿元人民币（约合 7.2 亿雷亚尔），投资回报率增加 6%。

项目公司积极履行企业社会责任，被 Benchmarking Brazil（巴西标杆管理）机构授予 2019 年巴西社会环境管理最佳实践奖。

在美丽山二期项目的开发建设管理过程中，项目管理团队借鉴国内特高压工程建设管理成功经验，并结合巴西实际情况，为项目定制了规范的项目管理体系，涵盖 PMBOK 十大领域，总计 45 项制度流程；开发了三维可视化项目管理平台等现代信息化管理工具，应用于项目管理全过程，取得了良好的效果，形成了一系列值得分享的管理经验和成果，包括：建立了一套有效适应海外复杂社会人文环境的国际大型项目跨文化管理模式，为推进"一带一路"建设落地生效提供了一种可借鉴的模式；深度契合"绿水青山就是金山银山"的理念，形成了一套充分满足严苛的环保需求的"工程建设环保管理体系"，被誉为"用五千年文明之心呵护巴西的绿水青山"；建立了一套适合海外大型项目"风险管理"的量化管控工具和管控体系；培养了一支人才梯队，构建了中巴两国之间特高压技术、标准、装备交流互通的物流、人流、信息流渠道；积累了管理、技术、承包商和财务数据库，可推广应用到其他海外特高压项目。

为全面总结美丽山二期项目开发建设管理的成功经验，客观分析存在的问题和不足，国家电网巴西控股公司组织编写本书，作为国家电网有限公司后续特高压项目和其他境外大型投资项目开发、建设的管理的参考书。

全书主要分为三篇，篇一包括第一章～第六章，重点介绍美丽山二期项目开发建设的背景和意义、总体情况和成果，以及项目的内外部事业环境分析、项目推介、竞标工作、项目技术特点、项目的治理体系和组织管理架构。

篇二包括第七章～第九章，介绍项目环评许可、征地和投融资等三项主要建设准备工作。这三项工作与国内有很大差异，是在巴西建设大型基础设施工程项目的主要难点，因此侧重从工作的环境、过程、重点里程碑内容特点和工作执行的总体策划、组织和实施管理等角度介绍这三项工作的管理全过程，以望读者对各项工作的全过程有整体的了解。

篇三包括第十章～第十九章，介绍项目开工建设后，工程建设阶段对项目的设计、采购和施工建设等的管理。这个阶段各项工作主要困难在于项目国际化程度很高，人员、队伍和所有建设事项等的管理和沟通都必须严格按照国际规范的管理模式和语言来进行，才能达到期望的效果。因此，美丽山二期项目公司以国际通用的PMBOK 项目管理框架体系为基础，借鉴国家电网有限公司的管理标准，结合巴西当地实际，量身定制了涵盖 PMBOK 十大领域的管理体系，为项目全过程高效、合规运作奠定了基础。这部分内容主要按照 PMBOK 体系结构，对项目建设的范围、进度、成本、安全质量、资源、沟通、采购、风险、干系人管理等的管理工具、管理亮点，以及其中遇到的主要困难、挑战和创新克服措施等进行介绍，以供读者比较、借鉴和批评。

编　者

2021 年 3 月

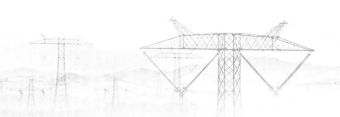
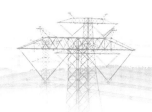

目　录

篇二　项目环保、征地和投融资

篇三　项目建设管理

篇 一

项 目 前 期

第一章

项目背景和意义

第一节　项目基本情况

美丽山二期项目是巴西境内最大、世界第四大的美丽山水电站的送出工程，是目前世界上最长的±800kV直流输电线路，也是巴西历史上规模最大的输电工程，直流线路全长2539km。项目动态总投资约152.3亿人民币（合87.9亿雷亚尔），建成后年度送电量可达200亿kWh，可满足巴西东南部负荷中心约2200万人口的年用电需求，被巴西政府列为国家级重大工程。

美丽山二期项目路径图如图1-1所示。

2015年3月，巴西电力监管局以30年特许经营权的方式向市场公开招标美丽山二期项目的投资运营商，2015年7月17日，中国国家电网公司旗下的国网巴西控股公司（简称巴控公司）以精准的报价在首轮开标中独立中标。项目中标后，巴控公司按照巴西监管要求及时成立项目特许权公司——美丽山二期项目公司，作为项目投资、建设和运营的责任主体单位，并于2015年10月22日与巴西电力监管局正式签署项目30年特许经营权协议。协议规定项目投运时间为2019年12月2日，建设工期近50个月，项目实际投运时间为2019年8月22日，比协议提前100天。

项目建设重要里程碑节点如图1-2所示。

图 1-1　美丽山二期项目路径图

线路途经81个城市，5个州
全长2539km

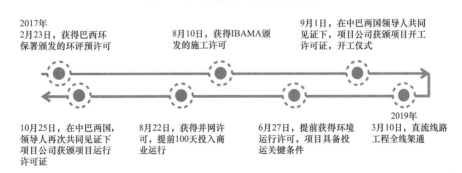

2017年
2月23日，获得巴西环
保署颁发的环评预许可

8月10日，获得IBAMA颁
发的施工许可

9月1日，在中巴两国领导人共同
见证下，项目公司获颁项目开工
许可证，开工仪式

10月25日，在中巴两国，
领导人再次共同见证下
项目公司获颁项目运行
许可证

8月22日，获得并网许
可，提前100天投入商
业运行

6月27日，提前获得环境
运行许可，项目具备投
运关键条件

2019年
3月10日，直流线路
工程全线架通

图 1-2　项目建设重要里程碑节点

第二节　巴西电力系统概况和项目建设意义

巴西是南美洲最大的国家，国土总面积约 851.6 万 km^2，总人口约 2.12 亿，均居世界第五；2019 年国内生产总值为 1.84 万亿美元，位居南美洲第一，人均 GDP 约 9000 美元，是全球发展最快的国家和重要的新兴经济体之一，与中国、俄罗斯、印度和南非并称"金砖五国"，被誉为"未来之国"。

巴西拥有得天独厚的丰富自然资源和完整的工业基础，油、水、矿、森林一应俱全，其中铁矿砂储量全球第五、出口量全球第二；镍矿占全球储量的 98%；锰矿、铝矾土、铅和锡等多种金属储量占世界总储量 10% 以上；森林面积居世界第二；农牧业资源得天独厚，盛产咖啡、可可、大豆、甘蔗、玉米等，产量都居全球之冠。

巴西的水资源极其丰富，雄踞世界第一，年平均降水量达 2000～3000mm，拥有亚马逊、巴拉那和圣弗朗西斯科等三大河系，其中横贯巴西北部的亚马逊河是世界上最长、最深、最宽和流量最大的河流，河长约 7100km，最大流量达 21 万 m³/s，超过世界上排名其后的 9 条大河流量总和。巴西全境河流多年平均年径流量达 6.95 万亿 m³，居世界之首，其中仅亚马逊流域多年平均年径流量就高达 6.938 万亿 m³，水能资源十分充沛，巴西水电资源总开发潜力达 2.6 亿 kW，居世界第三位，未开发潜力高达 1.45 亿 kW，其中 70%、约 1.05 亿 kW 分布在亚马逊河流域。这使得巴西形成了以水电为主导电源的电力供应格局，拥有包括世界装机排名第 2 的巴西与巴拉圭联合投资建设的伊泰普水电站（Itaipu）在内的众多大中型水电站，同时拥有较多调节性大水库，总蓄能可满足全国 5 个月用电需求，最大库容的桌山水电站（Serra da Mesa）和图库鲁伊水电站（Tucurui）调节库容分别高达 432.5 亿 m³ 和 389.8 亿 m³。截至 2018 年底，巴西电力总装机约 1.6 亿 kW，其中水电装机约 1.02 亿 kW，占比 64%。截至 2018 年底巴西各类电源装机情况如表 1–1 所示。

表 1–1　　　　截至 2018 年底巴西各类电源装机情况

类型	装机容量（万 kW）	占比
水电	10 216.02	63.92%
风电	1313.52	8.22%
核电	199.00	1.25%
火电	2657.94	16.63%
生物质能	1464.70	9.16%
太阳能	130.65	0.82%
其他	0.01	0.00%
总装机	15 981.84	100%

20 世纪末至 21 世纪初，随着巴西经济规模的扩大，电力供给不足问题日益突显，严重影响了经济发展和人民生活。为此，巴西政府规划在亚马逊河流域和其支流马德拉河、特里斯皮尔斯河流域建设包括美丽山水电站在内的多个大型水电站，以满足全社会不断增加的电力需求。巴西近10年主要规划开发水电分布图如图1-3所示。

图 1-3　巴西近 10 年主要规划开发水电分布图

巴西的经济发展和 70%的用电负荷主要集中在以圣保罗和里约热内卢为代表的南部和东南部发达地区，远离巴西北部的亚马逊河流域水电资源中心，能源资源与负荷需求呈逆向分布，南北跨度超过 2000km，与中国的情况类似。因此，巴西的国家电网系统和输电格局总体上形成了"北电南送、西电东送"的局面。

巴西的电网系统主要由国家互联电网系统（Sistema Interligado Nacional，SIN）和部分独立系统组成。其中 SIN 由巴西国家电力调度中心（Operador Nacional do

Sistema Elétrico，ONS，以下简称巴西国调）负责运行和管理，进行集中调度，分为北部电网、东北部电网、中西部电网、东南部电网和南部电网，已互联形成大规模区域互联电网，覆盖了巴西约 60% 的国土面积和 95% 的人口，输电占比 98.3%，并已实现与周边国家如阿根廷、乌拉圭、巴拉圭、委内瑞拉等国的互联，可进行电力交换。巴西电网系统的区域结构如图 1-4 所示；独立系统则主要分布在西北部亚马逊地区，即为西北电网，未与 SIN 互联，由小型孤立系统供电。

图 1-4　巴西电网系统的区域结构

　　巴西的输电网电压主要包括 230、345、440、500、±600（直流）、750kV 和 ±800kV（直流），输电线路总长度达到 14 万 km，是巴西国家互联电网系统的主要构成部分，其中各大区域电网均以 500kV 电网为主干网架，区域电网之间也主要通过 500kV 线路联系，形成全国统一电网；南部电网与东南部电网通过伊泰普水电站送出系统以及多回 230kV 线路互联，如图 1-5 所示。

图例

	已投运	规划中
230kV线路		
345kV线路		
440kV线路		
500kV线路		
750kV线路		
±600kV 直流线路		
±800kV 直流线路		

Ⓝ 线路回数

图 1-5　2020 年底巴西电网主接线图

　　由于巴西区域经济发展的不均衡以及能源资源与电力负荷呈逆向分布的特点，巴西的电网发展并不均衡，其中南部和东南部（包括中西部）负荷中心地区已形成了 500kV 较为坚强的主干网架，北部和东北部地区负荷发展则相对缓慢，地区的 500kV 主干网架较为薄弱；而巴西国家互联电网的各大区电网间主要通过 1～3 回 500kV 线路联网，联系较为薄弱，电网安全稳定运行水平仍有待提高。因此，巴西电网近 10 年主要规划建设重点是满足北部大量水电开发外送的需求，亟须建设大容量、跨区域、低损耗的远距离输电工程，能够将北部亚马逊地区的大量清洁水电大规模送到南部和东南部的电力负荷中心，实现更大范围的电力资源优化配置，加强国家互联电网主干网架建设，提高电网规模，如图 1-6 所示。

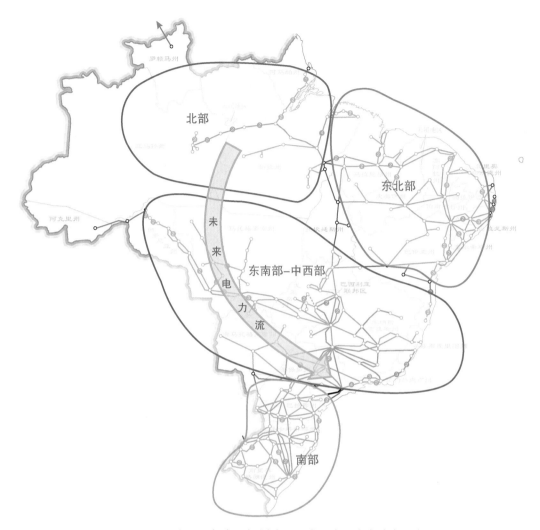

图 1-6　巴西近 10 年电网规划建设需求重点和电力流向示意图

　　国家电网公司 2010 年进入巴西市场后，敏锐地把握住了巴西在电力负荷快速增长的大背景下亟待北电南送的客观需求，积极跟踪和参与亚马逊河流域装机 11 233MW 的美丽山水电站电力送出技术方案的论证和研究工作，并最终促使巴西国家电力监管机构采纳了 2 回±800kV 直流特高压送出的建议方案。在送出工程的开发建设中，先是与巴西国家电力公司 2014 年成功竞得美丽山水电送出一期工程项目（以下简称美丽山一期项目）的特许权，并提前 60 天高质量建成投运；继而又再接再厉在 2015 年成功独立中标美丽山二期项目特许经营权，一举实现了中国在海外独立开发建设运营特高压直流输电项目的突破，并提前 100 天高质量建成投运。

美丽山一期和二期项目的成功建成投运不仅极大缓解了巴西电力系统的不均衡格局，而且两回特高压直流通道形成了良好的协同效应，显著增强了巴西国家骨干电网架构，有效提升了巴西电力系统的可靠性和安全稳定性，为巴西社会经济发展提供了坚强的能源保障，成为"大能源观"实践的全球典范。

第三节　项目技术方案的选择概况

美丽山水电站（Belo Monte）位于巴西北部亚马逊地区的帕拉（Pará）州阿尔塔米拉（Altamira）市附近的欣古（Xingu）河流域，总装机容量为 11 233MW，主坝装有 18 台混流式水轮发电机（共 11 000MW）、辅坝装有 6 台贯流式水轮发电机（共 233MW），是巴西境内最大、世界第四大水电站（仅次于中国长江三峡水电站、溪洛渡水电站和巴西巴拉圭伊泰普水电站），能够满足 6000 万人的年用电需求，对巴西社会经济发展有举足轻重的作用。项目于 2002 年启动规划，2011 年 3 月开工建设，2019 年 11 月底，18 台机组全部投运，如图 1-7 和图 1-8 所示。

图 1-7　美丽山水电站枢纽示意图

美丽山水电站功效的充分发挥依赖于电力送出工程，需要将美丽山水电站的电能高效、经济、环保地输送到位于 2000 多千米外东南部的工业化大都市。为实现美丽山水电送出，巴西电力规划机构曾经比较过 500kV 交流输电、750kV 交流输电、±600kV 高压直流输电等多个技术路线。针对目标负荷主要集中在东南部、需要远距离大容量传输的特点，选用高压直流输电技术具备一定的技术优势，但若采用类

图 1-8　巴西美丽山水电站全景

似于伊泰普或者马德拉河的 ±600kV 直流输电技术，在输送距离 2000km 以上时传输损耗将显著加大，美丽山输电项目技术路线几经易稿直到 2011 年底仍未最终确定。美丽山水电站在巴西的位置如图 1-9 所示。

图 1-9　美丽山水电站在巴西的位置

2010 年起，电压等级更高、传输容量更大、损耗更小的±800kV 特高压直流输电技术在中国成功实现商业应用，向家坝—上海、锦屏—同里等多个特高压直流输电工程陆续投运，为巴西电力专家提供了新的思路。特高压直流输电是一种创新的输电技术，一般用于距离 1000km 以上的大功率电能输送。中国已建设和运行的多个直流特高压项目将西部的水电和西北部的风电等清洁能源输送到使用燃煤热电的中部和东部地区，扩大了可再生能源的应用比例。巴西与中国在地理特征及能源分布方面有着很大的相似性，十分适用这项前沿技术。

2011 年起，国家电网公司技术专家多次赴巴西介绍中国在特高压输电方面的技术和经验。巴西专家也多次赴中国考察，经过对系统研究、设备制造、输电损耗、环境影响等多方面分析比选，充分认识了特高压直流输电技术的经济性、安全性和环境友好性。2012 年，巴西政府最终决定采用±800kV 特高压直流输电技术方案作为美丽山水电送出的唯一方案。

第四节　美丽山一期项目概况

2014 年 2 月，巴西电力监管局（Agência Nacional de Energia Elétrica，ANEEL）进行了美丽山一期项目的特许经营权招标，中国国家电网公司旗下的国家电网巴西控股公司和巴西国家电力公司下属的 Furnas 公司及北方电力公司组成的联营体共同竞得了美丽山一期项目特许权合同，三方在该项目的股比为 51%:24.5%:24.5%。项目中标后，按照巴西电力行业监管规定，三方于 2014 年 4 月 15 日注册成立美丽山一期项目公司，全权负责项目的投资、建设和运营，并于 2014 年 6 月 16 日签署特许权协议（生效日期为 2014 年 4 月 12 日），特许权经营期限 30 年。

美丽山一期项目线路总长 2076km，起于帕拉州，经过托坎廷斯州、戈亚斯州，止于米纳斯州南部，横跨巴西四个州、66 个城市，如图 1-10 所示。新建 400 万 kV 的±800kV 欣古换流站（美丽山一期）、新建 385 万 kW 伊斯特雷托换流站和两端接地极及其线路。美丽山一期项目于 2017 年 12 月 12 日成功建成投运，较特许权协议提前两个月，圆满承担了美丽山水电站已投运机组的电力送出任务。美丽山一期项目路径示意图如图 1-10 所示。

图 1-10　美丽山一期项目路径示意图

　　为配合美丽山水电站 2019 年底全部机组发电投运，必须在此之前完成美丽山水电送出二期项目的建设，并与美丽山一期项目一起协同完成美丽山水电的送出任务。经过长时间项目的前期研究，2015 年 7 月 17 日巴西电力监管局进行了美丽山二期项目特许经营权的招标，国家电网巴西控股公司递交了精准的竞争报价，成功中标。

项 目 综 述

第一节　项目的总体方案和主要建设内容

一、项目的技术方案

巴西美丽山水电站的送出工程经巴西政府的深入考察和调研，最终采用 2 回
±800kV 直流特高压送出的技术方案。两回工程的输送容量均为 400 万 kW，第一
回工程落点在巴西东南部米纳斯州和圣保罗州交界处（主要供电方向为巴西工商业
最发达的圣保罗州），第二回工程落点在巴西东南部负荷中心里约热内卢州，如
图 2-1 所示。

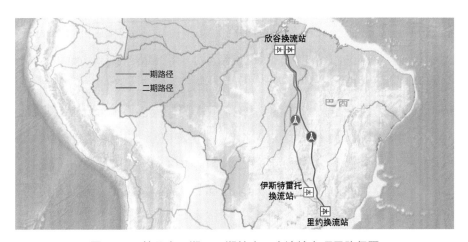

图 2-1　美丽山一期、二期特高压直流输电项目路径图

特高压直流输电技术是迄今为止技术难度最大、最复杂的输电技术，特别适合
长距离、大容量输电。当输电距离超过 1000km 时，直流特高压的经济性特别突出；

而且由于直流输电所需线路数量较少，所以输电走廊的占地比交流输电明显减少，具有绿色环保的特点。

直流输电技术示意图如图 2-2 所示。

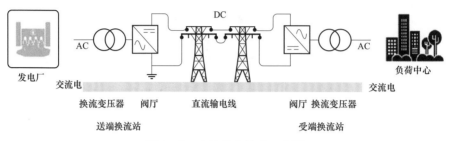

图 2-2　直流输电技术示意图

换流技术是直流输电技术的核心，美丽山二期项目的一项标志性创新是采用 ±800kV 单 12 脉动阀组，相比国内单级双 12 脉动技术而言，大大提高了换流阀单阀的电压等级，对换流变压器阀侧耐压水平、阀内晶闸管的电压均衡要求有很大的提高，需要进行全新设计。南瑞集团有限公司、中国西电集团有限公司等国内优秀的设备供应商从电场、磁场、结构、流体、热动力学等方面进行针对性研究，研制出性能稳定的单极单 12 脉动换流阀和换流变压器设备，现场运行稳定。

美丽山二期项目的另一项标志性的创新技术难题和成果是在世界上首次成功开发投运了用于协调控制美丽山一期、二期项目两回直流运行的协调控制系统（Master Control）。该系统以确保巴西北部尤其是美丽山水电站机组出力最大为原则，承担着控制协调美丽山水电站和装机容量为 8300MW 的 Tucurui 水电站共计超过 20 台发电机组及巴西北部送端电网、南部受端电网的重任，所控制装机和输电系统容量超过巴西全电网负荷的 10%，可以实现美丽山一期、二期直流与相关交流电网故障情况下功率转移，调增或调减发电厂出力等功能，从而最大程度地保障电网功率平衡和安全稳定，巴西国调中心及各电力公司都予以高度关注。该系统的建设需要融合多达十五家外部各类电力生产、输配公司的不同型号、技术规格的设备、系统和管理流程，技术难度极大、协调工作复杂，而且时间紧、要求高，其他跨国公司在巴西市场面对类似的、规模更小的系统融合需求时，长期无法解决。该系统的成功建成投运得到了巴西国调中心的高度赞誉。

二、项目的商业方案

美丽山二期项目的商业模式为 30 年特许经营,其主要特点如下:

(1)中标者获得该项目 30 年的特许经营权,负责项目的投融资、建设、运行和维护。建成投运后,特许权公司拥有的输电资产运营权由巴西国调中心负责集中调度和控制,经营者只需确保资产功能良好,随时可用,无论其是否输送功率或使用率如何(这些由巴西国调中心负责),就能每年获得稳定的特许经营协议约定的年度监管收入,用来支付运维费用、偿还贷款,并获得合理的投资回报。

(2)对于非外部原因导致的输电线路的停运,包括计划和非计划停运,巴西国调中心将视情况不同,对项目公司分别处以停电时间应得收入的 5~75 倍罚款,因此对工程的可靠性、连续性、恢复供电时间要求较高。

(3)巴西电力监管局每年对项目公司的年度监管收入进行调整,调整时主要考虑过去一年通货膨胀率等因素。如果项目公司对特许权资产有经电力监管局批准的新增投资,电力监管也将对年度监管收入进行重新审核、调增补偿。

三、项目的主要建设内容

美丽山二期项目工程建设范围主要分为线路工程和换流站工程两部分,包括新建一回±800kV 特高压直流输电线路,新建欣古换流站(美丽山二期)、里约换流站和接地极及其配套工程,如图 2-3 所示。

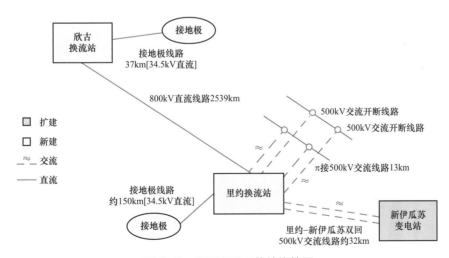

图 2-3　项目工程系统结构简图

线路工程北起亚马逊流域，止于东南部里约热内卢州帕拉坎比市（Paracambi），途径帕拉、托坎廷斯、戈亚斯、米纳斯、里约热内卢等 5 个州 81 个城市，经过亚马逊雨林、塞拉多热带草原、大西洋沿岸山地雨林 3 个迥异的地理气候区，跨越亚马逊、托坎廷斯河等 5 大流域、13 条河流，绕过 20 个自然保护区，地形多变、生态体系极其复杂、人文差异极大。

线路工程范围包括新建±800kV 直流输电线路 2539km，输送容量 400 万 kW；欣古换流站接地极线路 37km；里约换流站接地极线路 150km、500kV 同塔双回交流线路 32km 和 500kV π 接线路 13km，共分为 11 个标段，由来自中国和巴西的 5 家 EPC（Engineering Procurement Construction，设计供货施工总承包）公司承揽，如图 2-4 所示。

・±800kV直流线路2539km
・欣古换流站接地极线路37km
・里约换流站接地极线路150km
・500kV同塔双回交流32km
・500kVπ接线路13km
・共4448基铁塔，涉及地主3370个

图 2-4　项目线路工程范围和路径

换流站工程范围包括新建欣古换流站（美丽山二期）、里约换流站、两端接地极、8 座通信中继站，以及新伊瓜苏变电站扩建、π 接线路进线对应的 Furnas 变电站内改造工程，由中国电力技术装备有限公司 EPC 总承包，如图 2-5 所示。

图 2-5　项目换流站工程范围

第二节　项目开发建设过程和主要工作

在巴西，绿地输电项目开发建设总体过程的阶段划分与国内输电基建项目建设全过程的阶段划分类似，同样分为项目前期、工程前期、工程建设、总结评价四个阶段，但是由于两国工程建设管理体制、项目形成和建设模式、监管侧重点等方面的差异，所以各个阶段的具体工作有所不同，尤其是在项目前期和工程前期阶段，项目业主单位的工作内容差异较大，而这也正是巴西绿地输电项目开发建设管理最主要的难点和挑战所在，如图 2-6 所示。

	项目前期	工程前期	工程建设	总结评价
国内输电基建项目	◇ 项目立项 ◇ 可研编制 ◇ 可研审批 ◇ 规划意见书 ◇ 土地预审 ◇ 环评批复 ◇ 项目核准 ◇ ……	◇ 设计招标 ◇ 初步设计及评审 ◇ 物资招标 ◇ 施工图设计 ◇ 施工及监理招标 ◇ 施工许可办理 ◇ 四通一平 ◇ 项目管理策划	◇ 土建、基础 ◇ 安装、组塔、架线 ◇ 阶段性验收 ◇ 调试和验收 ◇ 投运和移交 ◇ ……	◇ 工程结算 ◇ 竣工决算 ◇ 达标投产 ◇ 优质工程评定 ◇ 项目后评价 ◇ ……
巴西绿地输电项目	◇ 项目立项（政府） ◇ 可研编制（政府） ◇ 可研审批（政府） ◇ EPC承包商等建设参与单位招标并签署"预合同"	◇ 初步设计及评审 ◇ 环评研究和环评施工许可证等许可证申请 ◇ 征地 ◇ 施工许可办理 ◇ 项目管理策划 ◇ ……	◇ 土建、基础 ◇ 安装、组塔、架线 ◇ 阶段性验收 ◇ 调试和验收 ◇ 投运和移交 ◇ 环保实施 ◇ 征地 ◇ 属地协调 ◇ ……	◇ 工程结算 ◇ 竣工决算 ◇ 达标投产 ◇ 优质工程评定 ◇ 项目后评价 ◇ ……

图 2-6 中巴输电基建项目开发建设全过程各阶段主要工作内容对比

一、项目前期阶段的中巴输电基建项目主要工作内容比较

国内输电基建项目的项目前期阶段是指由发展策划部门负责的从项目可研到项目核准的工作阶段，主要工作包括项目立项、可研编制、可研审批、规划意见书、土地预审、环评批复、核准等内容。但是，巴西绿地输电项目的建设运营实行的是特许经营制模式，项目建设运营单位必须通过竞标赢得项目的特许经营权，才能成为项目的业主单位，全权负责项目的投资建设和运营。因此，项目竞标单位在项目前期阶段的主要工作是完成项目建设所需的所有 EPC 承包商、设备物资供应商和其他环评、征地、财务等专业技术服务商的招标，与之签订预合同锁定价格，并在此基础上精确测算确定项目的投资规模、掌握监管规则及相关费用构成，如项目建设管理成本、融资成本、项目投资回报及运营期的运行维护成本等，从而确定自身的投标价格，进行特许权投标，而这些工作在国内基本都要到工程前期阶段才开始进行，而且也不需要进行项目竞标。

可见，与国内输电基建工程项目前期阶段的工作内容相比，巴西绿地输电项目的建设单位在项目前期阶段，除非受到相关政府部门邀请，无需参与项目的立项研究和决策、可研编制和审批等由政府监管部门负责的工作，但必须在没有参与初步

设计的前提下，在有限的时间内仅根据公示的招标文件开展前期工程调查、询价，基本确定项目的投资规模和完成相关建设参与单位的招标及选择，进行商业计划的分析研究，并参与激烈的特许权竞标，工作量、工作难度和风险都相对较大。

二、工程前期阶段的中巴输电基建项目主要工作内容比较

国内输电基建项目的工程前期阶段是指由基建管理部门牵头负责的项目开工前的建设准备工作阶段，主要工作包括设计招标、初步设计及评审、物资招标、施工图设计、施工及监理招标、施工许可相关手续办理、四通一平（通水、通电、通信、通路，施工现场平整）、项目管理策划等内容。相比较，在赢得项目特许经营权后，巴西绿地输电项目的所有建设参与单位招标工作基本都已在项目前期阶段完成，工程前期阶段除了跟国内一样需要进行初步设计和提交评审、项目施工管理策划和办理各种施工许可手续以外，与国内最大的不同在于需要进行十分繁复艰难的工程环境影响评价研究和保护方案设计工作，并提交巴西环境监管各相关部门审批，申请环评开工许可证以及征用项目建设用地。由于巴西严苛的环保法律体系和土地私有制，这两项工作的艰难、复杂和持久程度是国内难以想象和比较的，在巴西有个别工程长达十年之久都没能获批环评开工许可证。因此在巴西开发建设任何工程项目，能否获批环评开工许可证都是项目建设风险最大和最为关键的环节，很多融资机构都把获得环评开工许可证作为批准项目融资的主要前置条件。此外，对于像美丽山二期项目这样绵延 2500km 以上、项目沿线多达 3370 个地主的超大型工程，其征地工作的繁重和艰难也是不言而喻的，征地工作将一直延续到工程建设阶段。

三、工程建设和总结评价阶段的中巴输电基建项目主要工作内容比较

工程建设和总结评价阶段中巴两国输电基建项目的工作内容基本类似。但在巴西工程建设阶段还必须按照批准的环保实施方案严格落实各项环境保护措施并申请项目环评运行许可证，以及配合项目施工进度完成征地和线路跨越申请、其他电力工程特许经营权资产的接入等属地协调工作。

美丽山二期项目的建设过程主要包括工程前期和工程建设两个阶段，协议建设工期 50 个月，实际提前 100 天建成投运，其中整个工程前期阶段，从与电监局签订特许权协议至项目获颁环评开工许可证，用时近 2 年时间，项目建设的过程和主要里程碑事件如图 2-7 所示。

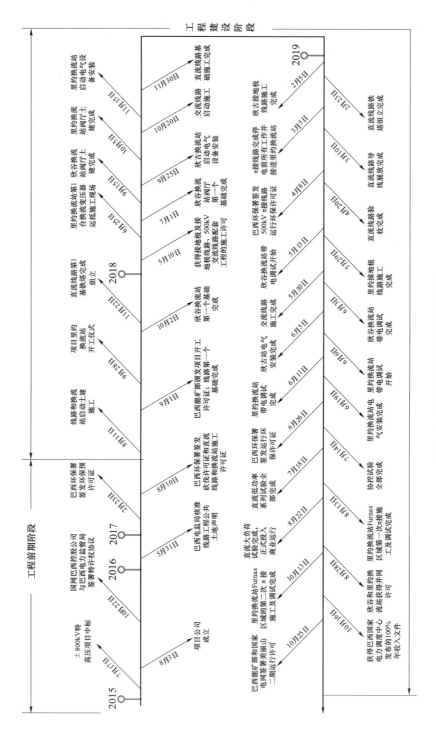

图 2-7 美丽山二期项目建设过程

第三节　项目的建设模式和主要供应商

一、项目的工程总承包建设模式

巴西的工程项目建设，包括美丽山二期项目的建设主要采用工程总承包（Engineering Procurement Construction，EPC）模式，由项目业主单位按照项目不同的建设任务和标段，向社会公开招标相应的 EPC 总承包商，签订总承包合同，由中标承包商按照合同约定对其负责的工程标段的设计、采购、施工、试运行等进行全过程包干实施和提供相关服务；项目业主单位则根据合同约定对各 EPC 承包商的服务进行全方位、全过程的管理。项目 EPC 建设模式如图 2-8 所示。

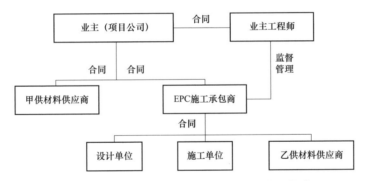

图 2-8　美丽山二期项目 EPC 总承包建设模式

EPC 总承包建设模式的项目业主方面的合同关系相对简单，既有利于业主对项目建设核心工作、重大风险的把控，也有利于承包商更好地发挥自身潜力。

由于巴西绿地输电项目的建设运营特有的特许经营模式，因此国网巴西控股公司在参与项目特许经营权的竞标过程中，就已通过公开招标方式基本选定了各主要 EPC 承包商，并通过竞争性谈判锁定合同价格，与各承包商签订了预合同。项目特许经营权中标后，由新成立的项目公司在预合同基础上与各承包商进行除价格以外的其他合同细节谈判，以总承包模式划分、界定甲乙双方的责任界面，详细定义双方在项目建设管理各方面（进度、质量、安全、环保等）的责任和义务，达成一致后，签订正式合同。

固定总价的 EPC 总承包合同规定承包商在确定的总价范围内，按照合同对其所承包工程的质量、安全、费用和进度等全方位负全责，从而在较大程度上锁定了项目业主的建设成本风险。因此，对项目业主来讲，该模式能够将项目成本风险管理前置，降低了项目后续实施中的不确定性，既锁定了成本，也有利于更清晰地界定双方之间的权责关系。

二、项目公司和 EPC 承包商的项目建设职责分配

美丽山二期项目 EPC 总承包合同中详细界定了项目公司和各 EPC 承包商在项目建设过程中各自需要承担的任务和相关的管理职责，为项目公司和各 EPC 承包商高效履行项目建设的各项管理职责奠定了基础，如表 2-1 所示。

表 2-1   美二项目 EPC 合同约定的项目公司和各承包商主要职责分配

业主承担的主要职责	承包商承担的主要职责
• 协调各专业单位商议线路走径； • 与当地政府和有关机构沟通，协调各种外部许可事宜； • 审批 EPC 承包商提交的设计图纸、施工组织计划等； • 进行环保和考古工作，编制相应专业报告； • 向巴西政府监管部门提交工程资料和专业报告，确保按期获得环保许可证； • 完成征地赔偿，解决土地纠纷，确保可按期进场； • 采购甲供设备和材料，按期到场； • 完成线路跨越申请批准、其他电力公司资产的接入等各种属地协调工作，确保可按期施工； • 管理施工质量、进度、安全、卫生等； • 竣工验收，并向巴西电力监管局申请投运；	• 进行地质、水文、土壤调查、测量； • 与环保、征地等公司共同商议线路路径； • 准备初步设计文件，准备施工图及施工组织方案等其他施工文档； • 配合业主向监管部门和业主提交设计图纸； • 按照巴西电力监管局技术规范书、巴西电力监管局和巴西国家电力系统运营及调度中心及协议的要求，完成系统研究（换流站工程）； • 按期完成为获得环保证所需的资料及配合工作； • 施工道路及临时营地土地赔偿，场区三通一平； • 非甲供设备、材料的采购供应和管理； • 土建、安装及试验； • 与已有或在建输电及通信系统连接，提供调试、运维所需的必要软件和设备； • 实施破坏区域的环境恢复计划及减少施工废物； • 建设必要的施工用办公室、仓库、食堂等，并保持完好状态，施工完成按照甲方要求拆除或保留； • 按照业主公司和巴西国家电力系统运营及调度中心的要求，完成项目调试； • 配合竣工验收和投运，整改发现的问题； • 工程完工后将全套工程文档及管理系统转移给甲方； • 提供运维人员培训，主要设备厂家驻站 2 年辅助运维

其中，项目公司主要负责完成和提供项目建设所需的各项前置准备工作和条件，包括环评研究和环评开工许可证、运行许可证等各种许可证的申请获颁，项目建设用地的征用，线路跨越许可、其他电力公司资产的接入等各种属地协调工作，管理项目安全、质量、进度、环境卫生，负责与主管机构沟通协调，创造良好的外部环境；此外，考虑到巴西当地 EPC 承包商财务实力有限、钢材和铝材价格受国际价格波动影响大，项目公司还承担了线路工程的铁塔钢材和导线两项主材的

采购工作。

各 EPC 承包商则负责项目的施工建设，包括队伍的组建、劳工培训、勘测、设计、采购、施工、测试、调试、验收、移交、培训和售后质保等工作，以及有义务按照合同义务接受项目公司的管理等。

如表 2-1 所示，环评、征地、线路跨越申请等工作是由项目公司负责，按照市场惯例，一般聘请巴西当地相应的环评和征地等专业公司来协助完成这些工作，项目公司同样根据与这些专业服务公司签订的技术服务合同对这些公司提供的服务进行全过程管理，以确保服务工作的质量、进度和成本，协调现场 EPC 承包商与土地业主的入场事宜，满足现场施工进度要求。此外，在环评、征地等工作中，EPC 承包商也需要配合完成技术资料提供等工作。

三、项目的主要供应商

美丽山二期项目建设的供应商主要包括如图 2-9 所示的六类，即换流站施工及设备采购、线路施工、导线采购、铁塔采购、环境保护和征地。

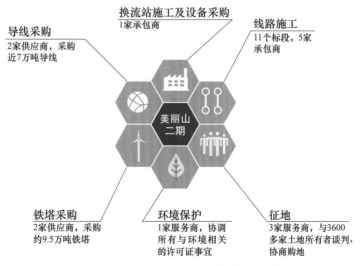

图 2-9　美丽山二期项目主要供应商类型

1. 换流站工程 EPC 总承包商和各主要分包商

美丽山二期项目的两端换流站、接地极和沿线 8 个通信中继站组成一个标包，由中国电力技术装备有限公司（以下简称中电装备公司）负责 EPC 总承包。

项目特许权中标后，项目公司以预协议为基础与中电装备公司迅速进行了正式合同谈判和签署工作，与此同时，中电装备公司也同步正式确定选聘了施工、技术分包商和设备供应商等建设单位，各主要分包商和设备供应商名单如表 2-2 所示。

表 2-2　　　美二项目换流站工程 EPC 承包商和主要分包商、供应商列表

换流站工程 EPC 总承包商		中国电力技术装备有限公司
技术分包商	系统研究与调试	中国电力科学研究院、南瑞集团公司
	成套设计	国网经济技术研究院
	施工图设计与审查	中国能建中南电力设计院、Marte 公司、Leme 公司
施工分包商	欣古换流站	Zopone 公司、CPC 公司
	里约换流站	Sendi 公司、CPC 公司
	换流阀安装，分系统调试	国网华东送变电公司、国网湖南送变电公司
	施工监理	Bureau Veritas 公司
国内设备供应商	±800kV 高端换流变	中国西电西安变压器公司
	欣古站换流阀以及两站控制保护、测量装置设备	南瑞继保电气有限公司
	里约站换流阀	中电普瑞电力工程公司
	平波电抗器	中国能建北京电力设备总厂
	直流绝缘子	抚顺电瓷制造有限公司
	避雷器	平高东芝（廊坊）避雷器有限公司
	通信	华为巴西公司
巴西/欧洲设备供应商	±400kV 低端换流变、站用电系统	ABB 巴西公司
	直流滤波器设备、交流场设备、穿墙套管	西门子巴西公司/西门子欧洲公司
	调相机	福伊特巴西公司

2. 线路工程 EPC 总承包商和各主要分包商

美丽山二期项目的直流线路工程由北至南共划分为 10 个标段，每个标段线路长度约 250km，欣古接地极线路与首段直流线路构成线路第 1 标段，里约接地极线路和受端交流线路构成线路第 11 标段，分别由 Tabocas 公司、国网新疆送变电公司、中国电建山东电建一公司、Incomisa 公司以及 Consórcio 公司（由中国电建福建电建公司、Alumini 公司及 SK 公司组成的联营体）五家 EPC 承包商总承包，如图 2-10 所示。

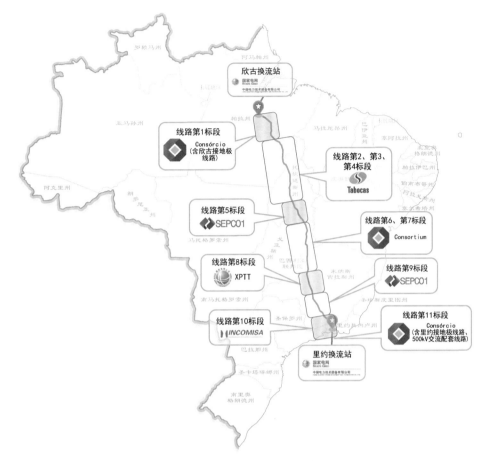

图 2-10　线路工程 EPC 情况

　　线路工程各标段的 EPC 总承包商和主要材料、监理服务等供应商名单如表 2-3 所示。

表 2-3　　项目线路工程各标段 EPC 承包商和主要材料、服务供应商列表

线路工程 EPC 承包商	第 1、6、7、11 标段	Consórcio（FJ-Alumini-SK）
	第 2、3、4 标段	Tabocas 公司
	第 5、9 标段	中国电建山东电建一公司
	第 8 标段	国网新疆送变电公司
	第 10 标段	Incomisa 公司
甲供材料供应商	铁塔	SAE Tower 公司、Brametal 公司
	导线	南瑞巴西公司、Alubar 公司
乙供材料供应商	绝缘子	Sediver 公司
	导线金具	中国电建成都电力金具公司、Salvi 公司

续表

乙供材料供应商	间隔棒	PLP 公司、Salvi 公司
	防震锤	PLP 公司、Salvi 公司、Procable 公司
	预绞丝	PLP 公司、Sadel 公司
	光缆	Procable 公司、Prysmian 公司
	光缆金具	Procable 公司、PLP 公司
	架空地线	Belgo 公司、Salvi 公司、Eletro Iuminar 公司
	地线金具	中国电建成都电力金具公司、Sadel 公司、Incomisa 公司
监理	施工监理	JMG 公司
	材料生产监理	DHM 公司

3. 环保服务商

通过公开招标，美丽山二期项目公司聘请了巴西知名的环保和工程咨询公司 Concremat 公司为项目的环保调查、研究、保护以及各种相关许可证的申请工作提供服务，主要工作内容如表 2-4 所示。

表 2-4　　　　　　　　　　　环保服务公司的工作内容

项目建设阶段	工作内容
工程前期阶段	• 向巴西国家环保署（IBAMA）提交环评工作导则、环评工作方案，进行现场调研，编制环评报告，组织举行公开听证会，获得环评预许可； • 落实环评预许可要求，编制环保基本计划，获得环评施工许可
工程建设阶段	• 完成环评施工许可和环保基本计划各项要求，获得环评运行许可

4. 征地服务商

美丽山二期项目的沿线征地服务工作分为三个标段，通过公开招标，项目公司聘请巴西市场知名的 MAPASGEO、AVALICON、Medral 三家征地服务公司为征地服务承包商，分别承担项目沿线 830km、950km 和 850km 的三个标段线路的征地工作，各自工作范围如表 2-5 所示。

表 2-5　　　　　　　　　　　征 地 公 司 工 作 范 围

征地公司	征地长度（km）	征地范围
MAPASGEO	830	帕拉州—托坎廷斯州
AVALICON	950	托坎廷斯州—米纳斯吉拉斯州
Medral	850	米纳斯吉拉斯州—里约热内卢州

征地服务商及工作范围如图 2-11 所示。

图 2-11 征地服务商及工作范围

第四节 项目的核心挑战和管理创新

一、项目建设和管理的核心挑战

作为±800kV 电压等级世界上线路距离最长的特高压输电项目，又是中国在海外首次独立建设的超大型绿地输电项目，美丽山二期项目的建设和管理遇到了前所未有的挑战，体现在以下几个方面：

（1）环境保护许可审批严，环境保护要求极其烦琐严苛，按时取得开工许可证压力巨大。巴西的环保法规条目多达 2 万多条，是世界上环保法规最多的国家，所有工程都必须取得开工许可证后才准许开工，而取证的审批程序十分繁杂、严苛。项目线路长度为 2539km，对沿线发现的动植物和考古遗迹等要求全部采取针对性保护措施；对沿线经过的所有城镇、自然保护区、矿区、地下洞穴和各种土著社区等，全部要求获得社区及相关机构同意，满足他们的各种诉求，环评工作难度极大。加上 2016 年、2018 年巴西政府连续换届，导致政府机构工作极不稳定，各项审批拖延、停摆，给开工许可证的按时获取带来极大挑战。

（2）征地难，项目征地工作十分繁重，难度极大。巴西实行土地私有制，项目沿线地主多达 3370 个，必须一一谈判，并严格配合施工进度完成相应征地协议的签署工作，工作量十分繁重，法律、进度、成本等权衡把握难度极大。

（3）施工的自然和社会环境复杂，施工条件恶劣，环境复杂，有效工期短，按时完工挑战巨大。巴西北部雨林地区雨季漫长，有效施工期较短，进度稍有偏差就可能遭遇雨季而导致极大的延误；加上线路经过的亚马逊河流域、北部原始森林、里约山地等的气候、地理环境均十分复杂恶劣，给通道修筑、施工运输带来了极大的挑战；同时，项目路径、塔型塔高塔距、施工计划等的设计必须与征地、环保、跨越审批、接口等工作的进度和结果相协调，变更较多，对进度控制要求极高；部分地区治安状况差、盗抢严重，时有黑恶势力阻挠等事件发生，对项目的工期、成本等都带来不小的负面影响，按时完工挑战巨大。

（4）协调量大，项目沿线和接口干系人类型多、数量大，各种需求繁杂迥异，沟通协调工作要求极高。送受端与多家其他输电经营商系统接口的协调接入，项目沿线涉及的 270 处河流和各种设施的跨越，印第安部落等当地居民的各种形式的阻工等各类事项的项目干系人等，都必须一一进行沟通、评估、应对各种额外要求，协调相关施工计划，迁移或改造部分受影响设施。所有迁改图纸、施工措施等涉及的所有手续、计划和资质等全部需要经过相应业主同意，并获得当地政府、主管机构等的正式批准方能施工，沟通协调工作量极大，技巧要求极高。

（5）工程自动控制技术要求高，在世界上首次实现两回特高压直流输电工程联合协调控制，技术难度极大。项目建设内容包括能实现本项目与美丽山一期项目的两回特高压直流输电工程的协调控制、安稳控制和共用接地极控制等功能的联合协调控制（Master Control，MC）系统的开发，在国际上没有先例，系统开发和调试极其复杂，技术难度极大。

二、项目管理的创新点

为应对这些核心挑战和适应国际工程项目的特点和需求，美丽山二期项目公司在项目管理实践中成体系地开发应用了一系列创新的项目管理工具和方法，取得了良好的效果。

（1）建章立制，构建符合 PMBOK 知识体系框架的项目管理制度体系。项目公司成立之初就以 PMBOK 框架体系为基础，借鉴国家电网公司的管理标准，结合巴西当地的实际情况和国网巴控公司的实践经验，量身定制项目管理制度体系，涵盖 PMBOK 十大领域，总计 45 项制度流程，如图 2-12 所示，为项目全过程高效、合规运作奠定了基础。

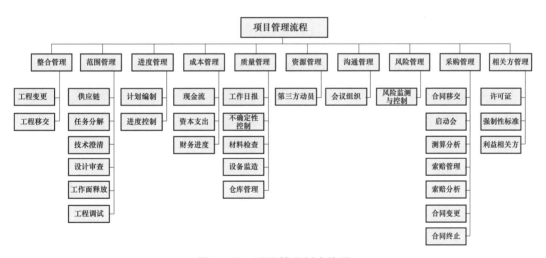

图 2-12　项目管理制度体系

（2）创新质量、安全、环境保护与职业健康管理组织架构，系统建立适合巴西当地实际的制度体系，如图 2-13 所示。项目公司于 2017 年 5 月初成立了质量、安全、环境保护与职业健康管理委员会，由项目公司首席执行官任委员会主任，首席技术官和首席环保官任委员会副主任，首席技术官负责质量委员会，首席环保官负责环境、安全和健康分委员会，统筹推进项目的质量、环境、健康、安全和社会责任管理体系工作。

同时，项目公司引入国家电网公司成熟有效的安全质量管控系列文件和先进施

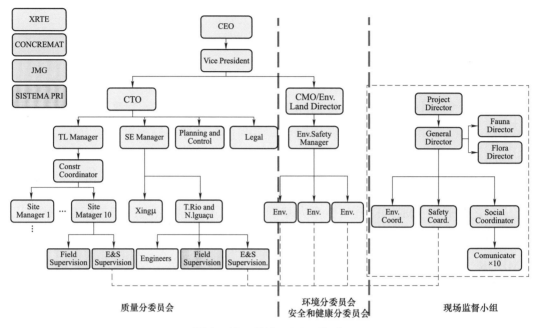

图 2-13　项目 HSQE 体系

工方法，如《±800kV 架空送电线路施工及验收规范》《±800kV 换流站施工及验收规范》系列文件、《国家电网公司输变电工程施工安全风险识别评估及预控措施管理办法》等，结合巴西当地和公司实际情况，制定了完整有效的适合巴西工程建设管理特点的质量、安全、环境、职业健康管控体系文件，提升了项目公司安全、质量、进度管控水平，经批准后下发各 EPC 承包商实施。

图 2-14　项目风险点的十个类别

（3）系统构建项目风险控制、监测和应对流程体系，加强日常风险管理。项目公司成立之初构建了系统的风险管理流程体系，并采用同业对标、调查问卷、专项会议、现场调研等方法，辨识了项目从工程前期阶段到工程投产全过程共 10 个类别，338 个风险点，如图 2-14 所示。对这些具体的风险点，再根据其对项目成本、进度和影响范围的灵敏度等因素确定其风险等级和应对措施。同时，还聘请德勤公司参与对项目全过程实施日常风险监控，不断滚动更新风险记录册和各项风险的分级，每周向项目公司高管会汇报和提供应对建议。

（4）开发应用地理信息系统（Geograpbic Information Sytem，GIS）三维可视化项目建设管理平台，提升项目管理效率。项目以三维 GIS 提供的真实、直观的三维虚拟可视化环境为基础，将各类工程实体及管理要素进行可视化数字表达，与现有各专业系统兼容，整合形成了一个快捷、高效、全面的可视化项目建设管理平台，如图 2-15 所示，打通了项目进度、征地环保、安全质量、资源管理、辅助运维等管理业务模块，可通过各类终端上传各关键工序过程照片，自动归并工程建设过程，形成征地合同路权文件、各塔技术资料及图纸等各类文件、图纸、档案，实现建设档案一键化移交运维，大大提升了项目管理效率。

图 2-15　项目 GIS 三维可视化项目管理平台界面

（5）应用 Construtivo 平台设计、审批图纸，方便图纸版本管理和修改、审批流程。项目全过程应用巴西最成熟的商用文件管理系统—Construtivo 平台，对设计图纸提交、审核、批准、分发进行无纸化管理，每周根据图纸提交计划跟踪上传、审查、审批状态并滚动更新，促进了设计协同效率的提升，为竣工图一键化移交创造条件。Construtivo 系统界面如图 2-16 所示。

三、项目管理创新成果

通过项目的建设管理实践，探索形成了以下一些可复制、可推广的创新项目管理成果，可以供今后类似项目的实施管理参考借鉴：

（1）制定了一套以 PMBOK 知识体系框架为基础的，结合国家电网公司成功管理经验和巴西实际的完整的海外大型绿地项目建设管理体系。

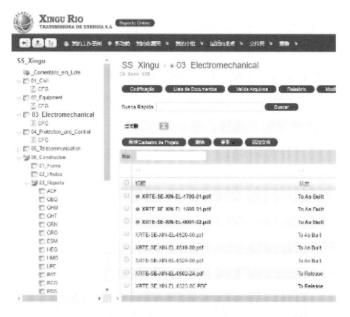

图 2-16　Construtivo 系统界面

（2）系统建立了一套适合巴西当地实际的质量、环境、安全和职业健康管理技术标准和制度体系文件。

（3）成功开发应用了 GIS 三维可视化项目建设管理平台，为现代信息化技术在海外项目管理中的实践提供了示范。

（4）探索形成了一套有效适应海外复杂政治、社会和人文环境的国际工程项目干系人管理模式。

（5）探索形成了一套充分满足严苛的环保需求的巴西工程建设环保管理体系。

（6）建立了一套高效的国际特高压输电工程项目管理体系和项目实施数据库。

第五节　项目的战略价值和经济、技术、社会效益

一、项目的战略价值和经济效益

（1）美丽山二期项目打造了一条贯穿巴西南北大陆的"电力高速公路"，是巴西电网南北互联互通的主通道，年度送电量达 200 亿 kWh，可满足约 2200 万人口的年用电需求；与美丽山一期项目一起解决了巴西北部亚马逊流域清洁水电外送和消纳的难题，将清洁水电远距离、大容量、低损耗地输送到东南部负荷中心；首次

实现两条直流输电稳定协调控制策略，与美丽山一期项目形成良好的协同效应，显著增强了巴西国家骨干电网架构，有效提高了巴西电力系统可靠性和安全稳定性，为巴西社会经济发展提供了坚强的能源保障。

（2）美丽山二期项目是近年来中巴电力能源领域国际产能合作的标志性成果和重要里程碑，为解决巴西能源供应问题贡献了中国方案，将有力推动两国全面战略合作伙伴关系的持续发展，实现中巴双方互利互惠、合作共赢。

（3）美丽山二期项目是央企服务和推进"一带一路"建设在海外落地生效的成功典范，项目建设坚持遵循"共商、共建、共享"的核心理念，坚持本地化运作，项目建设近 70% 的设备、材料和施工服务，超过 70% 的资金来自巴西当地，整个项目周期为巴西提供了大量就业岗位和税收，造福当地人民，实现了中巴互利双赢、共同发展，打造了"一带一路"建设新名片。

（4）美丽山二期项目是中国在境外首个独立投资建设运营的特高压直流输电特大型工程，是中国特高压成套技术在海外的首次大规模推广应用。美丽山二期项目的完美竣工是国家电网公司全球化发展道路上的里程碑，突破性地提升了中国特高压的品牌含金量，是中国特高压走向世界的一张"金色名片"。

（5）实现了项目的经济效益目标，股东投资回报率较商业计划增加 6 个百分点。

二、项目的技术、社会效益

（1）项目建设全方位推动了中国特高压技术标准在巴西落地生根。项目实施过程中，国家电网公司与巴西电力监管局、巴西国调中心、巴西电科院、巴西国家电力公司等政府相关部门和机构技术交流共 140 余次，组织中方技术专家、设计人员与巴西技术人员开展交流累计 400 多人次，促成巴西电力监管局借鉴中国特高压成熟运行指标，优化运行考核原则；推介中国特高压技术标准体系，并在项目施工、安装和调试全过程应用。

（2）项目实施攻克了美丽山特高压直流送出一期、二期工程的协调控制、安稳控制和共用接地极控制功能等一系列难题，推动了巴西电力技术的进一步升级，获得巴西电力监管机构和业界的高度评价。

（3）项目实施形成了一套国家电网公司海外特高压建设管理实践体系，培养建立了一个适应特高压国际项目建设管理和技术输出的人才梯队，构建了中巴两国之间特高压技术、标准、装备交流互通的物流、人流、信息流渠道，积累了一套国际特高压建设管理、技术、施工组织、财务运作数据库，这些成果在未来还可以进一步推广到其他特高压直流输电新建和改造工程。

（4）项目建设过程中，秉持可持续发展理念，严格履行企业环保责任，环保投入超 3000 万雷亚尔，共历时 25 个月，对两端换流站及沿线 2539km 线路走廊进行了全面的环境调查及保护救助，共调查动物 936 种，救助濒危植物 60 种，异地恢复植被 1100 公顷❶；考古勘探 4492 处，发现并保护遗址和天然洞穴 710 处，全都进行了严格的保护，项目环境保护成就卓越，为巴西近年来第一个零环保处罚的大型工程，获评 2019 年度巴西社会环境管理最佳实践奖，成为尊重环保、合法经营的典范，树立了国家电网公司技术引领、责任央企的国际化品牌形象，有力地提升了中资企业形象。

（5）项目社会责任投入超 1200 万雷亚尔，共建设和修复超过 1970km 的道路和 350 座桥梁；实施社会责任项目 19 个，向沿线帕拉州和托坎廷斯州的 33 个受疟疾影响城市捐赠了 692 套医疗器械和设备，还培训了 93 名疾控人员，以加强疟疾的预防、诊断和治疗；为沿线特殊群体保护社区援建果汁厂、社区活动中心、清洁水井等；资助了被联合国的教育、科学及文化组织认定为世界遗产的里约热内卢瓦伦哥码头遗址的历史文化抢救工作，该码头是奴隶抵达美洲的唯一物质遗迹，大约有 100 万的非洲奴隶在 1811～1831 年间从该码头上岸。

三、项目获奖情况

美丽山二期项目荣获多项荣誉：2019 年全国电力行业优秀设计一等奖（如图 2-17 所示），2019 年巴西社会环境管理最佳实践奖（如图 2-18 所示），2020 年国际项目管理协会年度大奖（如图 2-19 所示），2020 年第六届中国工业大奖（如图 2-20 所示）等。2021 年 2

中国电力规划设计协会文件

电规协技〔2020〕65 号

关于公布 2019 年度电力行业（火电、送变电）优秀勘测、优秀设计、优秀标准设计和优秀计算机软件获奖项目的通知

序号	工程名称
22	巴西美丽山±800kV 特高压直流送出二期项目换流站及接地极新建工程

图 2-17 2019 年全国电力行业优秀设计一等奖

---

❶ 公顷：1 公顷 = 10 000m²。

月项目正在申报国家优质工程金奖。

图 2-18　2019 年巴西社会环境管理最佳实践奖

PMI (中国) 2020　项目管理大会

项目管理大奖评审结果通知

由贵司申报的《巴西美丽山水电±800kV 特高压直流送出二期项目》，经 PMI(中国)项目管理大奖评审委员会的审议，一致通过授予：

2020 年 PMI(中国)项目管理大奖 ── 年度项目大奖

图 2-19　2020 年国际项目管理协会年度大奖

图 2-20　2020 年第六届中国工业大奖

第三章

项 目 事 业 环 境

任何项目的管理首先必须全面分析项目的内外部事业环境特点，明确外部环境因素对项目开发建设可能造成的各种积极和消极影响，以及内部环境中可供项目开发建设使用的各种资源能力条件情况，以作为项目管理规划过程的主要输入，帮助提炼确定合理的项目目标和进行有效的项目管理策划。

美丽山二期项目作为我国在海外首次独立开发建设的大型绿地输电项目，对项目开发建设和管理影响较大的外部环境因素主要是巴西政府电力行业的体制和监管制度，包括输电项目立项和开发经营的体制及监管制度，以及输电项目建设运营的监管制度；内部环境因素主要包括国家电网公司系统和国网巴西控股公司在特高压直流输电项目开发建设方面的技术、经验、人才和长期扎根巴西积累的市场资源、经验等能力条件。

国家电网巴西控股公司从 2010 年进入巴西伊始，就高度重视外部事业环境的研究，系统地组织了对巴西及南美电力市场和行业监管体制的跟踪分析，为巴控公司在巴西连续成功并购和开发建设数十个输电项目，快速成长为巴西第二大输电公司提供了不可或缺的关键基础信息。美丽山二期项目管理团队在此基础上，全面梳理更新和分析了与项目相关的内外部环境因素现状及其对项目管理的影响，深入辨识项目内外部的主要干系人种类和需求，并据此提炼出项目成功的主要前提条件，制定了恰当的项目管理总体目标，为美丽山二期项目的成功奠定了基础。

第一节　项目的外部事业环境特点

一、巴西输电行业的体制和结构概况

1. 体制概况

巴西输电行业总体上实行特许开发、明确收益、统一调度、政府监管的体制。根据 1995 年颁布的《特许经营法》(第 8987 号联邦法律)和 2004 年的《公私合作关系法》(第 11079 号联邦法律,也称作 PPP 法),巴西目前所有的新建电力设施资产全部以特许经营权模式进行投资、建设和运营,由政府统一规划立项,并以拍卖或投标方式向全社会公开招标项目的特许权经营者,中标者一般被授予 30 年特许经营权,全权负责项目的投资、建设和建成后的运行维护,并接受政府监管部门的管理。

其中,输电资产建成投运后,由政府行业监管部门负责集中调度和控制,经营者只需确保资产功能良好,随时可用,无论其是否被使用或实际输电量多少,都能每年获得稳定的特许经营协议约定的年度监管收入,用来支付运维费用、偿还贷款,并获得合理的投资回报;但如资产发生各种计划或非计划的停运,则要按照有关监管规则接受相应的处罚。

2. 结构特点

巴西的输电行业自 20 世纪 90 年代进行私有化改革以来,经过多年的发展,已形成了较为成熟的市场化体系,至 2015 年美丽山二期项目特许经营权投标前,全国已建成的 220kV 及以上输电线路达 14.14 万 km,约为中国的 1/5(中国输电线路总长约 68 万 km);行业内约有 25 家主要参与企业,前 7 大企业拥有 92% 的市场份额,市场集中度较高,竞争合作态势较为复杂,如图 3-1 所示。

3. 美二项目潜在竞合关系研判

巴西输电行业内的参与者主要分为巴西国家电力公司系统企业、地方州电力公司、欧美大型电力建设企业、其他企业四类,各类主要代表企业和在美丽山二期项目上与国家电网公司可能的竞争合作情况如下:

(1)巴西国家电力公司。巴西国家电力公司是巴西最大的国有电力公司(简称巴电公司),其旗下拥有北电、FURNAS 等多家巴西老牌大型输电公司,实力强劲,

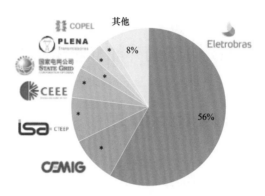

图 3-1 巴西输电行业的市场结构

且在美丽山一期等项目中曾与国家电网巴西控股公司有过紧密合作，很大可能成为国家电网巴西控股公司在美二项目上的主要竞争对手。但是，在 2015 年美二项目投标前期，巴电公司受巴西国家石油公司"洗车"腐败案影响等原因，出现融资困难、资金紧张等问题，在前期曾放弃了多个输电特许权项目投标，单独投标的可能性较小，但有意愿与国家电网巴西控股公司继续组成联营体参与项目。

（2）巴西地方电力公司。巴西地方电力公司实力相对较平均，当时也普遍存在资金紧张问题，实力较强的几家公司，如米纳斯州下属的 CEMIG 公司 2015 年需偿还数亿雷亚尔融资，资金链紧张；巴拉纳州下属 COPEL 公司因资金不足退出先前与国家电网巴西控股合作过的特里斯皮尔斯二期项目竞标。因此，根据各种信息研判，巴西地方电力公司参与美丽山二期项目特许权投标的可能性不大。

（3）西班牙奥本加公司。西班牙奥本加公司是欧美大型电力建设企业的代表，是当时巴西市场上 EPC 承包业务能力最强的公司之一，同时也作为特许权商参与项目投标。2015 年初，奥本加公司通过股本置换重组，由控股关联公司收购在运资产等方式，为巴西的新建项目筹集资金陆续做了大量准备工作，因此奥本加公司有很大可能参与美丽山二期项目特许权投标。

（4）其他公司。除了奥本加公司以外，当时巴西输电市场上还有其他欧美和当地私有的输电工程开发或建设企业，以及 ABB、西门子等大型跨国电力设备生产商。但是由于美丽山二期项目建设规模大、技术要求高、资金投入多，如 CYMI、ISOLUX、ELECNOR 等巴西市场上其他西班牙公司，以及 ALUBAR 等当地私有投资者都不具备参与美丽山二期项目特许权投标的条件，这些公司大部分更倾向作为 EPC 承包商参与项目建设；而 ABB、西门子、阿尔斯通等公司则更倾向于参与供货集成或参与换流站 EPC 总承包，不太可能直接参与项目开发。

二、巴西电力行业的主要监管机构

为了保障电力行业的平稳运行，与电力行业的特许经营体制相配套，巴西政府设立了一套完整的电力行业监管机构和制度，力求达到合理电价、可靠供电、普及接入的行业目标，主要分为政府管理、行业监管以及专业管理三类机构，各类机构的具体部门、职责任务和相互关系如图 3-2 所示。

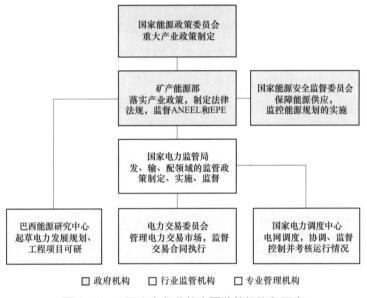

图 3-2　巴西电力行业的主要监管机构和职责

1. 政府管理机构

承担政府管理职能的部门主要有国家能源政策委员会、矿产能源部和国家能源安全监督委员会。这类机构的主要职责是确立国家能源产业目标，制定相关法律法规和产业政策并维护司法秩序。其中，国家能源政策委员会主要负责制定国家能源产业目标和相关的产业政策；由矿产能源部负责制定相关的法律法规，并根据法律法规落实相关的产业政策，监督下属监管机构和专业管理部门的工作；国家能源安全监督委员会则负责监控各项能源规划的实施，确保国家能源供应。

2. 行业监管机构

巴西电力行业的具体监管事务则由国家电力监管局负责。国家电力监管局是根据巴西政府的 9427 号法令，在 1996 年末成立的，隶属矿产能源部，专门负责电力行业发电、输电、配电等各领域监管政策的制定和实施，包括电力市场技术和经济方面的监管工作，颁发电力企业经营许可证，规范电力市场行为，通过年度许可收入等工具管理输电特许权企业等。

3. 专业管理机构

巴西电力行业的专业管理机构包括巴西能源研究中心，电力交易委员会以及国家电力调度中心等。其中巴西能源研究中心负责对巴西能源行业，包括煤炭、石油、电力等进行战略研究，为矿产能源部制定能源发展战略提供决策支持；电力交易委员会负责管理巴西电力交易市场，监督交易合同执行；国家电力调度中心负责国家的电网调度运行，管理输电网络，并对发电输电业务进行协调、监督和控制，确保巴西电力供应的稳定性，同时提高供电业务的安全性。

上述各类机构中与美丽山二期项目的开发、建设和运营直接相关的部门主要包括矿产能源部、国家电力监管局、巴西能源研究中心和国家电力调度中心。

此外，在巴西建设运营任何工程项目，还必须严格遵守各项环境保护法律法规，接受以巴西环保署为代表的各环保部门的独立监管，必须获得巴西环保署颁发的环保施工许可证、环保投运许可证等各项环保许可证才能进行施工和投入商业运营。

三、巴西新建输电项目开发运营全过程的监管

巴西新建输电项目开发运营的全过程，从行业监管角度看，可以划分为项目规划及立项、可行性研究、特许经营权招标、项目建设、运行维护五个阶段，参与各阶段工作的主要监管部门和各部门的主要职责任务如表 3–1 和表 3–2 所示。

表 3–1　　　　巴西输电项目立项、可研和招标阶段的监管部门及职责任务

阶段	矿产能源部	国家电力监管局	国家能源研究中心	国家电力调度中心
规划及立项阶段	总体负责 每年召集巴西能源研究中心、国家电力调度中心、国家电力监管局开会审议输电发展计划、输电改扩建计划和可研项目方案比选卷建议的项目，确定未来 3 年内需完工的新建和扩建项目，并公布输电网新扩建计划	参与评审 参与 MME 每年召集的项目评审会议，审议输电发展计划、输电改扩建计划和可研项目方案比选卷建议的项目，提出评审意见	负责编制相关规划，提出大型项目 ● 10 年能源规划； ● 5 年输电发展计划； ● 项目可研 R1 卷(方案比选卷)	负责编制改扩建规划 ● 输电项目 1~3 年改扩建计划
可行性研究阶段	审核批准	审议，提出意见	负责编写 ● 编写可研 R1 卷 ● 牵头组织编写可研 R2、R3、R4 卷	审议，提出意见

续表

阶段	矿产能源部	国家电力监管局	国家能源研究中心	国家电力调度中心
特许经营权招标阶段	统筹指导	总体负责 成立招标委员会，并负责编制标书、澄清、资格审查、组织开标、签订特许权协议等招标工作	配合编制标书技术部分	配合编制标书技术部分

表3-2　　　　　　巴西输电项目建设和运维阶段的监管部门及职责任务

阶段	国家电力监管局	国家电力调度中心	国家环保署
项目建设阶段	● 批准初步设计 ● 跟踪工程月度进度 ● 对工期延误等问题进行调查和处罚 ● 批准公共用地申请 ● 批准工程投运和年度监管收入收益 ● 审批特许权公司的股权等情况变动	● 审查初步设计 ● 审查投运研究报告 ● 接收投运申请并作技术检查 ● 将以上审查结果提交国家电力监管局	● 审批环保预许可证 ● 审批环保施工许可证 ● 监督现场施工环保措施落实情况 ● 审批环保投运许可证
运行维护阶段	● 年度和周期性年度监管收入调整 ● 核定扩建工程的造价和年度监管收入 ● 批准研发基金的使用 ● 制定指导性规程 ● 考核断电时间和断电次数等指标 ● 审批股权等方面的变动 ● 行政裁决	● 监视、控制和集中调度 ● 制定生产运行规程 ● 分析停电原因、日常运行考核处罚	● 周期性审核环保投运许可证

1. 项目规划及立项阶段

巴西输电项目的规划及立项由巴西能源矿产部总体负责，由能源研究中心和国家电力调度中心提出建议项目，巴西能源矿产部召集会议审议并确定项目。

其中，能源研究中心负责编制10年能源规划和5年输电发展计划，每年滚动更新，从保持输电与用电、输电与发电平衡关系角度提出项目，大型输电项目均由能源研究中心提出。

国家电力调度中心负责编制3年输电改扩建计划，每年滚动更新，从保证系统调度运行可靠性的角度提出项目，此类项目多为中小型的改扩建项目。

巴西能源矿产部则每年组织巴西能源研究中心、国家电力调度中心、国家电力监管局召开会议，审议、确定未来3年内需完工的新建和扩建项目，并公布输电网新扩建计划。

2. 可行性研究阶段

巴西经巴西能源矿产部批准确定的新建输电项目共需编制4卷可研报告，各卷的基本内容如下：

（1）可研第 1 卷（R1）—方案比选报告：在经济和技术等方面进行方案比选，并推荐首选方案。

（2）可研第 2 卷（R2）—详细技术参考报告：包括基本技术参数要求、导线形式和设备选型建议、详细系统计算等内容。

（3）可研第 3 卷（R3）—环境分析报告：包括线路及换流站（变电站）的环境与社会分析。

（4）可研第 4 卷（R4）—接入已有系统分析报告：包括与本项目有关的已有变电站的系统图及参数。

其中，国家能源研究中心负责编写所有项目的可研第 1 卷（R1）；可研第 2、3、4 卷一般由国家能源研究中心牵头，并组织国家电力监管局、国家电力调度中心、本地输电公司及相关研究机构参与编写；规模较小的项目，则直接指定与该项目关联性最强的资产所有者编制。可研方案最终由巴西能源矿产部审核批准。

3. 特许经营权招标阶段

巴西新建输电项目的可研方案获得巴西能源矿产部批准后，由国家电力监管局总体负责项目特许经营权的招标工作。国家电力监管局将成立招标委员会，并负责编制标书、澄清、资格审查、组织开标、签订特许权协议等各项招标工作，国家能源研究中心和国家电力调度中心需配合进行标书技术部分的编制。招标流程的主要环节具体工作如下：

（1）招标公示。招标前 2 个月公示项目的可研报告和招标文件，招标前 1 个月公布正式标书和技术规范书。标书中规定年监管允许收入年度监管收入上限、建设期、特许经营期、年度监管收入调整依据等。

（2）正式招标。正式招标在圣保罗证交所举行，递交标书、开标、定标均现场完成，私有/公有公司、基金公司都可参加，年度监管收入报价最低者中标，中标方现场签署预中标书。

（3）中标签约。中标者获得项目 30 年的特许经营权，负责项目的投融资、建设、运行和维护，每年获得年度监管收入，以支付运维费用、偿还贷款，并获得合理的投资回报。

中标者应按照标书要求成立新的特许经营权公司，特许权公司将与国家电力监管局签订特许经营权协议（Concession Agreement）、与国家电力调度中心签订传输服务协议、与其他特许权公司和用户签署服务共享协议，合约体系和各合约的主要内容如图3-3和表3-3所示。

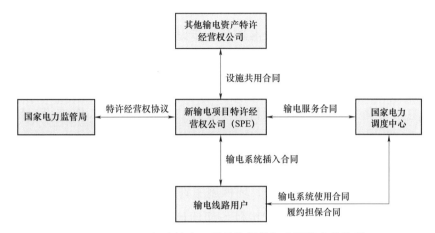

图3-3 巴西新建输电项目特许经营权公司的合约体系

表3-3 　　　　　　巴西新建输电项目特许经营权公司各项协议的主要内容

合约名称	合约的签署机构和主要内容
特许经营协议	国家电力监管局与输电特许经营公司签订的合同，约定特许经营的范围和特许经营商需要承担的输电服务、费用和其他义务以及特许经营公司的权利。协议条款约定了各种程序、处罚和费用，包括用户支付担保和对输电线路运营公司设备停运的处罚等
输电服务合同	国家电力调度中心与输电特许经营公司之间签订的并经电监局批准的标准合同，规定特许运营商向用户提供电力输送服务的条款和条件，并服从国家电力系统运营商的管理和协调
设施共用合同	两家输电特许经营公司之间签订的合同，规定设施共享的程序、权利和责任
输电系统接入合同	输电特许经营公司与输电线路用户（发电商、配电商和直供大客户等）之间订立的合同，规定通过连接设施与主干电网连接的技术要求和其他条件
输电系统使用合同	国家电力调度中心作为系统运营商，代表特许经营公司，与电网用户（发电商、配电商和直供大客户等）之间签订的并经电监局批准的标准合同，规定电网用户使用主干电网的条款及条件（包括电费收缴和支付机制），对国家电力调度中心调度和协调电网运行服务的监管
履约担保合同	国家电力调度中心作为特许经营公司代表、银行账户管理人和系统运营商，与电网用户签订的合同。依据该合同，国家电力调度中心可以在用户未能履行支付义务（如输电系统使用合同中相关规定）的时候，进入用户指定银行账户，以保证国家电力调度中心和特许经营商的利益

对于工程规模较小、与已有特许权公司资产关联性较强的扩建项目，国家电力监管局将直接授权该特许权公司进行扩建，并核定扩建部分的造价和年许可收入。

4. 项目建设阶段

巴西新建输电项目的特许经营权公司是项目建设的主体，全权负责项目的建设，并与参建项目的各 EPC 承包商、业主工程师、环保、征地公司等签订服务合同，同时接受国家电力监管局、国家电力调度中心和国家环保署的监管。

其中，国家电力监管局负责批准项目初步设计（Basic Design）、跟踪工程月度进度、对工期延误等问题进行调查和处罚、批准路权申请、批准工程投运并开始收取年度监管收入、审批特许权公司的股权等情况变动。

国家电力调度中心负责审查项目初步设计（Basic Design）、审查投运研究报告、接收投运申请并作技术检查，并将以上审查和检查结果提交国家电力监管局。

巴西环保署等环保部门独立负责项目环保审批及环保措施的实施情况，包括：审批环评报告，颁发环保预许可证、环保施工许可证、环保投运许可证。获得环保施工许可证是项目正式开工和银行拨付长期项目融资的先决条件；获得投运环保许可证是项目正式投运并获得年度监管收入的先决条件。

5. 运行维护阶段

在运行维护阶段，巴西环保署主要负责周期性（3～5 年）重新审核输电资产的环保工作情况，并重新颁发投运环保许可证，以及对特许经营权公司的环保违规事项进行处罚。国家电力监管局和国家电力调度中心的主要监管工作内容如下：

（1）国家电力监管局的监管内容和年度监管收入的调整。国家电力监管局负责按照双方签订的特许权协议，按照经济均衡的原则，对年度监管收入进行年度和周期性（5 年）调整；核定授权扩建工程的造价和年度监管收入；批准研发基金的使用；考核断电时间和断电次数等指标、审批股权变动等。

1）年度调整。在每年 7 月按照前一年度的通货膨胀率对年许可收入进行调整，通货膨胀率可参考 IGP－M（巴西市场综合物价指数）或 IPCA（巴西全国消费者价格指数）两个指数。

2）周期性修订。从特许经营期的第 5、10、15 年度对年许可收入进行修订，目的是保障投资方的收益不因不含通货膨胀的基准债务成本的变化而受到的影响，也保障扣除特许经营商因为最终债务（通常由巴西发展银行提供优惠贷款）的减少而获得的收入，并最终调整用电电价，使用户受益。特许经营期周期性调整不涉及运维费用、投资费用和股本费用。

（2）国家电力调度中心的监管内容和对输电资产停运的处罚机制。

国家电力调度中心负责按照双方签订的服务传输协议，监视、控制和集中调度输电资产；制定并下发生产运行规程；分析事故原因，核定停电等系统不可用罚款；

负责相应输电资产使用费用的计算和协调支付。

国家电力调度中心按月向输电特许运营商支付许可收入，基数是年许可收入的月平均值，并根据输电设备的停运时间（System Unavailability）进行扣减。停运分为计划停运和非计划停运两类情况，根据情况不同，予以不同的处罚。

计划停运是指提前向国家电力调度中心提出申请的停运，包括维护性停运，对输电资产进行建设或改造导致的系统建设停运，以及为特定用户接入电网实施建设和改造引起的用户接入停运三种情况。

非计划停运就是未提前24h提出申请并获得批准的停运，基本是由于厂房、设施、设备事故等造成的停运。

根据输电特许经营商每月实际发生的计划停运和非计划停运时间，ONS将对其当月的年度许可收入进行扣减，扣减公式如下

$$PVI = \frac{PB}{24 \times 60D} \cdot \left(K_P \sum_{i=1}^{NP} DVDP_i \right) + \frac{PB}{24 \times 60D} \cdot \left(\sum_{i=1}^{NO} K_{o_i} DVOD_i \right)$$

式中　PVI——该月总的扣减额；

PB——失效资产部分每月可得的许可收入基础，即失效资产对应的RAP的1/12；

D——该月的天数，24×60是每天的分钟数，所以$24 \times 60D$就是该月的分钟数；

$DVDP_i$——每次计划停电的时间；

NP——该月计划停电的总次数；

$DVOD_i$——每次非计划停电的时间；

NO——该月非计划停电的总次数；

K_P——计划停运罚款的加权系数，统一定为10；

K_{o_i}——非计划停运罚款的加权系数，根据每次非计划停运的情况，给予不同的值，最高可到75。

根据上述公式可见，对于非外部原因导致的输电线路的停运，包括计划和非计划停运，国家电力调度中心将视情况不同，对项目公司分别处以停电时间应得收入的10～75倍罚款。

对于由于外部原因等导致的停运情况，可以自动或通过向国调中心申请免于处罚，包括：不可抗力，最初投运的6个月，监管或调度方国调中心要求的停运，由

于国调中心调度不当或其他运营商原因造成的停运，持续时间少于 1min 的停运等。

值得指出的是，对于每次停电的罚款年度监管收入基数，仅是按照导致该次停电的失效资产模块对应的年度监管收入基数，而不是整个项目全部的年度监管收入基数。

可见，对于输电特许经营商收入影响最大的就是每月的资产停运处罚，如果超过一定比例，输电经营商将会严重亏损，因此对输电资产的可靠性、恢复供电时间要求较高。所以输电特许经营公司在项目规划和商业计划编制时就要对项目的目标质量、建成后的运行维护成本、建成后可能的各种计划内和计划外的停运时间，以及相应可实际获得的年度收入等进行仔细的测算，寻求工程投资、可靠性、运维成本之间的最优平衡组合，以获得理想的投资回报；项目建成投运后应加强对输电工程的运行维护，不断提升运维能力，及时排除各种停电风险，提高工程的可靠性、减少非计划停电次数，提高一旦发生非计划停电的恢复供电能力；而对于每次非计划停电，都要加强跟国家电力调度中心的沟通，分析停电的具体原因和实际失效的资产范围，以尽量减少处罚的资产范围和罚款的倍数。

综上所述，巴西的国家法律较为健全，电力行业具有较为成熟、稳定的监管框架和体系，政策较透明，从法律上保障了项目能够成功建设及 30 年特许经营期的运营和收益。

第二节　项目的内部事业环境特点

与常规绿地输电项目相比，特高压直流输电项目的技术要求更高、更复杂，项目规模也更大，对资本能力、管理能力等的要求也更高。尤其是美丽山二期项目是当时世界上输电线路最长的直流特高压工程，也是巴西历史上规模最大的输电项目，其成功建设和运营对目前世界上领先的任何一家电力企业都是极大的挑战。国家电网公司在深入分析了公司系统内部相关的各项资源能力条件后认为，在建设和运营特高压直流输电项目的技术、资金、管理、经验、成本等各方面都具有较为明显的竞争优势，在巴西也已经积累了足够的在当地开发建设大型绿地输电项目的经验和能力，完全有能力和优势独立竞标美丽山二期项目的特许经营权，并确保项目的成功建成和顺利运营。

1. 国家电网公司具有国际领先的直流特高压输电技术和系统集成能力

特高压是指电压等级在交流 1000kV 及以上和直流 ±800kV 及以上的输电技

术，具有输送容量大、距离远、效率高和损耗低等技术优势。2004 年以来，国家电网公司联合各方力量，在特高压理论、技术、标准、装备及工程建设、运行等方面取得全面创新突破，掌握了具有自主知识产权的特高压输电技术。2010 年 7 月，国家电网公司投运第一条特高压直流输电工程——"±800kV 向家坝—上海"特高压直流项目。截至 2019 年底，国家电网公司建成投运"十一交十一直"22 项特高压工程，核准、在建"三交三直"6 项特高压工程。特高压交流和直流工程分别荣获 2012 年度、2017 年度国家科技进步特等奖，如图 3–4 和表 3–4 所示。

与此同时，经过多年持续努力，国家电网公司依托在国内特高压输电项目上的不断成功实践，进一步推动了特高压输电技术、规范和标准的全球化应用，为特高压输电大规模发展应用奠定了坚实基础，实现了"中国创造"和"中国引领"，为中国电力引领世界能源发展潮流赢得了主动权。

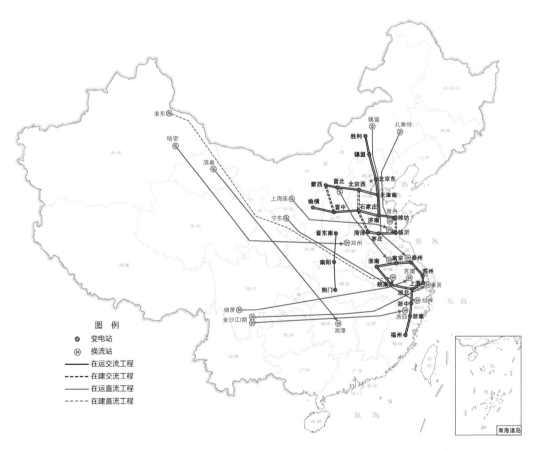

图 3–4　国家电网公司在建在运特高压工程示意图（截至 2019 年底）

表 3-4　　截至 2019 年底国家电网公司已投运特高压直流输电工程（截至 2019 年底）

工程名称	电压等级（kV）	额定功率（MW）	投运年份
向家坝—上海	±800	6400	2010 年
锦屏—苏南	±800	7200	2013 年
溪洛渡—浙西	±800	8000	2014 年
哈密—郑州	±800	8000	2014 年
宁东—浙江	±800	8000	2016 年
酒泉—湘潭	±800	8000	2017 年
山西晋北—江苏南京	±800	8000	2017 年
上海庙—山东	±800	10 000	2017 年
锡盟—泰州	±800	10 000	2017 年
扎鲁特—青州	±800	10 000	2017 年
准东—皖南	±1100	12 000	2019 年

2. 国家电网公司具有雄厚的资金实力和强大的融资能力

在 2010 年国家电网巴西控股公司进入巴西时，中国电网规模已排名全球首位，国家电网公司在当年《财富》世界 500 强排行榜中已排名第 8（2020 年最新排名第 3），在公用设施行业榜单中位列第 1。

作为中国乃至全球最大的公用设施企业，国家电网公司具有雄厚的资本实力和优异的信用等级。国家电网公司旗下的国网国际公司是国网巴控公司的母公司，在 2012 年首次开展国际信用评级，此后评级连年提升，目前国际三大评级机构对国网国际公司的主体信用评级全部进入 A 级行列。以此为基础，公司不断拓宽境外融资渠道，从单一资本市场向多个资本市场进军，大幅降低融资成本。据公开资料显示，国家电网公司多次境内外发债均获得投资人青睐，融资成本显著低于同类企业平均水平。例如，2017 年国网国际公司首次利用金融工具，累计实现约 8 亿欧元的零利率和负利率融资，因此，国家电网公司不仅具有雄厚自有资金实力，而且还具有高水平的国际资本运作能力和高质量的融资体系。

此外，经过多年的耕耘和积累，国网巴控公司在巴西本地资本市场也已建立了优秀的信用和广泛的融资渠道，国际知名信用评级机构对该公司的信用评级甚至超过巴西的国家主权信用评级，因此，凭借国家电网公司股东雄厚的资本实力保障和国网巴控公司自身优异的信用等级，公司具有足够的能力确保获得足额的低成本贷款，满足美丽山二期项目建设的资金需求。

3. 国家电网公司具备卓越的大电网安全生产能力和丰富的特高压直流输电工程
运维经验

国家电网公司拥有全球首屈一指的大电网安全生产能力和运维经验，掌握着特高压、智能电网核心技术。截至 2019 年底，国家电网公司在国内经营区域运营的 110（66）kV 及以上输电线路长度达 109.4 万 km，变电（换流）容量为 49.4 亿 kVA，所运行管理的电网规模居全球各大电力公司之首。

国家电网公司经营区域的电网供电可靠性高，据中国国家能源局发布的数据显示，2019 年，国家电网公司经营区域内，城市供电可靠率达 99.955%，农村供电可靠率达 99.815%，达到世界领先水平。

除电网的常规运营外，国家电网公司卓越的电网运营能力还在无数次成功的重大活动、救灾抗灾、突发事件、用电高峰等场景的电力保障中得到体现和验证。这些场景的电力供应需要更为严苛的可靠性保障和安全保障，例如每年召开的全国两会，以及奥运会等重大赛事，需要考虑的因素多，出现事故的影响大，对电力保障工作要求较日常明显提高；而救灾抗灾期间，电力保障通常需要在复杂恶劣的环境下快速反应，保电工作的难度较日常急剧增加。这些场景都对国家电网公司提出了极大的挑战，但也锤炼出了公司卓越的电网运营能力。

此外，在美丽山水电送出工程之前，国家电网公司已在国内建成投运了多条直流特高压输电项目，具有丰富的特高压直流输电项目的运行维护能力和经验。因此，国家电网公司具备足够的成功运营美丽山二期项目的能力和经验，能够确保满足巴西的电网运行监管规则，保证项目资产的正常运行时间和项目的收益。

4. 国家电网公司具备高效的集团化运作管控能力和系统优势

作为代表世界最高输电技术水平和有着全球输电距离最长的 ±800kV 特高压直流输电工程，美丽山二期项目的开发建设需要聚集电力工程的系统研究、工程设计、设备制造、建设、调试、运维等全产业链的众多高水平机构和专家共同参与和支持，对项目承建单位的系统成套能力要求极高。

国家电网公司系统旗下拥有特高压直流输电工程全产业链的企业和人才，例如有主营海外电力工程 EPC 总承包的中国电力技术装备公司；有负责系统研究和调试的中国电力科学研究院，有负责成套设计的国网经济技术研究院；有长期参与国内特高压直流设备供货的设备企业或市场合作伙伴，如南瑞集团有限公司、河南平高电气股份有限公司、中国西电集团有限公司等。

国家电网公司总部具有强大的集中统一管理能力，能充分发挥公司集团化运作的系统优势和核心技术能力优势，可以根据美丽山二期项目的建设进度和业务需要，调集公司旗下各专业有关单位、专家参与和支持项目建设及运营，实现密切协作、无缝衔接，以充分利用和传承公司在特高压直流输电领域的"全产业链"资源优势和多年积累的相关优秀经验，从而有效保障中国特高压直流输电技术精准落地巴西，确保美丽山二期项目高质量建成投运。

5. 国网巴控公司已积累形成巴西大型绿地输电项目开发建设经验和优秀人才队伍

国网巴控公司从 2010 年成立以来，经过多年的艰苦开拓，2019 年已发展成为巴西第二大输电公司。截至 2019 年 6 月，国网巴控公司共拥有中巴员工共 656 人，下属 18 家全资输电特许权公司，5 家控股输电特许权公司，资产总额约 285 亿雷亚尔，在巴西电力行业享有广泛的赞誉和影响力，多次被评为巴西电力能源行业最佳企业，其资产分布图如图 3-5 所示。国网巴控公司主要发展历程如表 3-5 所示。

表 3-5 国网巴控公司主要发展历程

时间	事件
2010 年 5 月	国家电网公司通过收购巴西 7 个特许经营权项目进入巴西输电市场
2010 年 7 月	国家电网公司成立国网巴控公司整合收购的资产，12 月国网巴控公司正式接管运营并购的 7 个特许权公司
2011 年 11 月	国网巴控公司（持股比例 51%）与巴西国家电力公司旗下 Furnas 公司（持股比例 49%）联合投标，中标公司成立后的首个绿地项目——500kV 路易斯安那和尼格变电站扩建项目
2012 年 3 月	国网巴控公司（持股比例 51%）与巴西州属电力公司 COPEL（持股比例 49%）联合投标，中标巴西特里斯皮尔斯输电特许权一期项目（简称 TP 一期项目）。该项目包含 LotA 和 LotB 两个标段，其中 LotA 标段涉及 1008km 500kV 同塔双回输电线路，包含 3 座新建开关站，1 座扩建变电站，LotB 标段涉及 239km 500kV 单回线路和 345km 500kV 同塔双回输电线路，包含 1 座新建开关站，2 座扩建变电站
2012 年 6 月	国家电网公司里约大厦正式启用
2012 年 7 月	公司集控中心正式投入运行，公司集约化运营能力大为提升
2012 年 12 月	国网巴控公司从西班牙 ACS 公司手中收购 7 项巴西特许经营权资产
2012 年 12 月	国网巴控公司（持股比例 51%）与 Furnas 公司（持股比例 24.5%）和 COPEL 公司（持股比例 24.5%）联合投标，中标 2012 年 07 号输电特许权项目 G 标段项目，该项目涉及 967km 500kV 输电线路
2013 年 11 月	国网巴控公司首次独立中标 07 号输电特许权项目 P 标段
2014 年 2 月	国网巴控公司（持股比例 51%）与 Furnas 公司（持股比例 24.5%）和北电公司（持股比例 24.5%）联合投标，中标巴西历史上首个特高压直流输电项目——美丽山水电±800kV 直流送出一期项目。该项目总投资约 64 亿雷亚尔，涉及 2076km ±800kV 直流线路，输电容量为 4000MW，包含送受端共 2 座换流站，途经巴西 4 个州
2015 年 7 月	独立中标美丽山水电站±800kV 直流送出二期项目。该项目总投资约 90 亿雷亚尔，涉及 2539km ±800kV 直流线路，输电容量为 4000MW，包含送受端共 2 座换流站，途经巴西 5 个州

续表

时间	事件
2016 年 4 月	独立中标特里斯皮尔斯输电特许权二期项目。该项目包括 PRTE 和 CNTE 两个部分,前者涉及 1008km 500kV 输电线路和 4 座 500kV 变电站的扩建,后者涉及 262km 230kV 输电线路、1 座 500kV 变电站扩建和 1 座 230kV 变电站新建
2017 年 12 月	美丽山一期项目提前 2 个月竣工投产
2019 年 1 月	特里斯皮尔斯二期项目提前竣工并投入商业运行
2019 年 8 月	美丽山二期项目提前 100 天投运

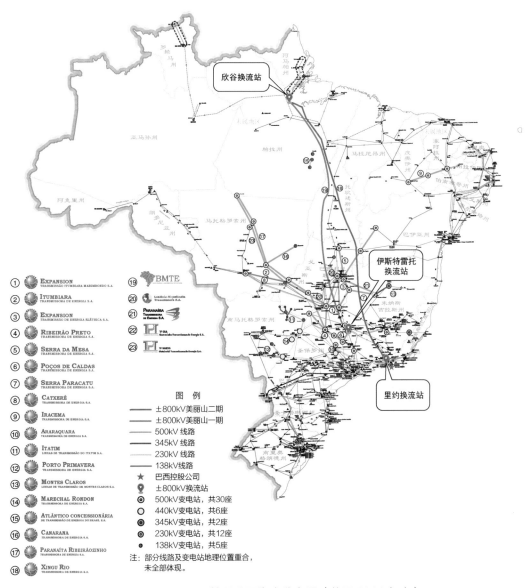

图 3-5 国网巴西控股公司资产分布图(截至 2020 年底)

如表 3-5 所示,在美丽山二期项目之前,国网巴控公司已经在巴西合作或独立开发建设了包括美丽山一期项目在内的多个大型绿地输电项目,在此过程中逐步积累形成了丰富的适应巴西当地市场特点的大型绿地输电项目开发建设和运行维护经验能力;同时也积累了一批当地的 EPC 承包商、环评服务商、征地服务商、设备生产商等队伍资源和相应的不同电压等级、不同建设地区的参考造价标准、队伍资质能力等数据库,能够充分满足绿地输电项目开发建设所需的各种本地化能力资源需要;特别是通过多年的开拓积累和积极履行企业社会责任等工作,公司在巴西电力行业、有关政府监管部门和资本市场上已建立起了深厚的社会资源网络,在当地社会上树立起了极佳的社会形象和声誉,为公司各种事项的沟通和争取各界支持铺平了道路;最后,公司也逐步建立起了一支以巴西当地高素质人才占大多数的、中巴融合的优秀人才队伍,已完全适应公司和项目的本地化运作需要。

因此,国网巴控公司已具备满足美丽山二期项目建设运营所需的各种巴西本地化资源能力和复杂的前方属地协调能力,完全能够承担和保障国家电网公司世界领先的特高压直流输电工程系统能力在巴西和美丽山二期项目上有效落地,确保项目高质量建成投运。

第三节　项目成功的事业环境条件

根据上述关于美丽山二期项目事业环境分析的结果,可以得知美丽山二期项目成功必不可少的各种事业环境前提条件,主要包括以下四项:

(1)本质能力方面,国家电网公司具备世界领先的特高压技术和系统集成能力,国网巴控公司在巴西市场积累形成了丰富的大型绿地输电项目建设经验和优秀的人才队伍。

(2)监管政策方面,巴西的国家法律较为健全,电力监管框架较为稳定,政策较透明,能够保证美丽山二期项目的成功建设和 30 年特许经营协议的实施。

(3)社区和环境方面,虽然巴西土地私有化,但是巴西电监局有公共设施用地许可规定;环境保护要求严苛,但监管规定和审批流程清晰,从法律上保障了项目征地和环保执行的可行性。

(4)融资方面,有国家电网公司股东资金保障和巴控公司在本地市场建立的优秀信用体系,能够获得足额的低成本贷款。

第四节　项目主要干系人

通过全面分析美丽山二期项目的内外部事业环境,项目管理团队得以分辨出对项目成功影响较大的主要干系人种类,并深入辨识了各类干系人对项目的期望,制定了恰当的项目管理总体目标,为下一步项目管理各项策划工作奠定了基础。美丽山二期项目涉及的项目干系人繁多,主要可分为十二类,具体描述见第十五章。

在深入辨识分析项目主要干系人期望的基础上,美丽山二期项目确立的项目管理总体目标是:在满足所有项目干系人期望的前提下,安全、优质、高效地建成美丽山二期项目,实现安全可靠、技术先进、绿色环保、国际一流的建设目标,保证项目特许期内的安全稳定运行,确保国家电网公司战略意图的实现。

第四章

项目推介和竞标

　　美丽山二期项目是贯彻国家"走出去"发展战略、推进"一带一路"建设的重要成功实践，是国家电网公司不断深化推进既定的国际化发展战略的必然结果。

　　早在 2005 年左右，国家电网公司就从总部层面开始探索国际化发展路径，逐步确立了公司的国际化战略。与此同时，经过多年持续努力，依托特高压直流技术在国内的不断成功实践，国家电网公司在特高压电网技术方面逐步取得了国际领先地位，成为具备投资、建设和运营特高压输电工程全过程能力的公司。特高压直流输电技术具有指标领先、运行安全、经济高效、绿色环保等特性，特别适合于远距离、大容量输电需求，因此受到印度、俄罗斯、巴西等国家的关注。为此，国家电网公司明确了特高压直流技术"走出去"的战略目标：一方面，国内实践所积累的特高压技术优势和工程经验在国际上通过市场竞争得以推广应用；另一方面，特高压技术在海外成功落地进一步树立公司的品牌知名度，提升国际市场竞争力，增强我国在特高压等国际标准制定方面的话语权，成为具有国际竞争力和影响力的世界一流企业。

　　国网国际公司根据这一战略部署，在全球广泛寻求和追踪特高压输电项目合作机会。2010 年，国家电网公司抓住并购契机进入巴西市场，敏锐地把握到当时即将开工建设的巴西境内第一大、世界第四大、总装机容量达 1123 万 kW 的美丽山水电站对外送出方案尚待确定的时机，意识到这将是特高压技术在海外最理想的应用场景，随即锁定巴西市场作为特高压"走出去"的突破口，迅速组建工作团队，精心策划和积极介入美丽山水电站送出工程的前期研究、规划方案和竞标准备工作，最终由国网巴控公司为责任主体先成功与巴西国家电力公司联合中标美丽山一期送出项目，并再次成功独立中标美丽山二期送出项目。

回顾美丽山水电送出工程两期项目从 ±800kV 输电技术方案推介、调研、论证，到最终被巴西政府接受和采用；从中巴强强联合中标美丽山一期项目，实现特高压技术从引领到输出的突破，到独立成功中标美丽山二期项目，完美地实现了特高压投资、建设、装备、运营一体化"走出去"战略目标的整个过程，十分漫长而艰辛，无比考验项目团队的勇气、团结、耐心、韧劲和智慧。整个过程可以分为技术方案的推介和比选、参与可研编制以及立项竞标三个阶段。

第一节　技术方案的推介和比选

一、技术方案的推介

根据巴西电力行业的监管制度，新建输电项目在巴西矿产能源部批准立项后，由巴西能源研究中心负责研究和编制项目可研报告第 1 卷—方案比选卷，对项目在经济、技术等方面进行方案研究和比选，并确定首选方案。

国家电网公司高度重视美丽山水电送出工程的方案研究比选，积极配合和支持可研报告方案比选卷的编制工作。巴西能源研究中心在可研过程中，邀请国家电网公司、西门子、ABB 等公司共同探讨各方案实施的可行性，国家电网公司给予积极的响应，前后共组织了超过 10 批次技术团队赴巴西，拜访巴西矿产能源部，并与电力监管局、巴西能源研究中心、巴西国家电力公司等机构进行技术交流及沟通，力争促成特高压直流外送方案成为美丽山水电送出项目的首选方案，主要推荐要点为：

（1）特高压直流输电方案具有占用线路走廊少、单位容量造价低、输电距离长、输送容量大、传输损耗小等突出优势，十分适合美丽山水电送出工程和巴西严格的环境保护需求。

（2）特高压直流输电技术满足巴西能源研究中心选择技术成熟性和竞争性的标准。该技术已有成功实施经验，国家电网公司在中国已连续多年安全、稳定运行多个特高压直流输电工程，已充分印证了特高压直流输电技术的可靠性；该技术满足竞争性要求，已有通用国际标准，除中国厂家外，国际上其他大型设备供应商也可以提供成熟可靠的设备。

国家电网公司还主动邀请巴方相关政府部门、监管机构以及行业专家到中国实地考察已投运特高压直流工程的运行情况，现场查看国家电网公司在特高压直流工程设计、建设和运行管理等方面所积累的成功经验。巴方从系统研究、设备制造、输电损耗、环境影响等多方面的现场考察评估见证了特高压直流输电技术的经济性、安全性和环境友好性。

二、助力巴西能源研究中心技术方案的比较和选择

美丽山水电的目标负荷主要集中在巴西东南部，需要远距离大容量的送出方案。为此，巴西能源研究中心、巴西电力科学研究院等机构曾经策划过 500kV 交流输电、750kV 交流输电、±600kV 直流输电以及交直流混合方案等多个技术路线。这些技术路线都是将美丽山水电站的电力通过数回 17km 交流线路送至欣古换流站/变电站后，再通过直流或交流线路分别送往东南部电网和东北部电网，共有四种基本送出方案。

1. 基本方案 1：纯常规直流送出方案

新建 3 座±600kV 换流站，通过 3 回直流线路将美丽山水电送到东南电网和东北电网，其中 1 回直流线路连接欣古换流站至东北部电网的 Paulo Afonso 换流站，另 2 回直流线路连接欣古换流站至东南电网的 Estreito 换流站，如图 4-1 所示。

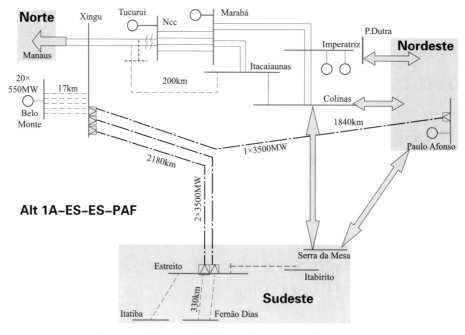

图 4-1　美丽山水电送出工程初始技术方案 1 示意图

2. 基本方案 2：交直流串联方案

该方案送往东南电网的方案与方案 1 相同，也是用 2 回常规直流送往东南电网的 Estreito 换流站，但送往东北电网的方案则改为通过 2 回 500kV 交流线路接入，通过东北部电网与东南部电网互联，实现电力送出，如图 4-2 所示。

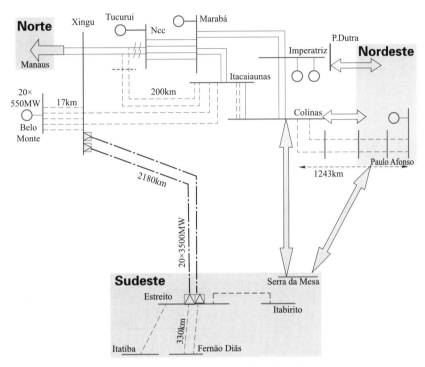

图 4-2 美丽山水电送出工程初始技术方案 2 示意图

3. 基本方案 3：交直流并联方案

该方案送往东北电网的方案与方案 1 相同，采用 1 回常规直流从欣古站送至东北部电网的 Paulo Afonso 变电站；送往东南电网则采用 1 回直流和 1 回交流并联的方式，其中直流落点为 Estreito 换流站，交流落点为 Meia Onda 变电站，如图 4-3 所示。

4. 基本方案 4：纯交流方案

该方案计划先通过 3 回 750kV 交流输电线路从欣古变电站连接到 Colinas 变电站，再从 Colinas 变电站通过 3 回 750kV 交流线路分别送到 Estreito 变电站和和 Paulo Afonso 变电站，如图 4-4 所示。

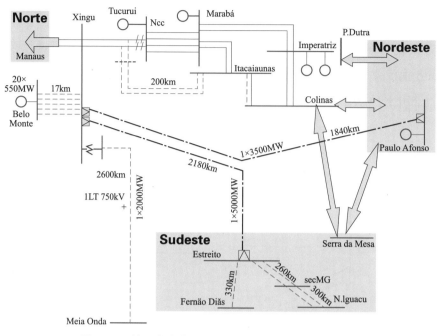

图 4-3 美丽山水电送出工程初始技术方案 3 示意图

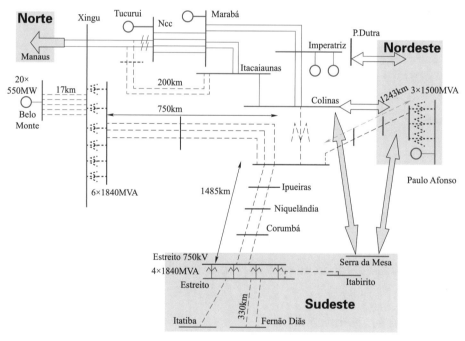

图 4-4 美丽山水电送出工程初始技术方案 4 示意图

4 个基础方案均较难满足远距离大功率输电要求，美丽山水电外送功率超过
1100 万 kW，输电距离达到 2000km 以上。如此远距离的大功率输电，采用特高压

方案在技术、经济方面的优势都非常明显。

　　经过巴西政府能源和电力主管部门、机构和技术专家组细致、缜密的论证和研究，倾向于采用中国的特高压直流输电技术。国家电网公司结合巴西电网实际情况、针对巴方技术专家关心的系统安全稳定问题，推荐采用 2 回±800kV 送出工程分散功率落点的方案，如图 4-5 所示，获得巴方一致认可。

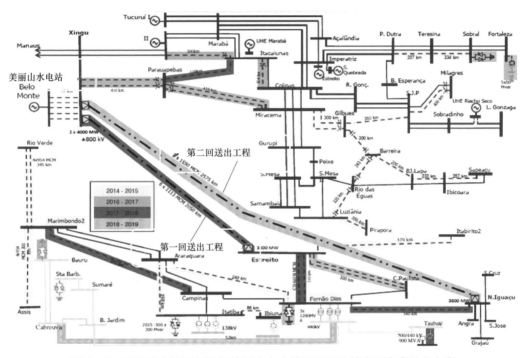

图 4-5　巴西矿产能源部批复美丽山水电站采用两回特高压直流送出方案

　　2012 年 12 月 17 日，巴西矿产能源部组织巴西能源研究中心和业内专家召开评审会议，审查美丽山水电站特高压直流送出方案，讨论并通过第一回和第二回送出工程均采用±800kV 的特高压技术方案；两回工程的输送容量均为 400 万 kW，第一回工程落点在巴西东南部米纳斯州和圣保罗州交界处（主要供电方向为巴西工商业最发达的圣保罗州），第二回工程落点在巴西东南部负荷中心里约热内卢州。

第二节　参与可研 R2 卷的编制

　　2014 年 4 月 4 日，巴西矿产能源部正式通知巴西能源研究中心，要求按照已公布的美丽山送出项目 R1（送出方案比选报告）推荐的特高压直流方案，启动美丽山二期项目的 R2（技术规范书）可研编制工作。鉴于国家电网公司在美丽山一期 R2 可研工作中的突出贡献，巴西能源研究中心再次邀请国网巴控公司与巴西电力监管局、巴西国家电力调度中心、巴西国家电力公司、巴西电力科学研究院等单位共同参与美二项目的 R2 可研工作。

2014 年 4 月 30 日～10 月 30 日，在国网国际公司的统一协调组织下，国家电网公司专家团队全程参加了巴西能源研究中心组织的美二项目可研第二卷（R2）编制工作。美丽山二期项目的 R2 可研工作范围主要包括系统和动态等值模型、电磁暂态、阻抗扫描、动态研究、多馈路研究、技术规范及要求等内容。其中，应巴西能源研究中心的请求，专家团队还承担了 R2 核心工作—美二项目的 PSCAD 建模分析工作。

2014 年 12 月下旬，巴西能源研究中心正式公布美丽山二期项目 R2 可研报告。根据该报告，美二项目工程规模为新建±800kV 直流输电线路约 2500km、新建 400 万 kW±800kV 欣古换流站和 385 万 kW±800kV 里约终端换流站，线路跨越巴西帕拉州、托坎廷斯州、戈亚斯州、米纳斯州、里约州 5 个州。

第三节 项目特许经营权竞标

根据巴西矿产能源部年度招标工作安排，国家电力监管局将美二项目列为 07/2015 号输电特许权招标计划，并于 2015 年 3 月在其网站正式发布了巴西能源研究中心美丽山二期项目可研报告。随后，国家电力调度中心和巴西能源研究中心公布项目招标技术规范书，并进行公示和听证。

2015 年 3 月 23 日，国网巴控公司向国网国际公司报文，正式请示批准参与美丽山二期项目的投标立项。2015 年 4 月初，经国家电网公司总部研究，正式批复同意项目的投标立项。

国网巴控公司在向国网总部申请批准投标立项的同时，也在国网总部国际部和直流部的协调领导下，在国家电网公司内相关单位的配合下，展开了紧张的投标准备工作。美丽山二期项目的投标准备主要包括项目开发模式的策划选择、项目 EPC 承包商和其他供应商的招标及签署预合同、项目投标价格测算和竞标策略方案的拟定、项目投标商务准备工作四类。

一、项目开发模式的策划选择

考虑到美丽山一期项目是由国网巴控公司与巴西国家电力公司组成的联营体合作开发的，已有成功的合作模式和历史，而美丽山二期项目与一期项目又具有较强的协同性，因此国家电网公司在最初策划美丽山二期项目的开发模式时，倾向于再次与巴西国家电力公司合作，共同竞标美丽山二期项目的特许经营权。同时，也不排除与其他有实力的跨国公司合作开发或独立开发。

为此，国网巴控公司第一时间展开了与巴西电力公司等各潜在合作伙伴的密集沟通，反复比较各种合作开发模式以及国网公司独立开发模式的优劣和可行性，主要包括以下几种情况：

1. 与巴西国家电力公司合作的可行性

与巴西国家电力公司合作的优势主要在于巴西电力公司具有雄厚的技术实力和较为丰富的直流输电工程建设管理经验，又是巴西骨干国企，有政府支持的背景，可与国家电网公司形成较明显的优势互补；双方已在美丽山一期等项目上进行了多次良好合作，具备理解互信的合作基础和成熟的合作模式。

但是通过与巴电公司的多次沟通谈判后发现，巴西电力公司当时正处于资金困难时期，可能对项目融资会产生较大的影响；此外巴西电力作为巴西国有企业，对国外进口设备和承包商选择有较大限制，不利于中国直流特高压核心设备和总承包服务"走出去"。

2. 与西班牙奥本加公司合作的可行性

奥本加公司是巴西市场上 EPC 承包管理能力最强的公司之一，与其合作的优势是在项目的投标和建设阶段，可充分发挥其 EPC 方面的实力和价值，有利于降低项目的实施风险。但是，奥本加公司是西班牙的私有公司，资金实力相对较弱，双方以前没有合作投标的经历，相互之间缺乏了解和互信基础，一旦合作，对方可能在 EPC 上报出较高价格；该公司也有与其他方合作输电特许权投标和建设的记录，双方合作的出发点和意图不同，难以形成项目长期运营的利益共同体，项目实施过程中利益冲突较多。因此，综合考虑双方合作的优劣势，风险相对较大，可行性相对不足。

3. 与西门子、ABB 等跨国公司合作的可行性

国网巴控公司与西门子、ABB 等公司的合作进行沟通和交流。西门子和 ABB

公司均表示仅对换流站 EPC 总承包感兴趣、不参与项目特许经营权投标。因此，与跨国设备供应商合作投标美丽山二期项目特许经营权的可行性也不存在。

4. 国家电网公司独立开发的可行性

鉴于与巴西国家电力公司以及其他各方合作竞标美丽山二期项目特许经营权的可行性相对较小，国家电网公司认真研究了独立竞标开发美丽山二期项目的可行性，其主要的优劣势有以下几个方面：

优势：① 可实现国网公司对项目投资、建设、运营的绝对管控；② 可充分发挥国网公司整体的技术、资金和管理优势；③ 有利于中国特高压工程 EPC 总承包、高端电工装备、技术标准等全产业链"走出去"；④ 已有前期在巴西开发绿地项目、投资建设的经验和团队，熟悉当地的监管、人文社会和地理环境，在当地已有较好的信誉度。

劣势：① 美丽山二期项目的建设内容包括牵头负责与美丽山一期工程的系统协调，并与水电站及两端交流系统实现联动、协调控制，可能会由于缺少巴电公司在接口协调方面的优势而导致工期延长；② 中标后，作为一家在巴西的外资企业单独负责超过 2500km 工程的环评、征地、跨越协调等属地化的繁重任务，挑战极大；③ 存在技术标准、劳工限制、语言文化等障碍。

在总部的指导支持下，国际公司及巴控公司经过审慎分析，确认项目公司具备独立竞标的基本条件：

（1）国家电网公司强大的技术、资金和系统资源能力优势是公司独立竞标美丽山二期项目最大的底气。

（2）国网巴控公司已经在巴西市场积累了多年的市场经验和协调沟通能力，可以争取监管部门支持和其他公司的接口工作配合；美丽山水电送出工程是巴西政府确立的重点工程，政府和社会各界上下都十分关注，积极沟通从而争取支持也是可以期待的。

（3）巴控公司通过多个绿地输电项目建设，在劳工、语言、环保、征地等依赖本地化支撑的领域已经积累了丰富的能力和经验，已构建了一批巴西本地的 EPC 承包商、环保、征地和各种专业服务商队伍，也已组建了一支以当地员工为主的优秀人才队伍，再加上有针对性地从国内选派经验丰富的关键岗位管理和技术人才，足以有效应对这些领域的困难和挑战。因此，经过全方位的缜密分析和慎重考虑，国家电网公司最终决定独立竞标美丽山二期项目特许经营权。

二、项目 EPC 承包商和其他供应商的招标及签署预合同

巴西输电工程特许经营权的投标方一般都要在投标前，预先招标 EPC 承包商和主要的甲供设备、材料供应商，并与中标方签订预合同，一方面需要在各个预合同的基础上汇总确定整个项目的投标价，另一方面也能有效分散项目中标后实施的成本、进度等风险。因此，招标锁定主要的 EPC 承包商和供货商并签署预合同是巴西绿地输电项目特许经营权投标前的重要准备工作，主要包括以下几方面的内容：

（1）换流站、线路工程 EPC 招标文件和技术规范书的编制及相关工程量等的初步测算。

（2）各工程 EPC 和线路甲供材料预合同的拟定。

（3）工程现场考察、初步环保工作书的编制和开展线路路径优化。

（4）环保、征地、税务、融资等专业和顾问公司的选聘。

（5）换流站工程、线路工程 EPC，甲供材料，环保、征地专业公司等的招标实施、谈判和签署预合同。

上述各项工作十分复杂，尤其是巴西市场的 EPC 能力较国内市场偏弱，而且又都是在项目工程设计深度远低于国内的情况下开展这些工作的，无论是业主还是承包商都只能凭各自的经验及其对项目各方面情况的考察和预判来进行估价和谈判，对双方的风险都比较大，十分考验业主对市场上 EPC 承包商队伍等资源的掌握能力、对态势的预判和提前应对能力。

最终，国家电网团队凭借在巴西市场上多年努力积累形成的丰富的本土运作经验和资源，在 2015 年 7 月 17 日投标日凌晨，圆满完成了对项目主要 EPC 承包商、供货商、环保征地服务商等的招标和预合同签署工作，拿到了市场上最优价格，为当日成功独立中标特许经营权奠定了坚实的基础（对上述各项工作的具体介绍，可详见本书"采购管理"部分的介绍），招标的主要结果如下：

1. 换流站工程 EPC 承包商的招标结果

经过三轮招标，2015 年 7 月 17 日凌晨，ABB、西门子和中电装备公司分别向国网公司前方招标团队提交了最终 EPC 报价，中电装备公司以最低价中标，并与巴控公司签订 EPC 总承包预协议。

2. 线路工程 EPC 承包商的招标结果

2015 年 7 月 10 日至 13 日，国网公司前方招标团队经过规范的招、评、定标

程序，完成全部 10 个标段 EPC 招标工作，最终选择 5 家 EPC 承包商为预中标商。2015 年 7 月 15~17 日凌晨，巴控公司与预中标商展开最终预协议谈判，最终与 2 家预中标商签署了 6 个标段预协议。其中，当地承包商 Tabocas 公司中标第 2、3、4 共 3 个标段，山东电建一公司中标第 5、9、10 标段共 3 个标段。第 1、6、7、8 标段因部分合同条款需要进一步深入商谈，没有签署预协议，但其价格仍然有效。

3. 线路工程甲供材料招标结果

2015 年 6 月 22 日~7 月 13 日，邀请巴西最大的 5 家铁塔制造商、最大的 5 家导线制造商及南瑞集团、山东电工电气和中天科技 3 家中国导线供应商参加甲供材料竞标，开展了三轮竞争性谈判。7 月 15~17 日凌晨，与当地最具竞争力的两家铁塔供应商签订全部 9.5 万吨铁塔供货预协议，与当地最大的导线制造商签订 3.6 万吨导线供货预协议，剩余 3.3 万吨导线由南瑞集团中标。

三、项目投标价格测算和竞标策略方案的拟定

项目竞标策略是根据项目基本造价和项目回报率的测算结果，按照国家电网公司确定的投标总体原则，利用财务模型模拟测算公司首年许可收入打折率的各种情景和结果，确定许可收入打折率的底线。

2015 年 7 月 3~8 日，投标团队完成环保、征地赔偿费用等的测算，与服务商签署预协议；完成项目管理费、不可预见费、社会公益费、运维费用、PV 扣减（公司年收入扣减）、系统接入等费用初步测算；搭建和校验财务分析模型，进行财务模型的最后优化调整，测算出项目基本造价和项目回报率。

认真分析竞争对手情况，从项目总投资、融资成本、回报率要求、年度运维成本及 PV 扣减率的取值等多维度进行财务模型各变量的敏感度分析，研究潜在竞争对手的投标底线和首轮出价可能性，以首轮出价不被对手淘汰出局的原则，确定首轮出价。

四、项目特许经营权投标

2015 年 6 月 17 日，巴西电力监管局正式发布美丽山二期项目招标公告，定于 2015 年 7 月 17 日正式招标。

2015 年 7 月 17 日上午 10 时，项目开标仪式在巴西圣保罗证券交易所举行，国家电网公司高管团队亲赴巴西指导美二项目投标工作。此次共有三家公司参与项

目的特许权竞标，另外两家分别是巴西国家电力公司和西班牙奥本加公司。巴控公司首轮即以恰好胜出的报价独立中标美丽山二期项目，报价堪称精准，既赢得了项目、又最大限度地保障了公司收益。主持人当即宣布国网巴控公司中标，现场签署了中标通知书。

第四节　特许经营权协议签署和项目启动

按照巴西监管规定，国网巴控公司在项目中标后组建了美丽山二期项目特许权公司（简称美二项目公司，葡文简称 XRTE），以项目公司为主体全权负责项目的融资、建设、运营维护和收益管理等全部工作。

2015 年 10 月 22 日，国家电网巴西控股公司与巴西电监局正式签署为期 30 年的《巴西美丽山水电特高压直流送出二期项目特许经营权协议》。特许权协议生效期从 2015 年 10 月 22 日起算，特许经营期 30 年，项目建设工期由 2015 年 10 月 2 日起算 50 个月，协议项目投运时间为 2019 年 12 月 2 日。协议正文和五个附件详细确定了合同双方对项目的目标、范围、总体建设进度计划、质量技术规范、安全、环保、运行、收益等的总体要求和承诺，起到了项目章程的作用。

特许经营权协议的签署，标志着美丽山二期项目的正式启动。根据协议内容，美二项目公司组织编制了巴西美丽山二期项目管理计划书，下发各参建单位执行，指导各项建设工作和管理实施计划的编制。

第五章

项 目 技 术 特 点

第一节 线路工程技术特点

项目线路工程由±800kV直流线路、配套交流及接地极线路工程组成。直流线路采用 6 分裂全铝型导线，铁塔 4448 基，采用自立塔和拉线塔，18 种塔型设计，22 种基础类型。交流线路配套工程由 1 条同塔双回 500kV 线路和 4 条单回 500kV π 接线路组成，线路路径长度分别为 32km 和 16km，分别采用 4 分裂和 3 分裂钢芯铝绞线。接地极线路由欣古和里约接地极线路组成，长度分别为 37、151km，采用 2 分裂全铝导线。

一、线路工程简介

1. 线路路径

工程途经巴西帕拉州、托坎廷斯州、戈亚斯州、米纳斯州和里约州 5 个州 81 个城市，线路工程路径示意图如图 5-1 所示。路径选择以避开特殊群体保护区（如印第安部落、黑奴社区等）、自然保护区、高山峡谷等为原则，并根据巴西环保局要求先后更改线路 161 处以绕开自然保护区和考古遗址及减少树木砍伐等。

2. 气象条件

线路经过亚马逊雨林、塞拉多热带草原和大西洋沿岸山区雨林三个气候区，整体雨季在 12 月～次年 4 月，其中亚马逊雨林雨季更长。线路沿线经过 3 类风区，简要情况见表 5-1。

图 5-1　线路工程路径示意图

表 5-1　　　　　　　　　　　　工程沿线风区情况简述

风区	250 年，10min	250 年，3s	线路长度
第一风区	95km/h	160km/h	约 600km
第二风区	105km/h	175km/h	约 1200km
第三风区	115km/h	185km/h	约 739km

3. 导线及铁塔选型

（1）导线类型。考虑阻抗参数要求、电场场强限值、全寿命周期和损耗水平，采用了最具成本效益的解决方案：6 分裂全铝导线，子导线之间的距离为 600mm。导线的参数如表 5-2 所示。

表 5-2　　　　　　　　　　　　　美 二 工 程 导 线 参 数

参数名称	数值
型号	CA 1590 kcmil COREOPSIS-61FIOS
型式	61 芯
截面积	805.36mm²
直径	36.90mm
单位重量	2.220 4kgf/m
破断拉力	12 195kgf
起始弹性模量	3340kgf/mm²
终止弹性模量	5625kgf/ mm²
起始热胀系数	$23.0 \times 10^{-6}℃^{-1}$
终止热胀系数	$23.0 \times 10^{-6}℃^{-1}$
直流电阻 20℃	0.035 7Ω/km
直流电阻 50℃	0.040 0Ω/km

该型号导线的允许运行电流和最高运行温度如表 5-3 所示。

表 5-3　　　　　　　　　　　　美二导线允许运行电流

运行条件	允许运行电流（A）	最高运行温度（℃）
长时间运行	2625（6×437.5）	50
短时运行	3500（6×583.34）	30

（2）铁塔类型。直流线路铁塔的主要型号有 15 种，由巴西当两家地铁塔供应商分别供应 8 种和 7 种，铁塔主要参数如表 5-4 所示。

表 5-4　　　　　　　　　　　直流线路铁塔主要型号

型号	名称	适用转角范围	平均档距（m）	主体段段长（m）	供应厂家
REL81	轻型拉线塔	0°～1°	0°时 575，1°时 540	35.5～56.5	BRAMETAL
REL82	轻型拉线塔	0°～1°	0°时 575，1°时 540	35.5～56.5	BRAMETAL
REL83	轻型拉线塔	0°～1°	0°时 575，1°时 540	32.5～56.5	BRAMETAL
REM81	中型拉线塔	0°～1°	0°时 650，1°时 620	46.0～64.0	SAE TOWERS
REM82	中型拉线塔	0°～1°	0°时 650，1°时 620	46.0～64.0	SAE TOWERS
REM83	中型拉线塔	0°～1°	0°时 650，1°时 620	43.0～64.0	SAE TOWERS
REP8	重型拉线塔	0°～5°	0°时 700，5°时 545	35.5～56.5	SAE TOWERS
RSM81	中型自立塔	0°～1°	0°时 650，1°时 620	31.0～64.0	SAE TOWERS

型号	名称	适用转角范围	平均档距（m）	主体段段长	供应厂家
RSM82	中型自立塔	0°～1°	0°时650，1°时620	31.0～64.0	SAE TOWERS
RSM83	中型自立塔	0°～1°	0°时650，1°时620	31.0～64.0	BRAMETAL
RSA81	加高自立塔	0°～1°	0°时650，1°时620	61.0～82.0	BRAMETAL
RSP8	重型自立塔	0°～5°	0°时800，5°时650	31.0～70.0	SAE TOWERS
RAL8	轻型耐张塔	00～15°	450	29.0～62.0	BRAMETAL
RAM8	中型耐张塔	00～30°	450	29.0～56.0	BRAMETAL
RAT8	终端耐张塔	线路中间使用可到60°，作终端塔使用时可到30°	350	29.0～50.0	BRAMETAL

（3）绝缘配合。直流线路绝缘子直径均为360mm，分为320kN（195mm爬距）、420kN（205mm爬距）两种。绝缘子用于直线塔悬垂单串和双串、耐张塔耐张串和跳线悬垂串。绝缘子串配置如表5-5所示。

表5-5 绝缘子串行配置

串型	绝缘子片数（kN）	表面积（m²）	绝缘子串重量（kgf）
直线塔悬垂串	40（420）	2960	800
跳线悬垂串	39（320）	2740	1020（含300kgf配重）
耐张串（四串）	4×41（320）	11 520	2800

导线与塔身、拉线安全距离如图5-2所示。

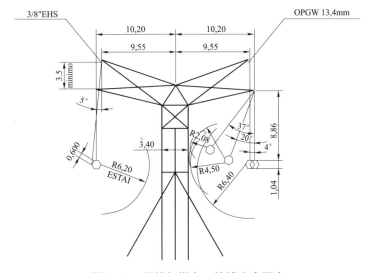

图5-2 导线与塔身、拉线安全距离

直流线路铁塔导线横担之间最小距离为 20.4m，导线与拉线之间安全距离为 6.2m。在最高运行电压叠加 50 年一遇极端风速（偏转 37°）情况下，导线与塔身最小距离为 2.08m。

4. 主要基础类型

结合线路沿途沙质土、沼泽、森林及超五类土等复杂地质条件，设计共 22 种基础型式。

直流线路基础类型一览表如表 5-6 所示。

表 5-6 直流线路基础类型一览表

序号	葡语名称	代号	中文名称
1	Sapata	S	大开挖基础
2	Tub sem base alargada	TSB；TR	旋挖桩无扩底基础
3	Tubulão com base alargada	TCB；TB	旋挖桩有扩底基础
4	Bloco ancorado em rocha	BR；BA	岩石承台基础
5	Estaca helicoidal	HEL	螺旋桩基础
6	Bloco sobre estaca	BSE	螺旋桩承台基础
7	Estaca cravada	EST C	钢桩基础
8	Estaca escavada	EST E	多旋挖桩承台基础
9	Estaca escavada ME	EST ME	多微型钢桩承台基础
10	Estaca Raiz	EST R	钢管桩承台基础
11	Sapata pré-moldada mastro	SPPM；SPRM；SLM	中心桩预制大开挖基础
12	Tub sem base alargada para mastro	TSBM；TM	中心桩无扩底旋挖桩基础
13	Tub com base alargada para mastro	TBM	中心桩有扩底旋挖桩基础
14	Bloco ancorado em rocha mastro	BRM；BA	中心桩岩石承压基础
15	Estaca helicoidal mastro	HEL	中心桩螺旋桩基础
16	Estaca cravada mastro	EST C	中心桩钢桩基础
17	Estaca escavada mastro	EST E	中心桩多旋挖桩承台式基础
18	Tub sem base alargada para estai	TSBE；TE	无扩底旋挖桩拉线基础
19	Tub com base alargada para estai	TBE	有扩底旋挖桩拉线基础
20	Viga pré-moldada estai	VMPE；VPE；VE	预制横梁拉线基础
21	Estaca helicoidal estai	HEL	螺旋桩拉线基础
22	Barra ancorada estai	BSTE；AR；ARE	岩石锚杆拉线基础

二、线路工程特色

1. 基础施工特点

在线路基础施工过程中，根据不同的地形、地质条件和杆塔的荷载形式，选择基础形式一般有大开挖基础、旋挖基础、螺旋桩基础、钢桩基础等。直流线路多采用旋挖桩基础和大开挖基础，如图 5-3 和图 5-4 所示，这两类基础在全线占比达70%。螺旋桩基础在巴西比较常见，在国内则少有应用。

图 5-3　旋挖桩基础

图 5-4　大开挖基础

在线路基础施工过程中，遇到土质条件在介于Ⅲ类和Ⅳ类土质之间时，由于地下水位偏高，土质比较松软，选择大开挖基础和掏挖基础不能满足相关的荷载条件和上拔力的要求，则选择螺旋桩基础或者钢桩基础、灌注桩基础进行施工。

螺旋桩基础具有安装速度快、无养护期、零水源使用量的特点，对地表植被的破坏程度降到了最小，最大限度地减少了水土流失。这样不仅对材料成本和环境保护有一定作用，而且在一定程度上提高了土地利用效率。施工结束后每根桩进行上拔力的检测，安全性能符合荷载要求。螺旋桩角度定位如图 5-5 所示，螺旋桩现场施工图如图 5-6 所示。

图 5-5　螺旋桩角度定位

图 5-6　螺旋桩现场施工

2. 组塔施工特点

由于国内覆冰、台风、地震、冰雹等自然灾害发生频率高，国内的特高压直流工程的铁塔全部采用自立塔。而巴西气象条件好，几乎没有自然灾害，铁塔承受的荷载较国内低。因此，在巴西满足荷载的需求及安全电气距离的前提条件下，直线塔优先选择拉线塔，转角塔则和国内一样全部为自立塔。项目线路大量采用拉线塔，约占 70%。直线拉线塔如图 5-7 所示，耐张自立塔如图 5-8 所示。

图 5-7 直线拉线塔   图 5-8 耐张自立塔

自立塔平均塔重 41t，拉线塔平均塔重 18t，拉线塔采用羊角型结构，减少了铁塔的重量，采购和组立施工成本大大降低，具有良好的经济效益。

3. 电气施工特点

（1）杆塔接地系统。① 巴西接地电阻允许值是 20Ω，中国是 10Ω。② 巴西环保局不允许使用化学降阻剂，巴西的接地线埋设长度可达 200～300m，远远大于国内。③ 项目设计了 5 种典型接地方案，多为放射型，与国内采用双回字型接地网并敷设放射状接地引下线的方式不同。线路接地引下线施工如图 5-9 所示。

图 5-9 线路接地引下线施工

（2）绝缘配合。国内直流特高压线路视情况采用瓷绝缘子、玻璃绝缘子、复合绝缘子，1000 米以下海拔绝缘子串片数为 52～90 片，并视污闪情况决定是否对瓷绝缘子串喷涂 PRTV 防污闪涂料。线路沿线污染源较少，途径部分城市边缘存在少量工厂等污染源，全线采用了防污型玻璃绝缘子，绝缘子串片数为 39～41 片。直线塔、耐张塔的绝缘子串串型配置图如图 5-10、图 5-11 所示。

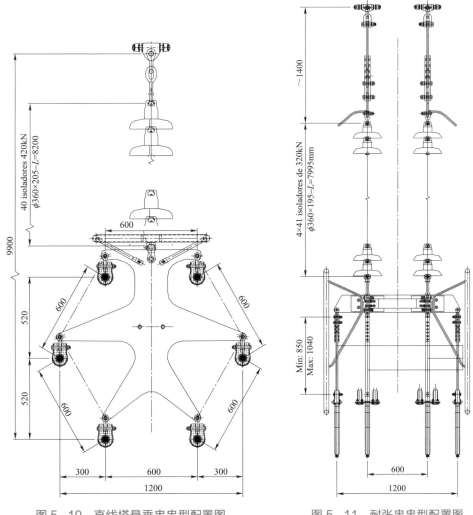

图 5-10　直线塔悬垂串串型配置图　　　　图 5-11　耐张串串型配置图

4. 典型跨越

（1）阿拉瓜亚河大跨越。阿拉瓜亚河大跨越位于 3 标段，大跨越采用耐—直—直—直—直—耐的形式，示意图如图 5-12 所示。两特种塔之间距离为 975.3m，跨越河宽度（河两端塔之间水平距离）2390.55m。中间两座塔位于河中的小岛上，跨

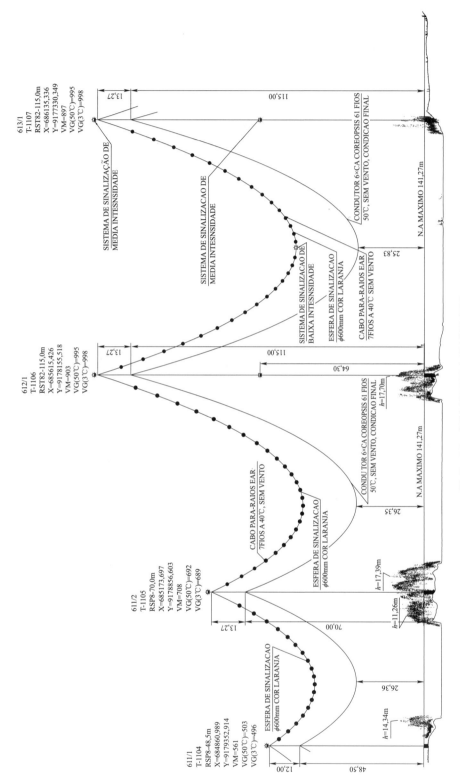

图 5-12 阿拉瓜亚大跨越示意图

越施工一个较大的挑战就是在旱季使用 70t 的渡轮运输两个特种塔抵达河中小岛，这两座塔高超 130m，每个重约 140t。

阿拉瓜亚河大跨越建成实景如图 5-13 所示。

图 5-13　阿拉瓜亚河大跨越建成实景

（2）托坎廷斯河大跨越。托坎廷斯河大跨越位于 5 标段，处于托坎廷斯州波尔图（Porto Nacional）市。大跨越采用耐—直—直—直—直—耐的形式，耐张段总长 3882m。大跨越段档距 1136.1m，两基跨越主塔塔号分别为 1025/3 和 1026/1，并采用相同设计，均为高强度角钢自立塔，塔高 161.15m，塔重 184.7t，是美丽山二期项目中最高最重的铁塔。

1026/1（南岸）塔位于托坎廷斯河沼泽区域，水位旱雨两季变化明显，地基易产生沉降。为此，基础设计采用金属套管混凝土支撑高桩承台式，承台高于水面 1m，可防止淹水区域季节性水位上涨淹没基础；每个塔腿各使用 22 根钢管，包括 17 根 12m 长直钢桩和 5 根斜钢桩，4 个塔腿用 H 钢连梁连接，增强了基础稳定性，施工图如图 5-14 所示。

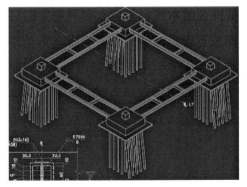

图 5-14　托坎廷斯河跨越沼泽区域基础施工图

第二节　换流站工程技术特点

一、换流站工程简介

换流站工程范围包括欣古换流站、里约换流站、欣古接地极、里约接地极、新伊瓜苏扩建站、中继站、π 接线进线对应福纳斯（Furnas）电力公司变电站的站内改造工程。

美丽山二期工程与美丽山一期工程送端站同址建设在原 500kV 欣古交流变电站，距离美丽山水电站 12km，两站通过 5 回 500kV 交流进线受入美丽山水电站的清洁水电，再经两个特许权输电公司［美丽山一期项目公司和欣古输电公司（Linhas de Xingu Transmissorade Energia S/A，LXTE）］的 500kV 交流母线与美丽山二期换流单元相连，实现交流转换为直流，然后再经 ±800kV 直流输电线路传输至受端里约站。在里约站，经换流阀将直流电逆变为交流电后，通过六回交流出线接入里约州 500kV 电网。美丽山二期工程一次系统接线图如图 5-15 所示。

欣古换流站站址位于欣古 500kV 变电站与美丽山一期工程欣古换流站之间，西侧为公司的欣古 500kV 变电站，东侧为美丽山一期工程欣古换流站，建设场地在早期已由公司统一征用并预留。

里约换流站：项目前期提出了 8 个站址、11 方案（站址 2 衍生出 4 个站址方案）作为里约换流站备选站址方案，其位置示意图如图 5-16 所示。

对地形地质条件、技术经济性和实际征地谈判难度进行综合分析后，于 2016 年 8 月 16 日明确站址 4 为里约换流站推荐站址。站址 4 方案的优点是站内高差较小（约 20m）、周边无较难处理的拆迁或者改造工程（河流、工厂、重要民用基础设施或者军事设施等）。

（1）总平面布置。欣古换流站全站围栏内占地面积 12.3 公顷。±800kV 直流配电装置布置在站区北侧，向北出线；2 组交流滤波器组布置在站区南侧，1 组交流滤波器组布置在站区西北侧；500kV 交流配电装置在站区直流场和南侧交流滤波器组之间；从东侧进站。欣古站场平挖方 34 万 m³（土石比 9:1），填方 26 万 m³。欣古换流站平面布置图如图 5-17 所示。

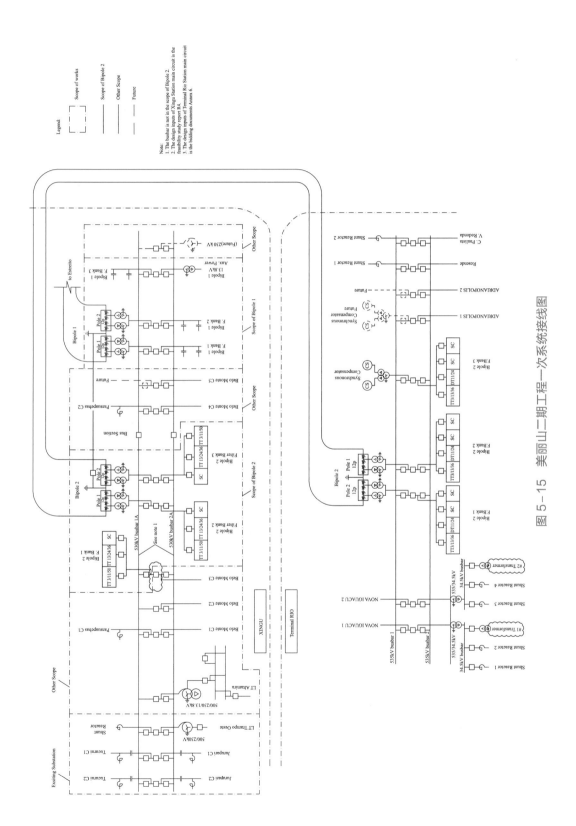

图 5-15 美丽山二期工程一次系统接线图

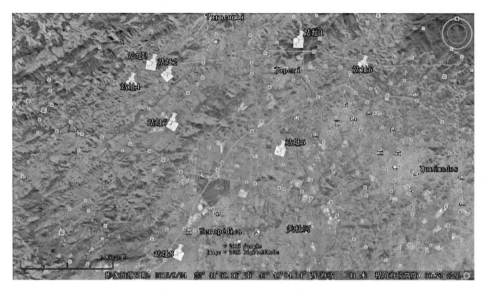

图 5-16 里约换流站站址位置示意图（站址 1~站址 8）

图 5-17 欣古换流站平面布置图

里约换流站全站围栏内占地面积 29.3 公顷。±800kV 直流配电装置及阀厅换流变布置在站区西侧，向西出线；交流滤波器组布置在站区东侧；500kV 交流配电装置在站区直流场和交流滤波器组之间，向东、西两个方向出线；调相机场地位于站区西北侧（阀厅换流变场地北侧）；站前区位于站区西南角，从西侧进站。里约站场平挖方 75 万 m³（土石比 9:1），填方 57 万 m³。里约换流站平面布置图如图 5-18 所示。

（2）电气主接线。阀组接线采用双极带接地极接线，每极 1 个 12 脉动换流器。

图 5-18 里约换流站平面布置图

换流变压器接线，工程采用单相双绕组换流变压器，欣古站、里约站每台换流变压器容量分别为396.83MVA和389.92MVA。两站均为每极3台Yy换流变压器和3台Yd换流变压器，两站按高端换流变压器和低端换流变压器各备用1台考虑，各站共12+2台换流变压器。换流变压器阀侧三相接线组别采用YNy0接线及YNd11接线。

直流场接线，两站直流场均采用典型双极直流接线（不考虑直流双极并联大地回路运行方式），按极对称装设有平波电抗器（每极4台）、双调谐直流滤波器（每极2组）、直流电流测量装置、直流电压测量装置、旁路断路器、直流隔离开关、直流高速开关、中性点设备及过电压保护设备等。

欣古站交流场接线，欣古站 500kV 交流配电装置区域位于美丽山一期欣古站和当地 LXTE 公司交流 500kV 变电站之间，3 站共用 500kV 母线。500kV 交流开关场采用 3/2 断路器接线方式，500kV 交流配电装置区域无交流出线。欣古站换流变压器进线 2 回，两大组交流滤波器进线 2 回，共组成 2 个完整串；另有 1 大组交流滤波器进线 1 回与前期已建的至 Belo Monte C3 交流出线组成 1 个完整串。欣古换流站交流 500kV 配电装置配串如图 5-19 中红色区域所示。

里约站换流变压器进线 2 回、3 大组交流滤波器进线 3 回、2 台 500/34.5kV 降压变压器进线 2 回，1 组调相机专用变压器进线 1 回、2 组母线高抗进线 2 回、500kV 交流出线 6 回，共组成 7 个完整串和 2 个不完整串（Adrianopolis 2 回出线组成两个不完整串，远期分别与调相机以及 Fernao Dias 组成完整串）。里约换流站交流 500kV 配电装置配串如图 5-20 所示。

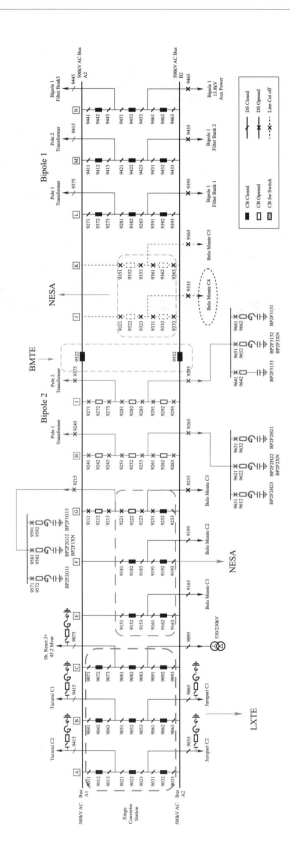

图 5-19 欣古站交流配串示意图

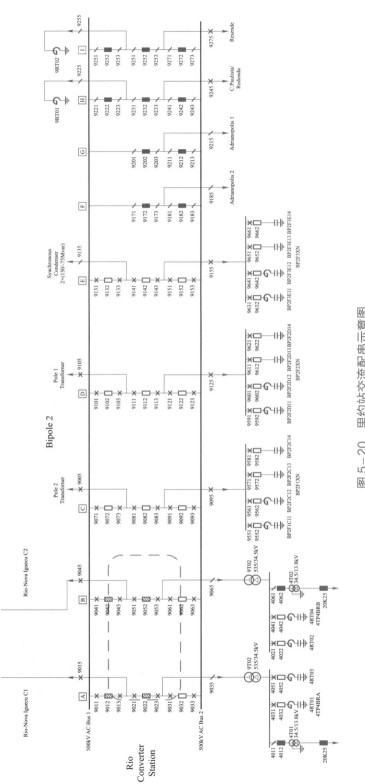

图 5-20　里约站交流配串示意图

无功补偿及交流滤波器接线，欣古换流站共设置 3 大组交流滤波器，全站总共无功容量为 1800Mvar。里约换流站共设置 3 大组交流滤波器，全站总共无功容量为 2700Mvar。

（3）建筑结构。两站控制楼外墙采用工厂预制钢筋混凝土成品墙板和单层压型钢板饰面；阀厅外墙采用复合压型钢板，并在换流变压器侧采用预制装配式钢筋混凝土防火墙，室内设置单层复合压型钢板；备用平波电抗器室外墙采用复合压型钢板；其他建筑物外墙采用工厂预制钢筋混凝土成品墙板，敷加涂料。

两站阀厅采用钢—预制钢筋混凝土混合结构，换流变防火墙采用预制装配式钢筋混凝土防火墙；备用平波电抗器室采用钢结构；其他建筑物均采用预制装配式钢筋混凝土框架结构。

两站构架：500kV 构架、直流场构架及设备支架按最终规模一次建成，构支架均采用角钢格构式结构。

两站地基处理：挖方区采用天然地基；浅填方区采用分层碾压处理，深填方区采用桩基础处理。

（4）电气布置。换流阀采用二重阀悬挂布置，阀厅一字型布置，阀厅尺寸为 83.5m×33m×28.5m（长×宽×高）。直流场设备、换流变压器和平波电抗器均按户外布置考虑，换流变压器阀侧套管伸入阀厅布置，如图 5-21 所示。

图 5-21　阀厅内部布置

500kV 交流开关场采用 AIS 敞开式设备，出线构架间隔宽度 30m，交流开关设备与交流滤波器均采用瓷柱式 SF_6 断路器。500kV 交流滤波器采用一字形，间隔宽度为 41m。交流开关场布置如图 5-22 所示。

图 5-22　交流开关场布置

（5）直流部分主要设备的选择：换流变压器采用单相双绕组变压器。换流阀按户内悬吊式二重阀、空气绝缘水冷却晶闸管换流阀考虑，换流阀外冷却采用空冷方式，晶闸管元件采用 5 英寸阀片。平波电抗器采用干式。每极装设 2 组双调谐直流滤波器，采用无源滤波器。

二、换流站工程特色

（1）电气主接线优化设计。结合工程输电距离远，输送容量相对较小的特点，直流侧采用每极单十二脉动接线，具有接线简单、可靠性高，工程投资省的特点。

（2）设计方案满足高可靠性的原则。美丽山二期工程送端欣古换流站直流场接地极出线与美丽山一期工程直流场接地极出线相连，可以实现接地极的互为备用，提高了直流系统运行的可靠性。站用电源除了两回站内交流电源和一回外引电源之外，在站用电 380V 系统中还配置了柴油发电机，在交流失电的情况下可以为重要负荷提供应急电源，提高了站用电系统的可靠性。此外，全站采用 2kA 雷电流来校验防雷保护范围、设备接地直接从设备接地端子连接至主地网，均提高了运行可靠性。

（3）首个垂直型接地极工程。经过详细地质勘测及仿真计算，并考虑巴西当地施工条件，确定采用垂直型接地极，是国家电网公司 ±800kV 换流站工程中采用的首个垂直型接地极。

（4）二次接口首次实现多业主标准兼容设计。送端范围内按送出功能分属不同业主，如美丽山一期欣古换流站、美丽山二期欣古换流站及周边共母线交流变电站、美丽山水电站。本工程二次接口设计满足所有相关业主的运行要求。

（5）二次设计首次实现施工全过程实时设计交底。施工过程中设计人员对工程参建各方进行实时设计交底，确保了巴西当地施工人员正确理解图纸，特别是设备国产化较早、技术路线差异较大的二次图纸，要有效避免由于沟通问题导致的返工。

（6）优化换流站竖向布置减少土方工程量。为合理利用地形、减小工程量、方便运行维护，里约换流站竖向布置因地制宜采用阶梯式布置方案，站内各功能分区分别设置适应地形的场地坡度，不仅显著减少了站区土石方工程量和边坡工程量，降低了工程造价，同时也使站区与周边环境更为和谐统一。

（7）采用穿孔管式雨水排水方案。站区碎石场地雨水排水因地制宜，采用穿孔管线式收集方式，可同时收集地表径流和下渗雨水，与传统的雨水口点式收集地表径流雨水方式相比，穿孔管雨水收集更加快速、彻底、有效。

（8）提高换流站的消防设计标准。本工程消防设计标准高于巴西当地标准，换流变消防采用水喷雾+消火栓+灭火器方案，自动灭火系统与手动灭火系统相结合，消防水池容积按照 2h 水喷雾+2h 消火栓考虑，与巴西标准只配置灭火器的规定相比，消防方式更加可靠有效。

（9）采用超长站距通信传输系统。设计应用超长距离光传输通信技术，将遥泵放大器（ROPA）、拉曼放大器（RAMAN）、前向纠错（FEC）、光功率放大器（EDFA）、色散补偿（DC）等技术应用于工程中，减少通信中继站的设置。直流线路全线超过 2700km 光缆，共设置 8 个光纤中继站，均为直流特高压线路走廊附近的塔下中继站。

（10）国产换流设备首次在海外本地化安装调试。为确保国内设备安全可靠高质量安装：① 组织各设备商提前准备英语/葡语双语版安装作业文件、图片视频，巴西当地设备安装单位提前熟悉理解；② 组织各设备商在设备到场前提前布点准备安装工作，与当地安装单位进行技术交流；③ 设备到场后，组织各国内设备供应商进行技术交底，在安装过程中，按步骤指导巴西安装单位实施。±800kV 西电高端换流变压器安装如图 5-23 所示。

图 5-23　±800kV 西电高端换流变压器安装

（11）大量采用机械掏挖式浅基础。换流站内设备基础大量采用机械掏挖式浅基础，机械钻孔、埋深−2.0～4m，在上部填土碾压密实的前提下，采用此类机械掏挖式浅基础可显著降低设备基础工程量，基础钢筋在工厂内预制完成，成孔后放置钢筋笼即可浇筑混凝土，施工工序简单，机械化程度高。

（12）大量采用装配式建筑物提升施工效率、降低环境影响。通过调研巴西装配式建筑制造、运输及施工经验，考虑到两站均处于低地震烈度地区，地震加速度0.025g，预制梁柱等构件的连接无需设置复杂节点的特点，全站建筑均采用装配式进行设计：阀厅采用钢—钢筋混凝土全预制装配式防火墙混合结构型式，如图 5-24所示，主控楼采用装配式钢筋混凝土结构，如图 5-25 所示，备用平抗室采用钢结构装配式，其他建筑均采用钢筋混凝土装配式框架结构，装配率 100%。上部结构与基础采用杯口插入式结构，与现浇混凝土框架结构相比，实现了安全耐久、施工

图 5-24　阀厅装配式施工

图 5-25　主控楼装配式施工

快捷、低碳环保的建设目标；通过工厂生产预制和现场装配安装两个阶段的建设，有效节省了施工工期，大幅减少了建筑垃圾和建筑污水，降低建筑噪声。

（13）采用自动化作业，提升施工效率。结合巴西当地机械施工特点和中国施工工艺标准，建设中采用基于 GPS 定位的场平自动化作业方案、掘进敷设一体化机械施工方案等，有效地提高了土建施工效率，节省施工时间。

（14）免维护、少维护设计提高项目运行可靠性。工程设计采用少维护免维护设计思想，减少停电检修带来的对电网运行的影响和自身经济损失，以提高项目可靠性和项目收益，具体包括：① 采用超大规模多冗余换流阀提升电力电子设备可靠性以降低维护检修频率；② 针对巴西雨大空气相对清洁的特点使用自清洁免维护的伞形外绝缘设备，减少维护工作量，如图 5-26 所示；③ 改用行波检测方式进行接地极远距离故障监测，减少了需维护的设备也提升了接地极安全性；④ 现场地面（除换流变轨道外）采用碎石敷设，减少维护工作量。

图 5-26　交流场电流互感器使用自清洁免维护伞形的外绝缘设备

第三节　输电系统技术特点

一、额定参数和性能要求

（1）直流运行额定值。

1）直流额定功率：双极 4000MW，单极 2000MW。

2）直流额定电压：±800kV。

3）直流额定电流：2500A。

4）直流最小电流：250A。

5）两端换流站交流侧母线额定电压：送端 530kV，受端 535kV。

（2）直流主接线方式：每极采用 1 个 12 脉动换流器单元。

（3）直流系统运行方式：双极运行方式、单极大地回路运行方式、单极金属回路运行方式。

（4）换流变压器。换流变压器型式为单相双绕组；换流变压器接线组别为 YNy0 及 YNd11；换流变压器短路阻抗 U_k 为 16%；换流变压器主抽头为送端 530kV、受端 535kV；换流变压器抽头范围为 $-10/+20 \times 1.25\%$。

（5）直流过负荷能力。

1）长期过负荷能力：单极/双极 33% 的额定功率，每极 30min。

2）短时过负荷能力：单极/双极 50% 的额定功率（5s）。5s 后该短时过负荷电流按平滑下降至长期过负荷电流考虑。

（6）功率倒送。在功率反送方式下，里约—欣古方向传输额定功率为 3270MW。

（7）直流降压运行。最低降压运行幅值按双极降压 70% 考虑，对于 70%～100% 额定电压，直流系统输送能力为 70%～100% 额定功率。

（8）可靠性指标。直流系统平均可用率不小于 99%。单极强迫停运率不大于 2.5 次/极·年。

（9）绝缘水平。屋外直流设备外绝缘爬电距离送端按 $0.025mg/cm^2$ 确定，受端按 $0.04mg/cm^2$ 确定；交流外绝缘按 d 级污区设计；全站均采用避雷线进行直击雷保护，满足 50 年一遇雷电冲击，且确保在 2kA 雷电流情况下保护现有设备；建筑物屋顶设置避雷带。

（10）交流系统额定参数和性能要求。

1）运行电压水平：正常变化范围及事故后变化范围，均为 475～550kV。

2）系统频率：巴西交流电网的标称频率为 60Hz；正常变化范围为 $60 \pm 0.2Hz$；事故情况下变化范围为 56.0～59.8Hz 最多 20s，60.2～66.0Hz 最多 20s。美丽山二期工程在此频率范围区间正常运行。

3）短路电流水平：按 63kA 考虑。

二、协调控制系统

巴西美丽山直流送出工程由两回±800kV、4000MW 的双极直流系统（美丽山直流Ⅰ回和Ⅱ回）构成，两回直流送端相邻、共用交流母线、受端位于不同落点。两回直流送端处于正常状态时，送端两个接地极系统各自独立运行，当一回接地极故障时，可共用另一回的接地极引线和接地极。

美丽山一期、美丽山二期工程的设备资产分属不同的业主，并采用不同的直流技术策略，故两回直流同时运行时，需要进行协调控制，以利于整个交直流系统的稳定运行。协调控制也是美丽山水电送出工程的重要亮点和技术难点，双回协调控制功能共包括有功功率控制、无功功率控制和共用接地极的控制与保护。协调控制的总体结构如图 5-27 所示，由安全稳定控制和直流协控两部分构成。

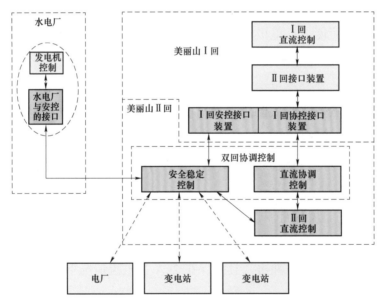

图 5-27　美丽山水电送出工程双回协调控制系统结构简图

安全稳定控制装置主要实现交、直流系统的有功功率控制：美丽山两回直流、欣谷换流站附近交流线路或美丽山水电机组发生故障后，采取切机、回降或提升直流功率等措施，保障系统安全稳定运行。

直流协控装置主要是实现两回直流间的协调运行：协调两回直流送端换流站的交流滤波器投切控制；协调共用接地极的控制与保护。

第六章

项目治理体系和组织管理架构

第一节 项目治理结构

一、项目的总体治理结构

鉴于美丽山二期项目的重要性、复杂性和规模，国家电网公司高度重视对美二项目的管理。为充分发挥公司特高压直流输电全产业链的系统优势，确保项目的顺利启动和圆满实施，在 2015 年 7 月 17 日项目中标当天，国家电网公司明确了项目实施集团化运作的机制，由国家电网公司海外直流工程建设领导小组统筹指导美丽山二期项目的建设。同时，按照巴西监管规定，由美丽山二期项目特许权公司为主体全权负责项目融资、建设、运营维护和收益管理等全部工作。

由此，在国家电网公司总部引领下，美丽山二期项目形成了以国家电网公司海外直流工程建设领导小组为核心，公司总部特高压建设部、国际部为技术和资源协调单位，国网国际公司为业务指导单位，国网巴控公司为前方管理单位，项目公司为实施平台的"国家电网总部—国网国际发展有限公司—国家电网巴西控股公司—美丽山二期项目公司"四层治理结构，如图 6-1 所示。

海外直流工程建设领导小组负责统筹协调项目的工程建设和系统调试工作，确定工程建设的目标，决策工程建设过程中遇到的重大技术问题。

海外直流工程建设领导小组下设办公室，设在特高压建设部，负责落实领导小组的决策部署，协调国家电网有限公司海外直流工程建设的技术工作，解决工程建设中遇到的技术问题，提供重大技术决策建议，督促项目的进度和质量要求。公司国际部负责指导项目公共关系、支撑人员选派等工作。

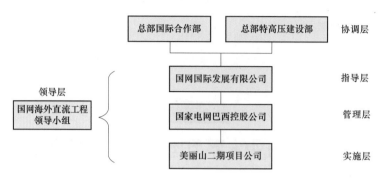

图 6-1　美二项目总体治理结构

国网国际发展有限公司和国家电网巴西控股公司（简称国网巴控公司）作为项目投资主体单位，负责项目建设运营全过程的管理和监督。美丽山二期项目公司作为项目的法人单位和实施主体，负责项目建设运营全过程的实施。美丽山二期项目四层总体治理结构是国家电网公司海外业务的管理创新，既能充分发挥国家电网公司系统整体的特高压直流输电核心技术能力和集团化运作管控能力优势，又能充分利用国网巴控公司在巴西多年积累的本地化运营能力和属地协调能力的前端优势，确保项目的成功建设和顺利运营。

二、项目公司的治理结构

为具体落实项目总体治理结构的原则，经公司批准，项目公司建立了完整的"股东会—董事会—高管委员会"三层治理结构，在项目公司章程中详细定义各层级的职责分工，如表 6-1 所示。

其中，项目公司股东会是项目公司的最高决策机构，代表国家电网公司出资方，其负责事项是需由国家电网总部和国网国际发展有限公司负责决策的项目重大事项。

项目公司董事会由股东方任命，组成成员为国网巴控公司高管委员会，包括国网巴控公司董事长、总经理、两位副总经理共四人，其负责事项就是由国网巴控公司负责管理的项目重大经营事项。

项目公司高管委员会由董事会委任，共 5 名成员，由 CEO、副 CEO、CTO、CFO 和 CMO 组成，是公司的日常管理机构，负责贯彻执行股东会和董事会的各项决策，对项目实施进行日常管理。

表 6-1   美二项目公司各级治理层主要职责

级层	职 责
股东会	● 公司章程的变更，包括董事会及高管委员会组成变更，以及表决法定人数变更； ● 解散，终止清算状态； ● 增加或减少公司资本，包括提高授权资本的额度； ● 批准商务计划和投资计划，以及超过投标项目起始预算资金 1%（百分之一）的任何变更； ● 确定和审批公司业绩分配政策，遵守最低法定分配及最大特许权收入及股东投资回报等
董事会	● 审批关于开展竞标工程项目相关的地役权和征用等不动产交易的标准； ● 批准投标项目启动预算及各股东为参与竞标编制的投资计划； ● 审批年度预算及公司项目投资，并考虑注资、融资、投资、费用及财年工作进度表； ● 审批公司贷款、融资及债务合同； ● 审批签署超过 100 万雷亚尔的采购和合同，直至工程完工投入商业运营； ● 审批公司开展投标项目所需增资的期限、金额及必要资源和费用等
高管会	● 批准公司内部制度与规范； ● 提请董事会审核并通过公司治理体系； ● 向董事会提交增资方案与公司章程修改建议； ● 权限范围内向董事会建议购买、转让或抵押公司动产或不动产，及筹集资金； ● 向董事会递交年度财务报表； ● 公司对外签订的技术文件、合同文件、财务文件等至少需要中方和巴方高管各一名批准； ● 公司合同审批、付款审批等内部文件的批准至少需要中方和巴方高管各一名等

三、项目实施的治理模式

美丽山二期项目以项目公司的组织形式全权负责项目建设和 30 年特许经营期运行维护的实施，国家电网公司系统选派的长期直接参与项目工作的人员全部以全职员工身份入职项目公司；项目公司同时可以根据股东批准的有关预算、政策和项目建设营运实际需要，在巴西自行招聘当地员工加入。项目公司全职员工中，由国家电网公司选派的具有丰富特高压直流建设经验的专业技术管理人才共 10 人，其余 50 余名当地员工为国网巴控公司内部选拔或从市场上招聘。

国家电网公司系统内其他参与项目工作的单位全部以市场化方式跟项目公司签署技术服务或承包合同，项目公司按市场标准支付费用。

项目实施的所有具体建设任务全部采用设计供货施工总承包（EPC）和对外采购技术服务的方式进行，以项目公司为主体与聘请的各参建单位签署 EPC 合同或其他业务服务合同；项目公司负责根据合同，对各参建单位的合同执行进行全过程的监督管理，确保项目成功建成。

第二节 项目治理机制

一、项目治理机制的总体框架

为确保项目治理结构的高效运行和顺利发挥作用，项目各级治理层分别确定了相应的治理机制，以规范各级事项的决策和信息报送。其中项目公司层面的治理机制主要由项目公司的公司章程和项目公司高管会议规则（Executives' Meeting Rule）规定。

需报送到国网巴控公司层面决策的事项按国网巴控公司的治理规则（Governance Rule）规定进行决策。

需报送国家电网公司总部和国家电网国际发展有限公司层面决策的事项，则按照国家电网公司总部有关规定执行。

项目公司管理规则封面和目录如图 6-2 所示。

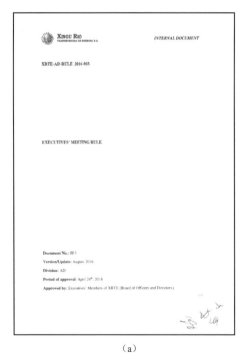
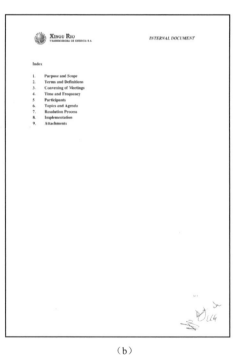

（a）　　　　　　　　　　　　　　　（b）

图 6-2　项目公司管理规则封面和目录

（a）封面；（b）目录

二、项目公司层面的治理机制

根据项目公司章程规定，项目公司的高管团队在公司 CEO 的领导下，各高管各司其职，保证高管团队在公司运作过程中目标一致、齐心协力；项目的重要事项需经项目公司高管会讨论通过，高管会应仔细沟通讨论对策，及时判断决策；对于超出高管会权限的事项，应迅速汇报董事会，提交董事会讨论决策；超出董事会权限的事项，则提交股东会讨论批准。高管会负责按照各项会议决议在公司内部组织实施。

1. 项目公司高管团队构成和职责分工

项目公司的高管团队由公司首席执行官、副首席执行官、首席技术官、首席环保官、首席财务官等五人构成，按照项目公司章程，各高管的职责分工如表 6-2 所示。

表 6-2　　　　　　　项目公司高管团队的构成和主要职责分工

团队构成	职责分工
首席执行官	<ul><li>项目公司第一责任人，由国网巴控公司董事长兼任，全面负责公司各项工作；</li><li>按照公司总体发展战略，制定项目公司发展战略规划、经营计划，并负责组织、实施日常运营及管理；</li><li>主导公司重大业务的决策和谈判等，处理重大突发事件；</li><li>推进项目公司内部管理制度化、规范化，审定项目公司组织结构和管理体系；</li><li>监督检查项目公司各项规划和计划的实施；</li><li>监督检查财务管理，严格财务纪律，确保现有资金的保值和增值；</li><li>推进项目公司企业文化的建设工作；</li><li>在董事会授权范围内，以法人代表的身份代表公司签署有关协议、合同、合约和处理有关事宜</li></ul>
副首席执行官	<ul><li>由国网巴控公司在当地选聘，在首席执行官授权范围内，行使对项目公司的相关管理职责；</li><li>协助首席执行官行使对巴西相关政府机构（巴西矿产能源部、巴西环保署、巴西电监局、巴西国家电力调度机构等）及社会团体的沟通联系工作；</li><li>协助首席执行官参与公司重大业务的决策和谈判等；</li><li>在董事会授权范围内，以法人代表的身份代表公司签署有关协议、合同、合约和处理有关事宜</li></ul>
首席技术官	<ul><li>负责项目技术管理工作，由国家电网公司自国内选派；</li><li>参与项目公司重大决策，制定项目公司技术发展战略；</li><li>制定工程建设实施计划，包括计划实施，施工方案，施工进度，质量控制等；主持召开公司相关部门参加的工程重大专项协调会，听取项目建设管理情况汇报，协调重大技术问题，确保年度建设任务按期完成；</li><li>审批或审核工程进度款和相关费用支付申请；审核重大工程变更及其费用变动预算；</li><li>组织项目验收投产有关工作</li></ul>

续表

团队构成	职责分工
首席环保官	<ul><li>负责项目环保取证和征地，由国网巴控公司在当地选聘，参与项目公司重大决策，制定项目征地管理方案和环境保护发展战略；</li><li>建立健全公司征地管理制度，控制项目公司征地投资及其风险；</li><li>建立健全公司环境保护管理制度，控制项目公司环境保护投资及环境影响的风险；</li><li>全面负责申请环境保护及土地征用相关证照及许可；监督环评报告承诺的环境保护措施有效落实；处理与环保组织、政府及地区社团关系</li></ul>
首席财务官	<ul><li>负责项目投融资和财务管理工作，由国家电网公司自国内选派；</li><li>参与项目公司重大决策，制定项目公司财务战略；</li><li>负责公司的预算和投资计划；协调和跟踪公司预算执行情况，保障项目实施所需资源；</li><li>建立年度决算报告和财务报表；</li><li>协调和起草收入分配方案；制定财务、税务和会计计划；配合审计工作；</li><li>负责索赔工作；协调资产管理</li></ul>

2. 项目公司高管会议规则和决策流程

（1）会议规则。项目公司高管会议规则（Executives' Meeting Rule）中的高管会议是指项目公司股东会、董事会和高管会和公司的管理周会，管理会议规则除了按照公司章程分别规定了四类会议的决策权限和事项外，主要对这四类会议进行了详细规定，以确保各类会议作用的顺利发挥。

（2）会议的决策程序。所有需要做出正式决议的决策事项，都必须经过图6-3的正式决策程序，通过科学设立的、职责清晰的公司治理结构和严格执行上述治理机制，保证在整个项目建设过程中，公司各高管、各部门没有发生任何拖延决策、延误工程进度的情况，确保了项目公司层面各种重大事项决策的科学、有序、合规、透明，为项目的成功高质量提前建成投运和圆满实现各项战略目标奠定有效的制度基础。

图6-3 项目公司各类高管会议的决策程序

注：RFA 即请求批准申请书（Request For Approval）。

三、国网巴控公司及以上项目治理层的治理机制概况

美丽山二期项目管理中，需要报送项目公司董事会层面，也就是国网巴控公司层面进一步决策的各类事项，则按照巴控公司制定的治理规则（Governance Rule）的规定进行决策。

项目管理中需要报送项目公司股东会层面，也就是国网国际发展有限公司及国家电网公司总部层面做最终决策的各类事项，根据项目治理机制的总体框架，由国网巴控公司按照国家电网公司的相关规定，正式拟文上报国网国际发展有限公司，并按照国网国际发展有限公司的正式批复执行。

第三节　项目公司组织管理架构

一、项目公司的组织结构和各部门职能

项目公司的组织结构如图 6-4 所示，内部共设 9 个部门，包括换流站、线路、计划控制、环保征地、法律、融资预算等专业处室，分别按专业对各参建队伍进行管理；在工程进入调试阶段后，新增设立换流站运行处、换流站检修处和线路运检处，参与系统调试工作。各部门主要职责如表 6-3 所示。

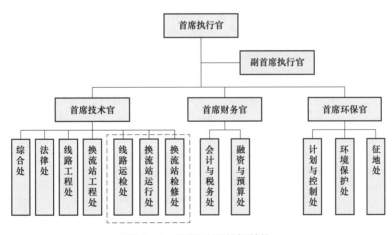

图 6-4　项目公司组织结构

表 6-3　　　　　　　　　　　　项目公司的部门构成和主要职责分工

部门	职责分工
综合管理处	● 负责会议组织、文件档案管理、办公用品、后勤管理、出差管理等工作
计划与控制处	● 负责项目计划的编制、实施及核查； ● 牵头组织项目公司周例会，汇报周进度和计划执行情况，提出纠偏措施； ● 负责项目信息化建设、风险管控和索赔管控，为公司高管会、董事会决策提供依据； ● 牵头组织向总部和国际公司的专题汇报工作，为总部决策提供依据

续表

部门	职责分工
线路工程处 换流站工程处	● 组织对线路工程、换流站工程建设安全、质量、进度、技术管控； ● 组织各自领域内采购申请、合同签订，组织专业技术人员对合同技术文件、执行情况及资信进行评价； ● 组织会议审查设计变更和技术方案审查； ● 审核工程进度款支付申请； ● 审核上报月度用款计划； ● 负责工程变更及调价索赔工作； ● 组织工程竣工验收、投产和质量评定工作； ● 设备材料监造； ● 工程档案的分类、编号、组卷及移交
法律事务处	● 对企业的经营、管理决策提供法律合规性分析，为公司发展战略提供法律决策支持； ● 参与公司重大经济活动的谈判工作，提出减少或避免法律风险的措施和意见； ● 审查、修改、会签合同、协议，协助和督促公司对重大经济合同、协议的履行
投资与融资处	● 负责项目投融资工作，分析资金使用情况，降低资金使用成本； ● 负责拓展并维护公司与资本市场的关系，与银行管理层保持密切联系，保障公司融资需求； ● 负责撰写项目建议书、可行性研究报告、商业计划书等； ● 参与公司投资管理决策，对重大经营活动提供建议和依据
会计与税务处	● 贯彻执行巴西《会计法》及巴西有关各项法规和规章制度； ● 制定企业财务管理的各项规章制度； ● 负责企业的财务管理、资金筹集、调拨和融通，合理控制使用资金； ● 负责成本核算管理工作制定成本管理和考核办法； ● 负责企业年度财务决算工作，审核； ● 负责企业的纳税管理，运用税收政策，依法纳税，合理避税
环境保护处	● 负责环境保护报告编制、申请环境保护相关证照及许可； ● 处理政府与地区社团关系、在支撑项目实施同时保证环境保护方案有效实施； ● 编制环保措施，减少环境影响，处理应急环保事件
征地处	● 负责全线和两站征地工作，进行征地谈判、诉讼； ● 负责征地报告编制、申请用地相关证照及许可； ● 保证用地许可有效性； ● 维护和地主及社区良好关系，保障用地安全

二、项目公司的管理制度体系

项目公司以 PMBOK 框架体系为基础，借鉴国家电网有限公司的管理标准，结合巴西当地的实际情况和巴控公司的实践经验，量身定制了项目的管理制度体系，包含 PMBOK 十大领域，总计 45 项制度流程，基本涵盖了项目公司在美二项目建设期间的各项日常工作范围，为项目公司全过程高效、合规运作提供了制度保障，如图 6-5 和表 6-4 所示。

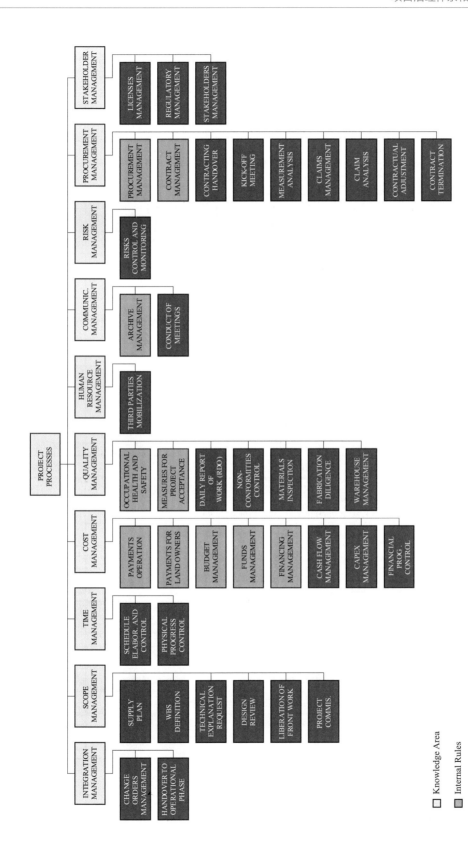

图 6-5 项目公司管理制度体系

表 6-4　　　　　　　　　　　项目公司主要管理制度和流程名录

序号	领域	制度/流程名称	责任处	制度性质
01.1	整合管理	CHANGE ORDERS MANAGEMENT	线路/换流站	管理流程
01.2	整合管理	HANDOVER TO OPERATION	计划	管理流程
02.1	范围管理	SUPPLY PLAN	计划	管理流程
02.2	范围管理	WBS DEFINITION	计划	管理流程
02.3	范围管理	TECHNICAL EXPLANATION REQUEST	线路/换流站	管理流程
02.4	范围管理	DESIGN REVIEW	线路/换流站	管理流程
02.5	范围管理	LIBERATION OF WORK FRONT	线路/换流站	管理流程
02.6	范围管理	COMMISSIONING	线路/换流站	管理流程
03.1	时间管理	SCHEDULE ELABORATION AND CONTROL	计划	管理流程
03.2	时间管理	PHYSICAL PROGRESS CONTROL	计划	管理流程
04.1	成本管理	PAYMENTS	财务	内部制度
04.2	成本管理	PAYMENTS FOR LAND OWNERS	征地	内部制度
04.3	成本管理	BUDGET MANAGEMENT	财务	内部制度
04.4	成本管理	FUNDS MANAGEMENT	财务	内部制度
04.5	成本管理	FINANCING MANAGEMENT	财务	内部制度
04.6	成本管理	CASH FLOW MANAGEMENT	财务	管理流程
04.7	成本管理	CAPEX MANAGEMENT	财务	管理流程
04.8	成本管理	FINANCIAL PROGRESS CONTROL	线路/换流站	管理流程
04.9	成本管理	XRTE Levels of Approval Report for Reference	法律	内部制度
04.10	成本管理	Taxicab Procedure Approved	综合	内部制度
05.1	质量管理	OCCUPATIONAL HEALTH AND SAFETY	计划	内部制度
05.2	质量管理	MEASURES FOR ENGINEERING PROJECT ACCEPTANCE	计划	内部制度
05.3	质量管理	DAILY REPORT OF WORK（RDO）	线路/换流站	管理流程
05.4	质量管理	NON-CONFORMITIES CONTROL	线路/换流站	管理流程
05.5	质量管理	EQUIPMENT AND MATERIAL INSPECTION	线路/换流站	管理流程
05.6	质量管理	FABRICATION DILIGENCE	线路/换流站	管理流程
05.7	质量管理	WAREHOUSE MANAGEMENT	线路	管理流程
06.1	人力资源管理	THIRD PARTIES MOBILIZATION	环保	管理流程
06.2	人力资源管理	Código de Ética - Ethics Code	综合	内部制度
07.1	沟通管理	ARCHIVE MANAGEMENT	综合	内部制度
07.2	沟通管理	CONDUCT OF MEETINGS	计划	管理流程
07.3	沟通管理	Executives Meeting Rule	法律	内部制度

序号	领域	制度/流程名称	责任处	制度性质
08.1	风险管理	RISKS CONTROL AND MONITORING	计划	管理流程
09.1	采购管理	PROCUREMENT	财务/法律	内部制度
09.2	采购管理	CONTRACT MANAGEMENT	财务/法律	内部制度
09.3	采购管理	CONTRACT HANDOVER	计划	管理流程
09.4	采购管理	KICK–OFF MEETING	线路/换流站	管理流程
09.5	采购管理	MEASUREMENT	线路/换流站	管理流程
09.6	采购管理	CLAIMS MANAGEMENT	计划	管理流程
09.7	采购管理	CLAIMS ANALYSIS	计划	管理流程
09.8	采购管理	CONTRACT ADJUSTMENT	线路/换流站	管理流程
09.9	采购管理	CONTRACT TERMINATION	线路/换流站	管理流程
10.1	干系人管理	LICENSES MANAGEMENT	环保	管理流程
10.2	干系人管理	REGULATORY MANAGEMENT	线路/换流站	管理流程
10.3	干系人管理	STAKEHOLDER MANAGEMENT	计划	管理流程

三、项目现场管理组织模式

根据在巴西多年开发建设绿地输电项目的经验,巴西市场第三方监理工程师项目管控能力和执行力有限,难以完全代表业主从事施工现场管理工作。因此,为确保项目建设的顺利推进,项目公司在线路工程和换流站工程各标段施工现场均设立了项目公司现场项目部,由项目公司直接选派公司技术过硬的专业管理人员作为业主项目经理常驻现场,负责协调各自标段的现场施工和合同执行,项目公司聘请的当地监理公司及环保、征地工程师对各自标段的施工质量、安全、进度、环保、征地以及工程计量、变更等进行监督,实现了对现场各 EPC 承包商的有效管控,如图 6-6 所示。

综上所述,项目在国家电网公司总部引领下,建立的以公司海外直流工程建设领导小组为核心的四层总体治理体系和项目公司的三层治理体系,既充分发挥了国家电网公司全产业链特高压直流输电核心技术能力和集团化运作管控能力的系统优势,又充分利用国网巴控公司在巴西多年积累的本地化运营能力和属地协调能力的前端优势,确保了项目的成功中标、成功建成投运和成功实现各项战略目标,为我国央企提供了一个海外大型工程项目治理体系的成功模板。

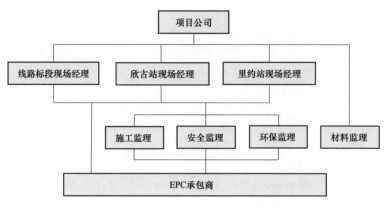

图 6-6　项目现场项目部组织架构

篇 二

项目环保、征地和投融资

第七章

项目环境保护和社会责任管理

第一节　项目环保理念和工作概述

一、项目的环境保护理念

美丽山二期特高压直流输电项目是巴西历史上规模最大的输电项目，项目位于赤道与南回归线之间，位于南纬 22°39′～西经 3°06′、西经 43°47′～西经 51°54′，如图 7-1 所示。横亘巴西 5 个州、81 个城市，总长 2539km，穿越巴西北部"地球之肺"亚马逊雨林（如图 7-2 所示）、中部塞拉多热带草原（如图 7-3 所示）及东

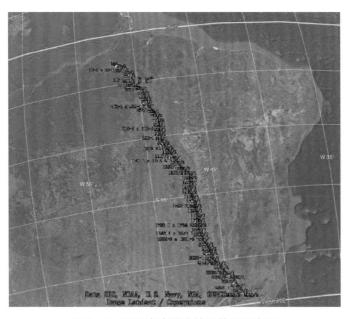

图 7-1　项目直流线路地理位置示意图

南部大西洋沿岸山区雨林（如图 7-4 所示）三个生态敏感的地理气候区域，工程沿线所及的环境范围、自然人文差异及多样性几乎涵盖巴西全部区域特点，巴西政府和社会各界对项目建设运营可能导致的环境影响高度关注。

图 7-2　亚马逊雨林地貌

图 7-3　塞拉多热带草原地貌示意图

图 7-4　大西洋沿岸山区雨林地貌

国家电网公司一向坚持人与自然和谐共存的可持续发展理念，非常重视环境保护工作，早在参与美丽山水电送出工程的前期研究时就已开始考虑项目开发的环境保护战略，指明项目的环境保护不是工程的附属品，而是项目成果和实施中不可或缺的核心组成部分。

国家电网公司独立中标美丽山二期项目后，把环境保护列为项目开发建设的首要目标，明确提出安全可靠、技术先进、绿色环保、国际一流的要求，强调要在尊重和保护环境的前提下，建设好这项巴西史上最大的电网工程。在项目建设和运营全过程中，项目公司严格遵守巴西各项环保法律法规，采用最佳工程技术和管理策略最大限度地减少对工程沿线环境（包括每个生态系统、每个社区）的影响，创建项目与工程沿线自然、社区和谐共存，实现项目的可持续发展和长治久安，成为联合国在其"2030年规划——可持续发展目标9"中提出的开发优质、可靠、可持续的基础设施目标的现实样板，为央企服务和推进"一带一路"建设在海外落地、造福当地人民、实现与当地共同可持续发展提供了成功典范。

二、项目环境保护工作概述

项目公司严格贯彻巴西环保政策，确定以尽量避让敏感环境区域、减少树木砍伐为总方针的项目环保工作策略，贯穿在整个项目的路径规划、塔型设计、施工组织等工作中。项目中标后迅速成立环保管理团队、聘请巴西当地富有经验的高水平环评服务公司，组建了包括工程学、生物学、地质学、社会学和考古学等在内的多学科专家团队，对项目全线自然生态和社会环境展开细致复杂的项目环境影响评价研究和环保方案规划工作。

整个环评工作历时两年，项目环评团队按时高质量地完成项目两端换流站、接地极、直流线路、配套交流线路和接地极线路等走廊沿线的全部环境调查、影响评价研究和保护方案编制，并按期将全部环评成果提交巴西环保署等环保监管部门审批。审批过程中，面对由于巴西政府更迭导致的主管部门负责人多次调整、评审人手紧张、工会罢工等种种意外，在中国驻巴西大使馆和国家电网公司总部的支持协调下，项目公司与巴西环境部、矿能部、内政部等政府部门保持密切联系，环评团队密切配合环保及考古等机构努力推动各项审批工作开展，最终克服重重困难，于2017年8月10日，按计划获批项目环保施工许可证。

项目公司严格履行巴西环保署批准的各项环境保护实施方案和社会责任，整个项目环评和建设期间的环保和社会责任总投资高达 5000 万雷亚尔（不含 EPC 承包商投入的水土保持等环保费用），最终提交的环境调查报告和环境影响评估报告达 56 卷，提出地理环境保护、动植物保护及疟疾防控等 19 个环保实施方案，召开了 12 场公众听证会；共建设和修复超过 1970km 的道路和 350 座桥梁；共调查动物 936 种，救助濒危植物 60 种，异地恢复植被 1100 公顷；考古勘探 4492 处，发现并保护遗址和天然洞穴 710 处；调整路径和塔位变更 161 处；实施社会责任项目 19 个，部分成果如图 7-5 所示。

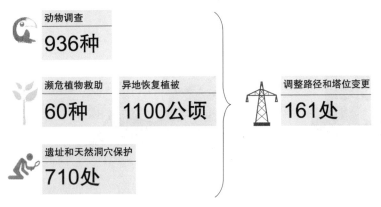

图 7-5　项目环境保护工作部分成果

三、项目环保工作主要成就

在四年的环评取证和工程建设期间，项目公司的环境保护取得了卓越的成就：所有环保工作均符合或超越巴西环保监管标准，全程未收到一张环保处罚通知单，为巴西近年来第一个零环保处罚的大型工程，成为尊重环保、合法经营的典范。工程竣工之后经实地核查，项目实际清除的森林总面积比巴西环保署批准的可清除面积减少 31%。鉴于项目在施工过程中的环保措施执行情况超过环保监管机构的预期，并取得其高度信任，巴西环保署于 2019 年 6 月 27 日授予美丽山二期项目环保十年有效期的运行许可证（通常绿地项目的首期运行许可的有效期为 3～5 年），为项目提前 100 天正式投运奠定了基础。

美丽山二期项目超前的环境管理理念和卓越的环保工作成就得到了巴西环保署和业界的高度认可，其价值和影响力甚至超越了工程本身，被巴西环保署誉为成功的典范。2019 年 6 月 26 日，项目公司被巴西标杆管理评审机构（Benchmarking

Brazil）授予"2019 年巴西社会环境管理最佳实践奖"，如图 7-6 所示，也即获得了联合国可持续性发展目标（Sustainable Development Goals）的实践认证，该认证进一步认可了国家电网公司对可持续发展的贡献，有力地提升了公司"技术引领、责任央企"的国际化品牌形象。

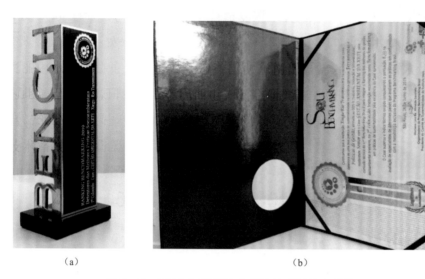

（a）　　　　　　　　　　　　　　　　（b）

图 7-6　2019 年巴西社会环境管理最佳实践奖

（a）奖杯；（b）证书

第二节　巴西输电工程项目的环保监管体系

一、巴西工程项目的环境许可证制度

巴西社会重视对环境的保护，具有健全的环境保护法律法规体系，相关法规条目多达 2 万多条，是世界上环保法规最多的国家，而且执行十分严格，环境违法成本很高。巴西是世界上第一个将环境保护内容明确完整地写入宪法的国家，将环境治理上升到国家最高法层面。巴西已建成以宪法为核心，以专项法律法规为支撑的，严密的环境保护法律法规体系，其立法细致程度和体系完善程度堪与发达国家媲美。

1997 年，巴西国家环境委员会颁布关于进一步规范各阶段工程环境许可证审批和颁发的第 237/97 号决议，规定：任何使用环境资源，以及当前或将来可能对环境造成污染的建筑设施，在其建筑、安装、扩建和使用等各阶段活动实施之前，都必须得到政府环境监管机构正式的事前许可，即必须事先获得有关机构颁发的相关环境许可证，才可开展相应活动，否则该活动将被视为违法。

各类环境许可证明确规定了项目业主在选址、建设、扩建和运行时应遵守的环境限制条件和相应管控措施。所有环境许可证都限定有效期，根据项目的性质、特点和所处阶段等的不同，可以单独或先后连续签发。一项工程从规划到建成投运全过程必须获得的各阶段环境许可证，主要包括预许可证、施工许可证和运行许可证三种。此外，任何在巴西境内的建筑项目或生产活动如涉及植被清除，则还必须向环境监管机构申请植被清除许可证，获批后，方能启动场地清理行动。各类环境许可证的主要内容如表 7-1 所示。

表 7-1　　　　　　　　　　巴西工程项目环境许可证的主要类型和内容

许可证类型	主要作用	颁发阶段和主要内容	主要申请条件
预许可证	取得施工许可证的必要前置条件	● 项目规划或活动的初步阶段颁发。 ● 批准项目的选址和总体内容等，证实项目的环境可行性，并规定其在后续实施阶段应满足的基本要求和限制条件。 ● 表明环境部门证实了项目在环境方面的可行性，确认即使项目在建设和运行阶段会造成预计的环境影响，但可以采取措施避免、最小化、减弱、监控和补偿这些影响。 ● 一些金融机构，只有在签发了预许可证之后，才同意贷款	● 完成环境影响研究工作 ● 编制提交环境影响研究报告 ● 召开符合规定次数和标准的环境影响公众听证会
施工许可证	建设工程开始施工安装的必要条件	● 项目开工建设前颁发。 ● 批准项目开始建设，允许项目根据获批的计划、设计方案、规格和常用规范等，包括相应的环境控制措施和其他环境保护要求，进行施工建设。 ● 在建设过程中，获批的针对预期环境影响而采取的环境措施必须予以执行	● 编制和提交环境保护方案（基本环境计划）
植被清除许可证	进行植被清理的必要条件	● 批准进行项目所需的植被移除工作。 ● 对于砍伐所造成的森林损失，项目法人需要进行补偿，即在经过环境监管机构允许的其他地方种植相同（或更大）数量的树苗，并确保成长为森林	● 编制和提交描述性报告，至少包括要砍伐森林的永久保护区和砍伐的物种、数量等
运行许可证	工程开始运行的必要条件	● 批准项目投入运行。 ● 对公共电力能源传输特许权项目来说，只有在运行许可证签发后，才有资格开始收取年度输电收入	● 环境监管机构确认项目有效履行了前述许可证的所有环境保护规定和满足投运条件

二、巴西输电工程的环保监管机构

根据巴西法律，负责全国环境管理工作的机构是巴西联邦环境部（Ministério do Meio Ambiente，MMA），总体负责制定保护和恢复环境的原则和战略，制定可持续发展及可持续使用自然资源的公共政策并负责贯彻执行等。MMA 下设行政、咨询和直属三类机构，如图 7-7 所示，其中负责工程项目环境许可证各项制度制定和执行的机构主要是国家环境委员会和巴西国家环保署（Instituto Brasileiro do Meio Ambiente e dos Recursos Naturais Renováveis，IBAMA）。

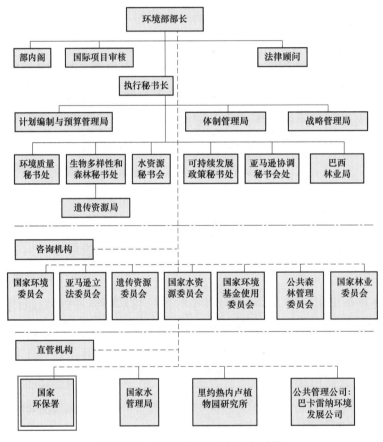

图 7-7　巴西联邦环境部组织结构

其中，巴西环保署致力于保护农业、牧业和森林不受砍伐，以及反对任何威胁亚马逊雨林的活动，属于巴西环境部直管的环境执法机构，并负责联邦一级的各类环境许可证的审核和颁发。当建设项目跨越巴西及其接壤国家或是跨越两个及以上联邦州，或是涉及巴西领海、大陆架、专属经济区、印第安人聚居区、国家级保护区以及涉及军事用途或核工业等，都必须由巴西环保署审核和签发相关的各类环境许可证。巴西环保署在执法过程中具有很强的独立性和很大的权限。

巴西环保署审核和签发各类环境许可证，要求项目业主必须开展工程环境影响研究，其中包括对可能受项目影响的物理环境、生物环境和社会环境等进行详细调查和评估，涉及十几个不同的领域，每个领域的工作和相应成果都必须首先由相关的专业监管部门审核通过后，才能汇总到巴西环保署进行最后审批，工作量和程序十分繁重复杂。

输电工程环境影响评估审批所涉及的其他主要专业监管部门还包括巴西国家历史和艺术遗产研究所（Instituto do Patrimônio Histórico e Artístico Nacional，IPHAN）、帕尔马雷斯文化基金会、印第安文化基金会、自然保护区管理机构、卫生部等，各类机构主要负责的环境许可审批相关事项如表 7-2 所示。

表 7-2   巴西输电工程环境影响评估主要专业监管机构职责

专业监管机构	主要监管职责
国家历史和艺术遗产管理署	负责评估和审批工程项目对物质文化遗产（坍塌建筑，如教堂）和非物质文化遗产（相关历史文化传承）可能造成的影响，并予以保护。凡被国家历史和艺术遗产管理署识别和定性为受到工程项目影响的文化遗产，将受到联邦级别的保护，以减少影响或给予补偿修复
帕尔马雷斯文化基金会	负责评估和审批工程项目对 Quilombo 社区（黑奴社区）可能造成的影响
国家印第安基金会	负责审批在印第安土著保护领域内的任何建设施工并进行过程监督，以控制和减轻来自外部的干扰可能引发的环境影响
卫生部	负责评估和审批位于由卫生部确定的，可能引发流行病（特别是疟疾）扩散的城市的工程项目的影响
项目途经城市的市政当局和规划部门	负责审核项目规划，核实项目占地情况和对于市政设施的影响
天然洞穴中心	负责编制项目经过区域的天然洞穴信息
国家矿产管理局	负责规划、调查巴西矿产资源，审核项目对矿区的影响
国家殖民及土改委员会	负责联邦境内土地的规划
全国自然环境生物多样性管理署	负责管理自然保护区事务

此外，巴西的电力监管机构，包括巴西矿能部、国家电力监管局、国家电力调度中心等在输电项目的规划、建设和运行过程中也不断就项目环保工作的相关事务与项目业主和巴西环保署等环保机构保持密切联系和沟通，发表有关专业意见，协调项目环境保护各项工作顺利推进，如图 7-8 所示。

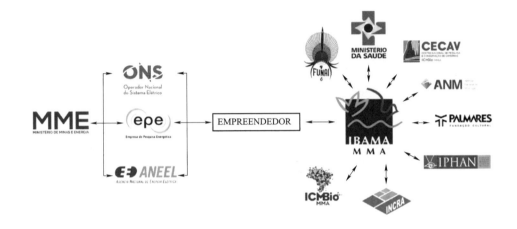

图 7-8　巴西输电工程环境影响评估主要监管机构

巴西社会各界具有强烈的环保意识，作为环境的切身利益相关方，在各类环境保护事务中发挥着极其主动而重要的作用，时常有民众代表和环保人士自发监督整个项目的建设过程，对工程的环境保护工作提出各种疑问，并关注各类机构的监管政策和实施情况，促使项目业主和政府相关部门不断提高环境保护水平。

三、巴西输电工程环境许可证的申请各阶段主要工作

巴西新建输电项目各类环境许可证申请和审批的全过程可以划分为预许可证申请、施工许可证和植被清除许可证申请、运行许可证申请四个阶段，其总体流程和各阶段主要工作如图 7-9 所示。

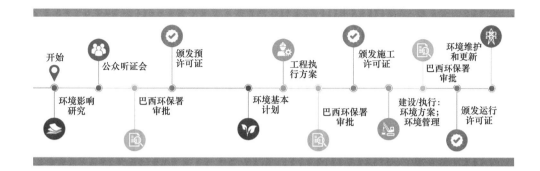

预许可证

环境调查：沿线物理、生物、社会环境调查，重点是考古、传染病、土著部落、洞穴、植被、保护区等，根据调查情况进行线路路径优化。

编制：编制环境调查报告和环境影响研究报告，提交各专业监管部门和巴西环保署审批，申请预许可证。

召开公众听证会：巴西环保署结合环评影响研究结果及民众意见，选取若干城市召开多场公众听证会。

预许可证批复：国家文物局、卫生部、帕尔马雷斯文化基金会等等专业机构进行专项评审，汇总提交巴西环保署整体评审通过后，签发预许可证，原则上确定线路路径。

施工许可证

编制环境保护方案：基于环境影响研究结果和预许可证的批复意见，编制环境保护方案及计算植被砍伐量，提交巴西环保署申请施工许可证和植被清除许可证。

施工许可证批复：国家文物局、卫生部、帕尔马雷斯文化基金会等专业机构进行专项评审，汇总提交巴西环保署综合评估通过后，签发施工许可证和植被清除许可证。

运行许可证

环保方案实施和监控：项目建设期间，严格实施环境保护方案，对保护区、营地等施工区环境影响进行重点管控。未有效实施，将受到巴西环保署的各种处罚直至取消施工许可证。

运行许可证批复：巴西环保署对建设期间环境保护方案实施情况及环境保护结果进行检查评估，评审通过后签发运行许可证。

运行许可证更新：运行许可证有效期通常为3～5年，到期巴西环保署确认项目运营期间履行了运行许可证要求的环境义务，可更新运行许可证。未按期更新且运行，将被处罚直至勒令停运。

图7-9　巴西输电工程环境许可证申请各阶段主要工作

第三节　项目环保工作的组织、策略和主要流程

一、项目环保工作团队的组成和结构

项目环评工作是巴西绿地输电项目建设最需要本地化支撑的工作之一，所需人员规模大、专业多。项目公司层面组建了精干的环保管理团队对项目环评工作进行

全过程管控和协调，以确保项目环评工作的进度和质量，另外还选聘了巴西当地高水平的环评服务公司。

项目公司决策层设立由项目公司首席执行官担任主任的质量、安全、环境和职业健康管理委员会，由首席环保官分管的环境分委员会、安全和健康分委员会，负责制订相关管理制度，与项目建设各方协调，统筹推进项目的安全、环境和职业健康管理工作。项目公司管理层设立环保部，负责对项目建设和运营过程中的环评和各项环保工作进行日常管理，环保部配置 1 名主任、2 名经理、4 名协调员和 6 名分析员。项目环评工作团队的组织结构如图 7-10 所示。

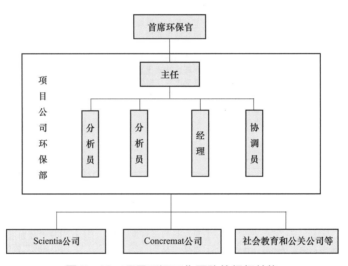

图 7-10　项目环评工作团队的组织结构

鉴于美丽山二期项目的规模和国网巴控公司独立开发的特点，在环评服务公司的选聘上，项目公司最为看重的是其资质、履约能力和社会声誉，选择了巴西综合实力最强的跨国环保和工程咨询公司 Concremat Ambiental 公司为项目提供全过程的环评服务工作，Concremat 公司为项目组织了 200 余人的全职环评工作团队。

此外，项目公司针对项目考古领域聘请了 Scientia 公司，其为项目派遣了一支 100 多名员工的专职考古队伍；针对社会环境影响的沟通工作，聘请了 11 家社会教育和公关机构，专门负责与沿线民众的沟通和教育服务工作。

项目环保工作主要包括以下三个方面：

（1）在开工取证阶段，深入研究环境问题，制定有效的环保工作策略，开展环境影响研究和环境保护方案编制工作，确保按时获取项目环保预许可证和施工许可证。

（2）在建设阶段，落实环境保护方案要求，组织各类专业力量，按照进度计划和质量标准开展各项环境保护工作，确保按时获取项目运行许可证。

（3）在施工现场，协调、监督和管理项目线路 11 个标段和两端换流站的 1.6 万多名参建员工在施工中切实执行相关的环境保护措施，严格遵守施工许可证中规定的环境保护要求，不断完善以执行对环境最有益的施工方式。

二、项目环保工作策略

项目公司确定避免影响环境的环保工作总体策略，以避让为先，减量为主，有效保护，持续监控，充分补偿作为实施原则，指导项目环境评价研究和环保方案规划实施等项目环境保护的全过程工作。

由于项目绵延 2500km 以上，其建设所需的工程用地规模在巴西是史无前例的，仅直接征地的总面积超过 3 万公顷，约相当于里约热内卢市面积的 1/4，其可能经过的各种敏感环境区域可谓不计其数。项目直流线路的理想路径就是连接两端换流站的直线路径，全长约为 2325km，但这条直线路径上极有可能分布着大量类型各异的敏感环境区域，例如土著部落、黑奴社区、岩洞、可能诱发问题的陡坡地区和悬崖峭壁、水体、矿区、永久自然保护区、原始森林、有考古遗迹的区域、安置房等。因此环保工作的策略如下：

（1）工程项目的选址应尽量避开敏感环境区域，以免对环境造成难以逆转的损害，项目环保团队对巴西电力监管局给出的项目初始路径沿线环境进行了详尽彻底的调查和评估研究，掌握了沿线所有敏感环境区域的分布和特性等信息，并根据调查结果，与项目设计团队一起对初始路径进行调整和优化以尽量避让所有敏感环境区域，项目直流线路最终的实际路径总长达到约 2539km，比项目初始路径增加了近 10%，约 215km。

（2）除了避让敏感环境区域以外，对于工程所经过的各种弹性环境区域，项目环保团队则采用减量化策略，即积极采用各种技术和保护措施，使得工程建设所引起的消极环境影响最小化或减轻至区域环境的承载能力范围内，并辅之以各种恢复加强措施，帮助这些环境在工程建成后尽快得到恢复。例如在亚马逊雨林的线路工程大多采用加高铁搭、自立塔等技术措施，使得输电线从树木顶端越过从而大幅减少森林的砍伐量。

（3）对于在技术上实在无法避让的敏感环境区域，如项目途径区域内所识别出的 33 个黑奴社区中唯一无法避让的马拉基尼亚社区（位于托坎廷斯州内），或者项目实施会造成不可逆影响的环境区域，针对线路走廊内的植被清除，项目环保团队则采用充分补偿策略和有效保护策略，确保环境整体质量不下降或得到提升。例如为马拉基尼亚社区建造果汁加工厂、自流水井、社区活动室等，为社区创建了一条可持续创收的途径，大为提升了社区的生活和环境质量；对于清除的植被，则采用异地等量补植予以充分补偿，确保区域整体植被量不下降；对于受植被清除所影响的所有珍稀动植物，包括所砍伐树上的所有附生珍稀植物、幼鸟、待孵鸟蛋等都采用事先移植、异地保护或静候孵化等各种针对性的保护性措施；对于施工现场和建成工程则采用围栏、盖板、警示标志等保护装置防止动物误入受伤。

（4）对项目建设和运营全过程的动态环境保护，项目环保团队采用持续监控策略，联合建设队伍对项目周边环境进行持续监测，以及时发现任何不良的环境变化并采取相应的控制、保护措施，如对靠近工程现场的动物进行持续观察、驱离或救援等。

三、项目环境许可证申请工作流程

项目公司对环境许可证申请工作实行严格的过程管理，将项目开工前必须获取的预许可证、施工许可证和植被清除许可证的申请获取工作合并成一个大流程，如图 7-11 所示，项目开工建设后到竣工投运前运行许可证的申请获取为另一个流程，如图 7-12 所示，以确保各环节工作无遗漏、无差错、无延误。

预许可证、施工许可证和植被清除许可证的申请审批流程和主要环节工作：

（1）在项目公司成立后，项目业主首先填写项目特性描述表，对项目的特性进行初步描述，到巴西环保署注册登记，正式开始申请项目环保许可。

（2）巴西环保署给出参考要求作为环评工作指南，指导项目业主组织进行环境调查研究和撰写环境影响报告。

（3）项目业主组织开展项目现场环境调查和影响研究工作，编写环境调查报告和环境影响研究报告，可参考引用项目的可研资料进行编写，其中各个专项环境影响研究成果需首先提交国家文物局、卫生部、印第安文化基金会、帕尔马雷斯文化基金会等专业机构审核。

（4）提交环境调查报告和环境影响报告及被各专业监管机构审核通过的专项

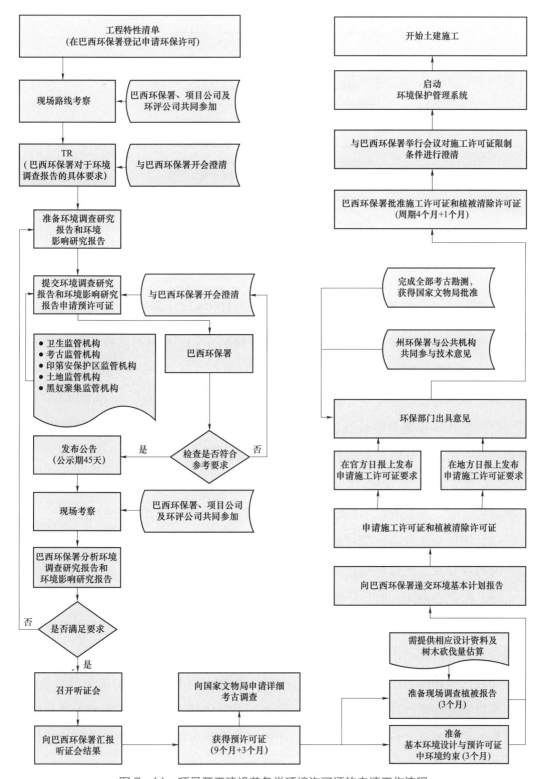

图 7-11 项目开工建设前各类环境许可证的申请工作流程

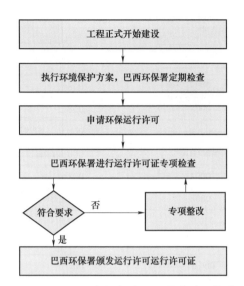

图 7-12　项目环保运行许可证的申请工作流程

环境研究成果至巴西环保署审核，巴西环保署将用 9～12 个月时间给出相关评审意见。期间，巴西环保署将进行项目现场考察，与项目公司不断讨论沟通，修改报告，直到最终审核通过，签发项目环保预许可证。

（5）巴西环保署对接收到的环境调查报告和环境影响报告和相关文件进行初步审核通过后，将环评报告内容进行 45 天公示。

（6）公示期满后，巴西环保署选择在沿线代表性城市，由项目业主组织举行项目环评听证会，充分听取当地政府机构及沿线民众对工程环评报告的意见。

（7）听证会完成后，所有城市都需要出具听证报告，一般在听证会后 45 天左右，同时项目业主向巴西环保署提交各个听证会的情况汇报。

（8）听证会期间，项目环境影响研究的考古研究、古生物调查、洞穴调查、矿产资源、动植物调查、传染病防治等多项进一步工作同时展开，有些工作可以提前开展。

（9）巴西环保署在听证会结果的基础上，对项目环境影响评估成果进行分析，包括项目描述、项目对环境产生的所有潜在影响（包括正面和负面影响）以及初步的环境保护计划等，并检查路径规划，在确认项目的各项环境影响符合要求后，巴西环保署签发预许可证，证明项目在环境方面的可行性获得认可。

（10）项目业主根据巴西环保署的要求编制和修改环境基本计划，主要包括工程概况、环境管理目标、环境保护方案、植被调查报告、工程建设方案（相当于施工组织设计）和工程建设各阶段的环境保护措施，如水土保持、动植物保护、文化遗产保护、防止大气污染、固体废弃物处理措施等。

（11）项目业主在获得预许可证后，应尽快向巴西环保署提交环境基本计划和申请施工许可证及植被清除许可证所需的其他所有文件，巴西环保署需要 4 个月逐项审查资料并给出评审意见。

（12）巴西环保署在审核环境基本计划等资料和现场调查的基础上，确认项目的线路路径等设计方案对环境影响已最小化以及各项环境保护措施的有效性，签发施工许可证和植被清除许可证，施工许可证的签发意味着项目的换流站站址和线路铁塔的每个塔位都得以确定，项目获批开工建设，正式进入工程建设阶段。

运行许可证的申请审批流程和主要环节工作：

（1）项目获批施工许可证后，工程正式开始建设。

（2）工程建设期间各参建方严格按照环境保护方案进行工程建设和履行各项环境保护措施，巴西环保署定期到工程现场对执行情况进行符合性检查。

（3）工程竣工前 4 个月，项目业主按要求向巴西环保署提交各种环境保护方案实施记录、专业报告、结果分析等资料，申请颁发项目运行许可证。

（4）巴西环保署组织进行运行许可证专项检查和现场核查。

（5）巴西环保署确认项目建设各项环保责任完全履行完成，从环保角度项目已符合投运标准，签发项目运行许可证，标志着项目已具备投运关键条件。

除了明确详细的工作流程外，环保团队还针对各个专业监管部门不同的监管事项、各种强制要求和需要提交的评估材料等建立了详尽的环评监管部门审核事项和需提交文件资料核对表，如表 7-3 所示，并以核对表上的各个事项和需提交文件为里程碑，严格控制各环节工作的进度、成果的质量和完整性，确保完全符合各个部门的不同要求，按期通过审批。

表7-3 各项环境许可证环评监管部门审核事项和需提交文件资料核对表

许可证		国家环保署	国家文物局	卫生部	帕尔马雷斯文化基金会	印第安文化基金会	保护区管理机构	工程设计	土地
预许可证		工程特性清单	工程特性清单	工程特性清单	工程特性清单	工程特性清单		项目的基本工程	土地初步调查清册
		环评导则	环评导则	环评导则	环评导则	环评导则			土地初步许可
		工作大纲（为获得施工许可证的工作计划）	申请向考古学家公布研究的标称条例	潜在传染病分析报告	奎隆宝拉成分研究	土著成分研究		建设活动细节说明	路径许可—州
		捕获、收集和运输生物材料的授权	文物古迹潜在影响评估报告	出具疟疾潜力评估报告，批准预许可证的发布	对于出具预许可证的一般意见	对于出具预许可证可证的一般意见		需建立工地的城市	路径许可—城镇
		测量通道开放授权	考古遗产影响可能性评估报告						路径许可—公路铁路
		环境调查研究报告和环境影响研究报告					环境调查研究报告和环境影响研究报告	初步设计	路径许可—河流
		公开听证会							路径许可—管线
		对于出具预许可证的意见	对于出具预许可证的一般意见				预许可证同意声明		
施工许可证		森林资源调查	向考古学家公布名义条例以供研究的请求	符合 LARM 条件声明	黑奴社区的环境基本计划	印第安环境基本计划	施工许可证同意声明	工程执行方案	项目跨经业主的初步名单
		符合预许可证条件声明	考古现场勘察报告	疟疾监控行动计划	批准黑奴基本计划的环境基本计划社区协调会	批准印第安基本计划的环境基本计划社区协调会		平面图和剖面图	项目跨经物业的数字档案

续表

许可证	国家环保署	国家文物局	卫生部	帕尔马雷斯文化基金会	印第安文化基金会	保护区管理机构	工程设计	土地
施工许可证	PBA（基本环保计划、环境保护实施方案）	文物古迹潜在影响分析	城镇补偿措施	对于出具施工许可证的一般意见	对于出具施工许可证的一般意见		确定森林地区通道	物权测量调查报告
		考古、物质和非物质遗产潜在影响评估报告	出具卫生条件证书，同意出具施工许可证				研究工地周围环境	
		文化资产管理计划						
		处理、评估、注册、文物古迹管理计划						
	对于出具施工许可证的意见	对于出具施工许可证的一般意见						
运行许可证	符合施工许可证条件声明	过程执行报告	卫生条件符合性报告	黑奴社区的环境基本计划过程执行报告	印第安环境基本计划过程执行报告		更新项目路线	项目跨经业主的最终名单
	运行许可证更新报告	对于出具运行许可证的一般意见	对于出具运行许可证的意见	对于出具运行许可证的一般意见	对于出具运行许可证的一般意见			项目跨经物业的数字档案
	对于出具运行许可证的意见	对于出具运行许可证的一般意见						地役范围内没有建房的证据

第四节 项目环境影响评价研究和预许可证的申请

2015 年 8 月，项目公司获得巴西环保署批复的项目环评工作技术导则，随即根据技术导则的指导，组织环保工作团队全力投入申请预许可证所必需的项目环境影响研究、环境影响报告编制和召开环评公众听证会等各项工作。

一、项目环境影响研究报告和报告的编制及送审

项目的环境影响研究工作要对项目两端换流站和输电线路初始路径所经过区域的所有物理环境、生物环境和社会环境等全部进行深入细致的调查、研究和评估，要涉及工程学、生物学、地质学、社会学和考古学等在内的十几个学科领域，规模十分庞大，内容十分复杂。

根据巴西环保署的指导意见，项目的环境影响研究工作和环境影响研究报告主要包括以下五个方面的内容：① 项目基本情况和特点；② 针对项目物理环境、生物环境、社会经济环境的环境诊断；③ 识别并评估项目在施工和运行阶段所可能产生的环境影响；④ 项目线路路径选择方案；⑤ 项目环境整改保护方案。

1. 项目基本情况和特点

项目的基本情况包括基础设计标准和技术信息，如线路初步路径、初步地籍调查信息、换流站及接地极位置、铁塔的不同类型及其应用场景、导线线径、电气安全距离等；项目初步建设方案，如换流站平面布置图、排水及土方工程设计、废弃物处理方案、雇佣员工的数量、建设周期、现场工序、营地数量等。

项目特点包括输电通道路径特点，如全线总长度、廊道宽度、途经的城乡和建设难点等。

2. 项目的环境诊断

项目的环境诊断是指对项目两端换流站和输电线路初始路径所经过区域的所有物理环境、生物环境和社会环境现状进行深入彻底的调查、研究和评估，以识别工程建设和运营对各类环境可能产生的主要影响。项目所可能影响的主要环境类型如表 7-4 所示。

表 7-4 项目可能影响的主要环境类型

环境类型		可能受影响的环境区域
物理环境	1	对高坡度地段及悬崖峭壁地区的影响
	2	对河流河道的影响
	3	与各种已建工程管线和公路的平行度
	4	对各种矿区的影响
	5	对天然洞穴和各类考古遗迹的影响
生物环境	6	对可能清除植被区域的动植物生态系统的影响
	7	对自然保护区的影响
	8	开辟出入通道的必要性
社会环境	9	与城乡社区的靠近程度
	10	对安置房的影响
	11	对土著部落和基隆博拉部落的影响
	12	对土地使用和侵占的影响

（1）物理环境诊断。对于物理环境的诊断，主要是通过实地调查和查询区域环境特性数据来进行综合分析评估，主要包括气候和气象数据、噪音等级、地震活动度、水资源、地质地貌、古生物遗迹、土壤、天然洞穴、污染区等。

通过调查评估，项目环保团队识别确定了项目周边区域所有的敏感物理环境区域，如通过实地调查确认了 46 个新岩洞，分别位于托坎廷斯州和米纳斯州，此前巴西科学界尚未知道这些岩洞的存在；又如根据巴西国家文物局的数据库，在项目调查区域（即输电线左右 10km 范围）内，识别出项目可能会影响 627 个考古遗址，包括各种具有历史价值的房屋、教堂、礼拜堂和历史农庄等；而在考古探勘活动中，在输电线路的地役范围还发现了 34 个新的考古遗址。

其他常规的如容易引起水土流失的高边坡和河流区域，可能会与输电系统建设和运行产生冲突的矿物开采区、作物种植区，各种已有工程管线和公路等的状况信息更是进行了全部识别和记录，为环境影响评价和项目路径优化等工作提供了翔实的基础资料。

（2）生物环境诊断。生物环境诊断则是调查确认受项目影响的陆地生态系统的特征，识别出项目区域内的动植物的物种，特别是濒危物种。此外，还要确认项目沿线途经的需要被特别保护的公园和自留区。

项目环评团队在项目所经过的 5 个州的 16 个采样点以及 3 个生态区（大西洋

生态区、塞拉多生态区和亚马逊生态区）中对动植物生态系统和物种进行了全面调查（见图 7-13），共确认了 820 个植物物种，其中有 40 个木本物种和 11 个兰花科和凤梨科物种属于濒危物种需要进行救援保护，最典型的有巴西坚果、雪松、桃花心木等。

（a）　　　　　　　　　　　　　　　（b）

图 7-13　环境影响研究物种调查登记

（a）植物物种调查；（b）动物物种调查

动物方面，则观测记录了合计 936 个动物物种，包括 83 种两栖动物、78 种爬行动物、174 种哺乳动物和 601 种鸟类，其中有 34 种鸟类正濒临灭绝，尤其是蓝金刚鹦鹉、猴鹰和食籽雀等，情况十分危重。

（3）社会环境诊断。社会环境诊断主要通过查询社会统计数据和实地调查来进行，主要任务包括：① 识别出修建输电设施对相关区域直接和间接的影响以及其他需要关注的情况要点，做好现场记录和照片，编写实地调查报告；② 与受影响的民众、弱势群体、既有的社会组织进行访谈，以评估项目公司的环境保护方案是否符合这些群体的需要，方案实施可能会遇到的潜在阻碍或支持群体等。

社会经济环境诊断最重要的结果是在项目沿线区域内识别出了帕尔马雷斯文化基金会认证过的 33 个黑奴社区，项目线路要尽量避让这些社区。

3. 环境影响识别和评估

根据项目环境诊断调查的结果，项目环保团队识别出在项目的规划期、建设期和运行期，合计共有 43 个会受到项目影响的环境条目，包括物理环境方面的条目 9 个，生物环境方面 11 个，社会经济环境方面 23 个；其中 38 个为消极影响，5 个为积极影响。

4. 路径通道选择方案

根据"避让为先"的环保总体策略，首先就是优化调整输电线路的路径，以尽量避开各类受影响的敏感环境区域，路径的优化调整主要遵循以下原则：

（1）避开原始森林、高山峡谷、大型自然保护区。

（2）避免干扰永久保护区和法定保护区，不在这些区域内修建进站道路、铁塔、牵张放线场和营地，减少这些区域内的植被清理。

（3）尽可能避免跨经森林覆盖区，减少植被砍伐量。

（4）避开容易引起水土流失的高坡度地段及悬崖峭壁地区。

（5）避免跨越河流，以免河堤水土流失和影响河水质量，在无法避开河道的情况下，应尽量选择水面跨距最小的路径，以减少对河堤的破坏。

（6）避开天然洞穴和各类古生物、传统历史文化等考古遗迹。

（7）避开土著部落、基隆博拉社区（黑奴社区）和安置房。

（8）避开与工程有冲突的矿区和其他作物种植区。

（9）与人口聚集的城乡社区保持距离，避免对这些区域的干扰。

（10）避免影响机场、鸟类迁徙路线。

（11）优先与已有输电线路或其他工程管线路径平行，以利用原有进站通道。

（12）尽量利用已有进场通道或线路走廊通道，避免修建新进场道路。

项目团队根据上述原则，对项目线路路径进行了大量优化调整，最终形成的直流输电线路路径对比原招标文件规划线路更改了 161 处，绕开了大量的敏感环境区域，例如在线路工程标段 1 和标段 2 区域避开了大片原始森林，避开了项目区域范围内所有 627 个考古遗址，避开了所有的天然洞穴，避开了输电线路地役范围内新发现的 34 个考古遗址中的 11 个，确保了项目对环境影响的最小化。以下为两个实例。

（1）案例 1，环保改线——避开环境保护区。直流线路工程原设计路径如 2054-1 至 2055-3 之间的红线所示，但线下仍然途径了小片永久保护区（Áreas de Preservação Permanente，APP）如图 7-14 中浅绿色所示区域，巴西环保署建议按照蓝色路径进行改线，项目公司经过技术经济比较，确定了黄色路径和塔位，并获得了巴西环保署批准。这次改线 4 个直线塔改为了 4 个转角塔。

（2）案例 2，环保改线——为了环保责任，不惜增加征地投入。直流线路工程原设计路径如 1848-1 至 1856-1 之间的红线所示，红线左侧为农田区域。为控制征地成本同时也避免影响农业生产，项目公司最初决定走图中右侧红色线路路径。

图 7-14　调整线路路径，尽量避开环境保护区

巴西环保署审查设计报告后要求项目公司按照蓝色路径进行改线以避开该路径下有极小片永久保护区，如图 7-15 中浅绿色所示区域，项目公司按照巴西环保署的要求对设计方案做了改动，并扩大了征地范围。

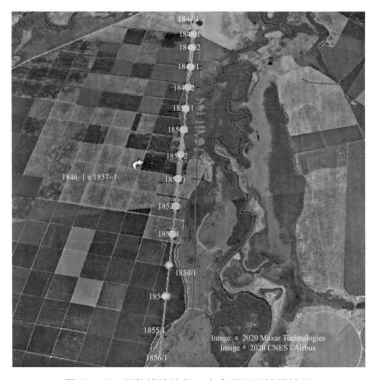

图 7-15　调整线路路径，完全避开环境保护区

5. 项目环境保护方案

对于无法通过路径优化完全避开的各种受影响环境区域，例如无法避免的植被清除等，则制定环境保护方案和措施；对于各种消极影响，要采用弱化、监控、保护和补偿等措施；对于积极影响，则要采取加强措施使积极影响的效果最大化，例如项目创造了就业岗位就是一个积极的环境影响，而加强措施就是雇用当地人，增加受影响民众的收入。

巴西环保署要求项目公司在环境影响研究报告中要包括环境保护实施计划，旨在证明这些受影响的环境条目在现有技术经济条件下，都能够通过一定的措施加以保护或补偿，即证明项目实施在环境上是可行的。项目公司针对所辨识出的、无法避免的各类受影响环境条目，初步规划了 7 个方面的环境保护方案，如图 7-16 所示。

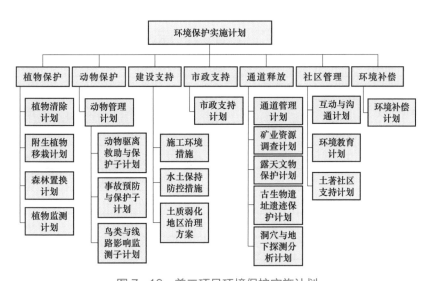

图 7-16 美二项目环境保护实施计划

经过 7 个月的进展工作，项目公司于 2016 年 3 月 24 日向巴西环保署提交环境影响研究报告，项目公司各专业团队根据巴西环保署的审查意见对工程全线再次进行了 20 余次优化。2016 年 6 月 22 日，美丽山二期项目环境影响研究报告通过巴西环保署预审查。巴西环保署将项目环境影响报告分发到项目沿线的 5 个州环保局、78 个城市市政府及 6 个保护区管理机构等部门进行法定 45 天公示，此时比里程碑进度推迟了约 1 个月时间。

二、项目环评公众听证会

1. 环评公众听证会的一般规定

根据巴西工程项目环境许可证制度,在巴西环保署将工程项目的环境影响研究报告进行 45 天公示以后,项目业主必须在巴西环保署的主持下选择工程沿线若干城市召开符合规定场次的公开听证会,向社会各利益相关方介绍环境影响报告的内容,包括项目对环境的各种影响,以及避免、减小和补偿这些影响的措施等,以解答公众对项目的疑惑,并收集他们对项目的批评和建议,巴西环保署根据听证会上不同社会群体的出席情况和反馈对项目的相关环评成果做出评价。

2. 项目公众听证会召开的总体情况

项目先后在巴西 5 个州的 11 个城市,共召开了 12 场环评公众听证会,各场听证会的召开地点和时间如图 7-17 所示。

NO.	AUDIÊNCIAS PÚBLICAS	DATA	HORÁRIO
1	Andrelândia – MG	27/09/2016	18h30
2	Itutinga – MG	28/09/2016	18h30
3	Unaí – MG	29/09/2016	18h30
4	Monte Alegre de Goiás – GO	26/09/2016	18h30
5	Porto Nacional – TO	27/09/2016	18h30
6	Itaporã do Tocantins	28/09/2016	18h30
7	Curionópolis – PA	29/09/2016	18h30
8	Novo Repartimento – PA	28/11/2016	18h30
9	Curionópolis – PA	29/11/2016	18h30
10	Andrelândia – MG	30/01/2017	18h30
11	Minduri – MG	29/01/2018	18h
12	São Vicente de minas – MG	30/01/2018	18h

图 7-17　项目公众听证会的召开地点和时间

项目的公众听证会都召开得非常成功,项目公司团队、巴西环保署等环境监管部门、当地市政部门和受影响的所有民众等各利益相关方能就项目问题进行热烈友好的、广泛而具有建设性的、充分民主的讨论或辩论,并达成相互理解,效果良好。

三、项目预许可证的审核批复

2017 年 2 月 23 日，巴西环保署向项目公司正式签发了编号为 542/2017 的项目预许可证，项目被巴西官方环境机构认定在环境方面是可行的。从项目中标特许经营权之日起开始算，历经 18 个月，美丽山二期项目终于获颁环保预许可证，为下一步申请项目施工许可证迈出了坚实的一步。

项目的环保预许可证的有效期为两年，共包含了 15 项规定，均是对项目下一阶段环评工作的指导和要求，包括要求在避免、最小化、减轻、监控各类环境影响的具体操作方案，以及对可预见的环境影响的补偿方案等。

第五节　项目环境保护方案编制和施工许可证申请

一、项目环境保护方案的规划编制

美丽山二期项目的环境影响研究报告共确定和评估了 43 种环境影响，其中有 38 种消极影响和 5 种积极影响。因此项目公司根据巴西环保署颁发的项目预许可证的要求提出了一系列环境保护措施，旨在增强项目对环境的积极影响，避免、减少、减轻、监控和补偿对环境的消极影响。这些措施包括各种社会环境方案和管理计划，总称为项目环境保护方案。

环境保护方案包括 1 个环境管理计划和动植物保护、工程支持等 18 个环境方案，所有方案都必须在项目建设期间得到严格遵循实施，其中有些方案的实施要贯穿整个项目建设期间，而有些仅在项目建设的某个阶段实行，如表 7-5 所示。

表 7-5　　　　　　　　　　美丽山二期项目环境保护方案

序号	方案/计划	类别	建设阶段					
			第一阶段（土建阶段）			第二阶段	第三阶段	第四阶段
			营地进场	植被清理	基础施工	组塔	放线	通电
环境管理								
1	环境管理计划	生物						
动植物保护								
2	植被清除方案	生物						

续表

序号	方案/计划	类别	建设阶段					
			第一阶段（土建阶段）			第二阶段	第三阶段	第四阶段
			营地进场	植被清理	基础施工	组塔	放线	通电
3	植物种子拯救方案	生物						
4	森林补偿种植方案	生物						
5	边界效应监控方案	生物						
6	动物管理方案	生物						
工程支持								
7	工程环境计划	—						
8	水土流失预防和控制方案	自然						
9	破坏区域恢复方案	自然						
市政援助								
10	城市援助方案	社会						
线路走廊释放								
11	走廊地役权确立方案	社会						
12	矿业开采影响评估方案	自然						
13	露天文物古迹影响评估方案	社会						
14	天然地下洞穴勘测评估方案	自然						
15	古生物遗址保护方案	自然						
社区								
16	社会沟通方案	社会						
17	环境教育方案	社会						
18	土著社区援助方案	社会						
环境补偿								
19	环境补偿方案	—						

二、森林植被调查

项目约有1/3的路径经过林地区域，施工时要清除输电线路走廊和塔位的植被，因此项目开工前要完成森林植被调查、申请植被清除许可证。植被调查的主要内容和目的如下：

项目环境保护和社会责任管理

129

（1）确定跨越植被区域的植物群组成成分，包括其定性、定量特点。

（2）调查输电线线路上的所有样本单元，对收集的资料进行分析。

（3）估测相关的植物群落参数，以便确定原生植被的各种特点。

（4）计算需要砍伐的区域面积和各个不同生态区存在的木料体积。

2016 年 3 月，项目公司启动了巴西电力史上规模最大的植物区系调研，对项目走廊区域内的植物群落、演替阶段、森林地块形态等进行调查研究。

调查的区域范围包括两端换流站和输电线路走廊。直流输电线路的行政地役范围的宽为 114m，即中轴线两边各 57m，走廊的行政地役范围总面积约为 290km^2。

巴西环境法律规定，对于工程建设砍伐所造成的森林损失，项目法人需要进行补偿，即在环境监管机构允许的其他地方种植相同数量（或更大数量）的树苗，并确保成长为森林。项目公司需要根据森林调查的结果，编制植被恢复方案提交巴西环保署审核，这也是申请植被清除许可证的必备材料。项目公司测算出项目应提供 436 公顷原生林的再造。

植被调查和研究工作共历时 9 个多月，调查团队深入到工程全线开展森林调查活动，计算项目施工所需的植被砍伐量和相应的植被补偿再造量，编制输电廊道植被清除方案和植被恢复方案，在巴西环保署批复项目预许可证之前，完成植被清除许可证申请材料的编制。

三、项目施工许可证和植被清除许可证的申请和审批

根据巴西环保法规的规定，任何在巴西境内的建筑项目或生产活动，如需清除植被，都必须向巴西环保署等环保监管机构提交规定的文件，申请植被清除许可证，获批后，方能启动场地清理行动。

植被清除许可证的申请程序如图 7-18 所示，在巴西环保署确认工程最终路径后，沿输电通道完成现场植被调查，计算植被清除量、编制工程现场的植被清除方案和补偿恢复方案，提交巴西环保署申请植被清除许可证。巴西环保署通常将植被清除许可证与施工许可证一起审批和签发。

确定最终路径 ➡ 森林调查 ➡ 输电通道植被处理方案 ➡ 申请植被清除许可证

图 7-18　巴西输电工程项目植被清除许可证申请程序

1. 申请材料的准备和提交

美丽山二期项目 2017 年 2 月 23 日获批环保预许可证后，项目公司根据环保预许可证批复的技术要求，全面展开施工许可证和植被清除许可证申请资料的修改完善工作，于 2017 年 3 月 21 日正式向巴西环保署提交施工许可证和植被清除许可证申请报告和所有申请材料。

2. 审核批复工作的积极推动

巴西环保署在收到工程项目的施工许可申请后，正常情况至少需要 4 个月的时间进行审核，但由于当时巴西政府更迭导致主管机构主管负责人多次更换、工作效率较低；加上项目本身规模较大，所需审核时间更长。为加快推进项目施工许可审批进度，确保工程有足够的施工时间，项目公司在提交施工许可申请后就开始积极推动审核工作进程。

施工许可提交后，项目公司多次分别前往巴西环保署、中国驻巴西大使馆、矿产能源部、环保部、内政部及其他考古、文物遗产等专业审查机构，详细介绍项目施工许可申请材料、落实巴西环保署有关技术要求的情况、项目对巴西经济和社会发展的意义，寻求各个机构的理解、支持和协调。期间，2017 年 6～7 月巴西多个政府部门举行罢工，项目公司通过艰苦协调，促成了罢工期间巴西环保署动员员工在家办公并利用周末时间进行评审等。

2017 年 8 月 10 日，在签署特许权协议后 22 个月取得环保施工许可证，尽管比理想的里程碑工期推迟了 4 个月，但仍然在旱季开工，为项目建设赢得了当年旱季施工的宝贵时间，奠定了项目提前 100 天正式投运的重要基础。

施工许可证的取得是项目公司在总部坚强领导下，在中国驻巴西大使馆和巴西相关政府部门、监管机构的支持下，与环评服务公司及各 EPC 承包商等合作伙伴团结一致、不屈不挠、夜以继日、努力奋斗的结果。施工许可证申请获取的主要过程和事件如表 7-6 所示。

表 7-6　　　　　　　美丽山二期项目环保施工许可证申请过程主要事件

日期	事　　项
2015 年 7 月 17 日	美丽山二期项目特许经营权中标
2015 年 8 月	获得巴西环保署的环评导则批复
2015 年 10 月 22 日	签署特许经营权协议
2016 年 3 月 24 日	完成环境影响评估报告（EIA/RIMA），正式提交巴西环保署审核

续表

日 期	事 项
2016 年 3 月	启动巴西电力史上最大的植物区系调查和研究工作
2016 年 6 月 22 日	环评报告通过巴西环保署预审核； 环评报告分发到沿线 5 个州环保局、78 个城市市政府及 6 个保护区管理机构等部门进行 45 天的公示
2016 年 9～11 月	召开 9 场听证会（经群众和帕拉州检察院要求，分别于 2017 年 1 月和 2018 年 1 月又增开 3 场听证会）
	审核批复期间，发生巴西总统罗塞夫被弹劾事件
2017 年 2 月 23 日	巴西环保署正式批复美二项目环评预许可证
2017 年 3 月 21 日	完成全部施工许可申请材料，提交巴西环保署，正式提出申请施工许可
2017 年 3 月 23 日	巴控公司主要负责人带队向巴西环保署汇报，并向中国驻巴西大使李金章先生汇报项目环评审核事宜
2017 年 4 月 17 日和 5 月 8 日	与巴西内务部负责人进行了会谈，协调推动项目环评审批工作进展
2017 年 4 月 19 日 和 4 月 26 日	巴西内务部先后两次组织矿能部、环保部、巴西环保署、文化部、黑奴部落管理协会、卫生部、国家历史及文化遗产研究所等相关部门召开会议，协调推进环评审批工作
2017 年 6 月 21 日	收到巴西环保署函件，要求回复部分地主提出的问题
2017 年 6 月 22 日	完成相关问题答复提交巴西环保署，同时项目公司负责人带队向矿能部及巴西环保署进行了沟通汇报； 自 6 月 22 日起，巴西政府部门、国有企事业单位开始组织罢工，包括矿能部、环保部、巴西环保署等部门均参与，并将在 6 月 30 日罢工一天
2017 年 6 月 28 日	项目公司主要负责人再次与矿能部部长进行会谈，希望在 6 月 30 日前完成报告评审，发布技术评估报告
2017 年 7 月 7 日	巴西环保署发布技术评估意见，对环评报告提出 100 余条修改意见
2017 年 7 月 10 日	国网巴控公司主要负责人带队与环保署高层会谈，明确环评报告修改意见
2017 年 7 月 11 日	完成修改方案提交环保署，并对有关问题进行逐条解释说明
2017 年 8 月 3 日	国网巴控公司主要负责人再次赴巴西利亚，与巴西环保署沟通环评报告批复事宜
2017 年 8 月 10 日	项目环评报告通过巴西环保署审查，正式取得施工许可证，获准开工

第六节　项目环境保护方案的实施和运行许可证的申请

一、环境保护方案实施的全过程管理

项目环境保护方案随着工程施工同步实施。项目公司从队伍、过程、控制和验收等四个方面对施工过程中各项环保措施和各项社会环境方案的实施质量进行全过程管理。

项目公司在各施工现场均设立业主现场项目部，派驻现场经理指导、协调和监督 EPC 承包商严格实施环境保护方案的各项要求，环保服务公司在每个施工工作面均派驻动植物专家进行环境监测。EPC 承包商按照确定的环保标准施工、完成必需的环保工程、履行各项环保义务，将工程建设对环境的影响降到最低，以确保所有建设活动和记录都完全符合巴西环保署的要求，按期获取项目环保运行许可证。

项目施工对环境最大的影响主要集中在输电线廊道、进（塔）场通道等的开通和换流站、铁塔、营地施工等的基础开挖，要进行大量的植被清理和移土作业。项目公司要求各 EPC 承包商严格按照环境保护方案的工程支持方案来进行施工作业和施工后恢复，以最大程度减少施工作业所造成的各种环境影响外。

二、植被清除和保护方案的实施

植被的砍伐清理，必须严格按照环境保护方案的植被清除方案和植被清除许可证规定的流程和规范进行，主要步骤有：确定砍伐通道、清理植被、堆放被砍伐的树木、接受现场森林工程师测量、编写植被清除报告并上报巴西环保署审核、根据森林补偿种植方案进行补偿再造，如图 7-19 所示。

图 7-19 植被清除许可证的植被清除流程规定

为尽最大可能减少植被砍伐量，对于必须清理的通道，首先考虑采用各种设计和施工方案来减少必须砍伐的面积。例如，项目的第一标段处于亚马逊雨林中，通道总长度达到 250 多千米，需要最严格的保护，因此在线路必须经过的森林覆盖区，尽可能采用自立塔和加高型铁塔来减少植被清理量。在整个标段的 469 座铁塔中，有 246 座是自立塔，这种型号铁塔的塔位面积比其他类型小，因此需要砍伐的面积更少；而该标段采用的加高型铁搭，较全线平均塔高都高，最高的达到 125m，相当于一座 40 层高的建筑物，使得输电线位于树冠上方，大大减少了砍伐，如图 7-20 所示。

对于不得不进行的砍伐，则尽量在输电走廊内实施最小化砍伐宽度或选择性砍

图 7-20　亚马逊雨林地区使用加高铁塔减小对雨林的砍伐和影响

伐，即仅砍伐那些可能对运行安全构成风险的树木，例如削头型砍伐，只削剪离导线太近、达不到安全距离的树木部分，以最大程度减少砍伐量。例如对位于亚马逊热带雨林中的项目第一标段，采用这种选择性砍伐，比原规划方案减少了 40% 的林木砍伐量。

在自然植被砍伐之前，项目环保团队要对被砍伐区域存在的植被进行详细的调研，包括种子、树苗、果实以及附生植物（例如兰花和凤梨）都要进行详细记录。在树木被砍伐之前需要对植物种子和附生植物进行转移营救。项目公司专门建立了一个珍稀植物救援中心，识别出超过 800 种植物物种，其中有 60 种濒危物种。

项目砍伐的植被区域总面积约 1140 公顷，其中有 192 公顷在永久保护区内，项目公司完成了总面积达到 436 公顷重新造林。

三、动物保护方案的实施

清理植被的过程中要按照环境保护方案的动物管理方案实施动物保护活动，只有在获得捕获、收集和运输野生动物的许可证后才能开始砍伐森林的活动，且必须由负责救援、驱离野生动物的小组陪同。

一般砍伐树木所使用的电锯会产生噪声，使得植被砍伐区域的动物群自发逃离，但有些动物个体因自身原因（受伤或行动缓慢等其他原因）无法逃离而滞留当地的，则需要由专业人员组成的动物驱离团队对滞留动物实施驱离、救援或放归。

项目公司为工程的每个标段都配备了多支动物驱离队伍，每支动物驱离团队至少由三名生物学、兽医学等多学科的专业人员组成。

为最大限度地保护动物，项目公司还专门制定了工作人员环境教育方案，以培养员工预防动物发生意外的意识，尤其是在森林附近区域驾驶车辆的以及在进行植被清除活动时。

项目整个建设过程中，共进行了 4468 个记录在册的各种动物驱离、观察、救助、隔离和收集行动，其中仅 221 只动物死亡或濒临死亡（4.95%），其余全部获得救援，救助率高达 95.05%，救助行动大部分都是现场救援，共有 2630 次（58.86%），其中有 2580 次放归；进行了 776 次轻度动物驱离（17.37%）；针对鸟巢或蜂巢进行了 666 次隔离行动（14.91%）。图 7-21 为项目公司对雏鸟和鸟蛋的保护。

图 7-21　雏鸟和鸟蛋的保护

此外，在项目建设过程中，在工程穿越的 3 个不同生态区一共记录到了 604 个动物物种，为累积巴西生物多样性知识做出了重大贡献。

四、考古和古生物遗迹保护方案的实施

在项目施工的基础开挖等移土作业过程中，极有可能出现在前期环境影响研究中未被发现的考古遗迹和古生物遗迹，因此对施工区域的考古勘探和对疑似遗迹物品的识别、评估和保护贯穿整个建设施工过程。

项目公司用了近一年的时间完成考古勘探工作。其中约 80% 的勘探工作在工程施工前完成，在未发现有考古遗迹的地方，报巴西历史和艺术遗产管理署许可后按

期启动施工，确保了项目的施工进度。

对于发现需抢救的考古遗迹的区域，必须暂停施工，制定相应的考古遗迹管理方案，报巴西历史和艺术遗产管理署批准，实施抢救工作以后才能继续施工。项目公司在全线考古勘探工作完成后，编制了考古遗迹管理方案（包括 23 个前期发现的待抢救考古遗址的抢救建议书），提交巴西历史和艺术遗产管理署审核通过后获得施工许可。

项目公司在项目沿线 27 个城市，对参与工程建设的员工、项目沿线附近的民众等目标群体开展了考古教育活动，传递了考古知识，提高了员工和民众对巴西文化遗产的价值感受，营造了积极参与文化遗产保护的氛围。项目公司还对参建员工进行古生物遗迹考古培训。

五、黑奴社区环境基本计划的实施

对于项目唯一无法避开的马拉基尼亚黑奴社区，项目公司对该社区实施了援助补偿方案，即黑奴社区环境基本计划。

项目公司援助补偿的主要内容包括：项目公司在工程建设期间聘用了 33 名黑奴社区的求职居民；援建果汁厂及其配套的自流井和机房，如图 7-22 所示；帮助社区小微企业编制商业计划、提高企业管理水平和产品质量、拓宽销售渠道；协助社区获得由联邦政府颁发的奴隶避难区印花标签，该印花标签可以证明产品来源，以推广民族文化认知；举办农村创业培训和果汁生产技术培训等，向社区居民发放培训课程结业证书，如图 7-23 所示。

图 7-22　马拉基尼亚社区的果汁厂

图 7-23　向社区居民发放培训课程结业证书

援助改造的社区活动室于 2018 年 12 月如期完成，如图 7-24 所示，并资助了避难奴隶项目，以反映当年奴隶抗争的历史，增强了社区的文化印记，唤起社区民众对这片土地上先祖的记忆。

（a）　　　　　　　　　　　　　　　　　（b）

图 7-24　改造前后的社区活动室
（a）改造前；（b）改造后

通过上述援助方案的实施，项目公司带动了马拉基尼亚社区的 70 多个家庭的可持续发展，得到了社区民众的普遍拥护，将项目与社区建成了牢不可破的命运共同体。

六、项目运行许可证的申请和批复

在工程建设全过程，巴西环保署技术团组对现场进行不定期检查，均取得满意的结果。项目公司于 2019 年 2 月下旬向巴西环保署提交项目环境基本计划完成情况报告和遵循施工许可证中各项限制条件的证明文件，申请项目运行许可证（见图 7-25）。

INSTITUTO BRASILEIRO DO MEIO AMBIENTE E DOS RECURSOS NATURAIS RENOVÁVEIS

Licença de Operação (LO) Nº 1525/2019 (5373179)

VALIDADE: 10 anos

(A partir da assinatura)

 Documento assinado eletronicamente por EDUARDO FORTUNATO BIM, Presidente, em 26/06/2019, às 23:24, conforme horário oficial de Brasília, com fundamento no art. 6º, § 1º, do Decreto nº 8.539, de 8 de outubro de 2015.

 A autenticidade deste documento pode ser conferida no site https://sei.ibama.gov.br/autenticidade, informando o código verificador 5373179 e o código CRC EDFE5AD3.

A PRESIDÊNCIA DO INSTITUTO BRASILEIRO DO MEIO AMBIENTE E DOS RECURSOS NATURAIS RENOVÁVEIS, no uso das atribuições que lhe conferem o art. 23, parágrafo único, inciso V do Decreto nº 8.973, de 24 de janeiro de 2017, que aprovou a Estrutura Regimental do IBAMA, e entrou em vigor no dia 21 de fevereiro de 2017; RESOLVE:

Expedir a presente Licença à:

EMPRESA: XINGU RIO TRANSMISSORA DE ENERGIA S.A (XRTE)
CNPJ: 23.093.056/0001-33
CTF: 6.398.527
ENDEREÇO: Avenida Presidente Vargas, nº 955, 13º andar, sala 1301 **BAIRRO:** Centro
CEP: 20.071-004　　**CIDADE:** Rio de Janeiro　　**UF:** RJ
TELEFONE: (21) 2173-7564
NÚMERO DO PROCESSO: 02001.005223/2015-73

Referente ao Sistema de Transmissão Xingu - Rio:

• Linha de Transmissão em Corrente Contínua de 800 kV Xingu - Terminal Rio, com 2.543,4 km de extensão, faixa de servidão com 114 metros de largura, e 76 municípios atravessados: Anapu, Pacajá, Novo Repartimento, Itupiranga, Marabá, Curionópolis, Eldorado dos Carajás, Xinguara, Sapucaia, Rio Maria e Floresta do Araguaia, no estado do Pará; Pau D'Arco, Arapoema, Bernardo Sayão, Pequizeiro, Itaporã do Tocantins, Guaraí, Fortaleza do Tabocão, Miranorte, Miracema do Tocantins, Barrolândia, Paraíso do Tocantins, Porto Nacional, Brejinho de Nazaré, Ipueiras, Silvanópolis, Santa Rosa do Tocantins, Chapada da Natividade, Natividade, São Valério da Natividade, Paranã e Arraias, no estado do Tocantins; Monte Alegre de Goiás, São Domingos, Nova Roma, Iaciara e Flores de Goiás, no estado de Goiás; Buritis, Unaí, Natalândia, Paracatu,

图 7-25　美丽山二期项目运行许可证（LO）

巴西环保署于 2019 年 4 月对全线进行了半个月的深入细致的现场核查，确定现场施工符合环境保护要求，各专业报告、资料记录全面，确认项目各项环保工作履行完成，于 6 月 26 日正式签发美丽山二期项目运行许可证，标志着项目具备了投运的关键条件。

第七节　项目公司履行的企业社会责任

美丽山二期项目建设过程中，项目公司积极履行企业社会责任，在社会责任方面投入超 1500 万雷亚尔，实施社会责任项目 19 个，向沿线帕拉州和托坎廷斯州的 33 个受疟疾影响城市捐赠了 692 套医疗器械和设备，还培训了 93 名疾控人员，以加强疟疾的预防、诊断和治疗；为沿线奎隆宝拉贫困社区援建果汁厂、社区活动中心、清洁水井等；资助了被联合国的教育、科学及文化组织于 2017 年认定为世界遗产的瓦伦哥码头遗址的历史文化抢救工作，如图 7-26 和图 7-27 所示。该码头是奴隶抵达美洲的唯一物质遗迹，大约有 100 万名非洲奴隶在 1811～1831 年间从该码头上岸，彰显了企业社会责任，用实际行动诠释了共商、共建、共享的"一带一路"倡议的内涵。

图 7-26　项目参与保护的瓦伦哥码头（联合国教科文组织世界文化遗产）

图 7-27　瓦伦哥码头修缮现场

项目部分社会责任案例如表 7-7 所示。

表 7-7 项目部分社会责任案例

序号	项目	明 细
1	葡语项目名	Projeto SER QUILOMBOLA – PEA XINGU – RIO
	中文项目名	MALHADINHA 黑奴社区历史文化整理与传播
	实施理由	随着现代工业化社会和生活习惯的改变，黑奴社区的居民对自身身份的认同感存在逐步稀释的风险；社区传统节日和事项需要集体活动时，存在动员困难的问题。年轻人进入大学一方面对提升社区的根本利益有帮助，但另一方面对保存社区传统习俗是个大的挑战
	项目内容	（1）抢救祖先从非洲带到当地的传统文化，创建 4 个教学工作室及相应 4 个小组参与教育工作； （2）针对教学组强调的传统社会文化习惯，培训能胜任传播维护社区历史文化的专门人员； （3）整理 MALHADINHA 黑奴社区的历史和集体记忆，以加强身份认同，提升自尊感，增加参加社区集体活动的意愿； （4）建立 MALHADINHA 黑奴社区博物馆，陈设来巴奴隶等主题历史物品、照片、文档、书籍，作为集体的永久资产，在改造后的 BARRACAO 社区展览
2	葡语项目名	Projeto A BANDA VAI À FEIRA – PEA XINGU – RIO
	中文项目名	MINDURI 市历史文化整理和传播
	实施理由	部分市民感觉城市没有温情，年轻人缺乏身份认同感，外流趋势增加。拯救历史文化，增加城市及习俗的吸引力，培训宣传统文化的专职人员，积极吸引企业家回流，增加该市生产活动动力
	项目内容	① 抢救当地的传统文化，提升青年认同感和自尊，创建 4 个教学工作室及相应 4 个小组参与教育工作； ② 针对教学组强调的传统社会文化习惯，培训能够胜任传播维护城市历史文化的专职人员；增加城市人气，提升农产品售卖价值； ③ 整理城市历史和集体记忆，以加强身份认同，提升自尊感，增加参加社区集体活动的愿望。建立城市博物馆，陈设历史物品、照片、文档、书籍，作为集体的永久资产
3	葡语项目名	Projeto ASSOCIA + AÇÃO – PEA XINGU – RIO
	项目内容	援助 PARACAMBI 市 Floresta 社区以加强农村合作社建设，为合作社寻找合作伙伴，拓展农产品价值链，对生产有机农产品的家庭给予经济补助。建立 4 个教育培训工作室，培训人员从事农产品经营管理，实施有机农产品补贴
4	社区名	NOVA ROMA 市 BREJO 社区，GOIAS 州
	实施理由	社区所处位置比较偏，完全依靠自然资源，靠天吃饭，被排除在公共服务之外，没有缺乏机构维护其应有权利。项目增强居民环境保护意识，保护水资源、保护公共健康、提升用水状况
	项目内容	研究安全用水方案，评估生活基本投入，结合健康问题，提供完善生活基本设施的建议。项目成立一个组织代表社区利益，落实集体意志，处理好环境资源问题。建立 4 个教育工作室进行宣传教育，培训人员来参与该集体组织以代表集体意志落实环境资源保护问题
5	社区名	VILA CAPISTRANO DE ABREU，位于帕拉州 MARABÁ 市
	实施理由	社区所处位置比较偏，完全依靠自然资源，靠天吃饭，被排除在公共服务之外，缺乏机构维护其应有权利

续表

序号	项目	明　　细
5	项目内容	加强社区居民耕种教育、强化草药和作物种植能力、食用健康食品；保持农业可持续性发展、保持亚马逊地区资源多样性。建立 4 个培训工作室，培训种植能力，建立组织强化种植组织，增加农业收入，确保食用健康食品
6	社区名	VILA ISABEL 社区，位于帕拉州 ANAPU 市，位于线路 1 标
	实施理由	社区公共资源不足，失业和暴力问题突出。尽管生活在不利环境中，该社区仍然具有种族多样性，并保留土著传统。应鼓励基于当地传统的工艺品，重新开发其价值
	项目内容	整理当地历史记忆和在土著背景下的文化艺术农业传统，培训居民整理社区文化，以提升收入、提升自尊和集体意识；参与环境资源管理，寻找合作伙伴。建立 4 个培训工作室，培训人员发展发掘历史艺术和农业产品
7	社区名	TABOCA 社区，位于米纳斯州 PRESIDENTE OLEGÁRIO 市
	实施理由	塔博卡社区对年轻人的外流表示担忧，同时，年轻人与社区缺乏联系。游客对当地小瀑布的掠夺性旅游，如产生垃圾废物不及时处理等也令人担忧
	项目内容	动员年轻人参与该地区的小瀑布可持续发展活动，以免遭居民掠夺性旅游的破坏；项目公司作为旅游景点清洁运动的支持者，将协调农村生产者协会、教会、市环境秘书处和市政委员会来促进可持续发展。实施行动计划，移除参观人员留下的废物，这些作为传播成果和吸引新成果的手段；培训人员积极参与此活动，组织人员加强垃圾监测，在周末发放垃圾袋，组织人员捡垃圾

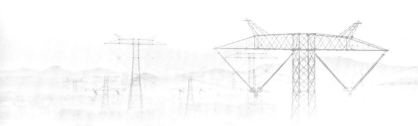

第八章

项 目 征 地 管 理

第一节　项目征地的需求和工作特点

美丽山二期项目是巴西有史以来最大的输变电工程，其建设用地规模庞大，所需输电通道路权和换流站永久用地面积总计超过 3 万公顷，所涉物权和土地地块业主（简称地主）数量众多，详情如表 8-1 所示；共涉及 4371 处物权，其中共有 3898 处为私人物权，分别归属 3370 名土地所有者，包括线路工程涉及 3864 处私人不动产，换流站及接地极涉及 17 处不动产，中继站建设涉及 8 处不动产，以及运维基地涉及 9 处不动产，如表 8-2 所示。

表 8-1　　　　　　　　　项目征地与路权面积一览表　　　　　　　（单位：公顷）

工程	里约站	欣古站	输电线	里约接地极	欣古接地极	合计
所有权面积	100	通过 CCI 协议从美一获得	—	—	—	100
地役权面积	—	—	29 845	187	132	30 164

表 8-2　　　　　　　　　　　项目物权数量一览表

州	线路	换流站及接地极	中继站	运维基地	小计
帕拉州	794	2	2	3	801
托坎廷斯州	732	0	2	2	736
戈伊亚州	261	0	1	1	263
米纳斯吉纳斯州	1602	4	3	3	1612
里约热内卢州	475	11	0	0	486
总计	3864	17	8	9	3898

另外，还有 569 处公共领域的物权受到影响，包括联邦、州和市政道路以及河流、溪流和铁路等。

两端换流站为永久用地，征地需要获得建设用地的所有权；而输电线建设用地的征用则只需获得输电线路轴沿途的地面走廊（输电通道）❶土地的 30 年使用权，并不改变土地所有权性质，即只需获得建设用地的地役权，或称为路权。项目公司将与地主共同使用这些土地，以满足传输电能这一特定的公共利益需求，但由于修建输电线路会对地主的土地用途范围有所限制，因此项目公司需要给地主一定的补偿，以获得输电线路下方通道的地役权。无论是对换流站土地所有权的获取，还是对输电线路走廊地役权的获取，统一称为征地。

项目正式开工后，项目公司必须提前完成计划施工场地的征用并达到开工标准，如无法按时完成，不仅将面临承包商的索赔，还会影响整个工程的正常建设进度，如延期则会减少应有的收益并受到巴西电力监管局的处罚。项目的征地任务十分艰难繁重，挑战极大，主要体现在以下三个方面：

（1）巴西实行土地私有制，项目征地必须与所涉及的地主逐个进行沟通、协商和谈判，给出对双方均公平合理的收购价格或补偿金，如涉及土地附着物或农作物受损等，还要商量赔偿或迁建方案等。项目所涉及物权和地主数量十分繁多，导致项目征地工作量极大。

（2）巴西的土地征用法定程序十分复杂，土地所有权或路权的获取有平等协商达成一致或走司法途径两种方式，且都要履行严格的法律程序，各级政府履行监督职责。征地过程中也会遇到一些艰难的个案，地主态度反复较大，需要不断耐心沟通、解释，甚至最终不得不走法律诉讼途径，导致征地周期较长。

（3）项目征地决策时，要在征地成本控制、路权获取速度、确保工程建设进度和征地政策的一致性之间取得平衡。对于每个塔位、每块地役权的获取，都要从工程建设的整体需求出发，在保证项目建设进度的前提下，既要基于市场价格和实际情况来评估合理的补偿价格，以控制征地成本，又要兼顾与地主协商的难易程度与相邻地块补偿政策的一致性，平衡难度极大，对整体态势和尺度的把握、谈判策略和技巧等的要求较高。

---

❶ 根据巴西标准（BR）5422/85 号的规定（空中输电线项目）和 11.934/09 号法令（规定了人员进入电磁场地的条件）要求，输电线通道范围的大小仅为可满足设施及第三方正常运行及其安全的最小区域。

第二节　项目征地工作团队、管理措施和流程

一、项目征地工作团队的组成和结构

与项目环评工作类似，项目征地也是巴西绿地项目建设中主要依靠本地化资源支持的工作，所需人员规模也较多考虑到项目庞大的规模，国网巴控公司将整个线路建设用地分为 830、950km 和 850km 三个标段，最后优选了巴西市场知名的 MAPASGEO、AVALICON 和 Medral 等三家征地服务公司，分别负责一个标段的征地工作，如表 8-3 所示，主要服务内容包括编制评估报告、谈判、测量评估所征土地上可以清除或是不能破坏的农作物及农用设施、协调和监督建设活动，以及确认因项目建设而造成的损害赔偿等。

表 8-3　　　　　　　　　　　　征 地 公 司 工 作 范 围

征地公司	派遣员工数	征地长度（km）	征地范围
MAPASGEO	17	830	SE Xingu（帕拉州安纳普市）—Guaraí（托坎廷斯州瓜拉伊市）
AVALICON	20	950	Fortaleza do Tabocão（托坎廷斯州福塔莱萨·杜塔博康市）—Unaí（米纳州乌纳伊市）
medral	27	850	Paracatu（米纳斯州帕拉卡图市）—Nova Iguaçu（里约热内卢州新伊瓜苏市）

项目公司决策层由首席环保官分管征地工作，负责制订相关管理制度。项目公司管理层设立征地部，负责制定项目征地工作的策略，对征地工作全过程进行统筹、监督和协调，以确保征地工作的进度和成本。征地部配置 1 名主任、3 名经理和约 20 名全职员工，包括土地分析师、律师、农业技术员、测量员等专业人员，其中有 6 名员工分别派驻 3 家征地服务公司，作为业主现场代表，督促、协调征地公司的工作，参与征地谈判，对征地公司的报告和谈判结果进行审核。

另外，项目公司还聘请德勤公司担任审计，专门负责对所征用的每一项物权的征地补偿价格进行审计和合理性控制。

项目公司的征地工作团队在 3 年多工作时间里，历经土地测量、地籍调查，与土地所有者接触、联系、协商谈判、签署土地协议等等一系列艰辛过程，于 2018 年 8 月，圆满完成项目所有征地工作，完全满足了项目建设用地需求，并将征地成本成功控制在预算范围内。

二、征地工作的原则要求和管理措施

为圆满实现项目工程建设的整体目标，项目公司确定五项工作原则：

（1）以满足项目施工进度和施工连续性需要为首要前提。满足项目施工进度的需要是征地工作的首要目标，必须按计划进度达到 EPC 总承包协议中规定的施工地块最低释放比例要求，在 EPC 承包商进入计划施工场地之前获得地块的路权并完成有关准备工作，满足开工条件；同时，征地工作应尽量满足施工连续性的需要，即地块的征用顺序要尽量为 EPC 承包商的连续施工创造条件，尽量减少跳塔施工。

截至 2018 年 2 月初，1 标段部分塔位征地和环保释放情况如图 8-1 所示。

SEQUENCE TORRE	101	102	103	104	105	106	107	108	109	110	111	112	113	114	115	116	117	118	119
NÚMERO DA TORRE **TOWER NUMBER**	54/1	55/1	55/2	56/1	56/2	56/3	57/1	57/2	58/1	59/1	59/2	60/1	60/2	60/3	61/1	61/2	62/1	62/2	63/1
PROGRESSIVA	54,350.00	55,097.82	55,477.64	56,009.32	56,596.31	56,972.99	57,469.43	57,925.59	58,567.03	59,139.50	59,537.50	60,060.50	60,522.50	60,887.50	61,400.50	61,897.50	62,400.50	62,820.50	63,474.50
REFERÊNCIA TOPOGRÁFICA	V04B-P004	V04B-P008	V04B-P009	V04B-P009	V04B-P010	V04B-P011	V04B-P011	V04B-P011	V04B-P014	V04B-P015	V04B-P016	V04B-P017	V04B-P017	V04B-P019	V04B-P020	V04B-P021	V04B-P022	V04B-P022	V04B-P023
NOME DO PROPRIETÁRIO **LANDOWNER DATA**	DOMINGOS TEIXEIRA	SIDERCI PEREIRA DA SILVA	FRANCISLEY MARTINS ALVES	FRANCISLEY MARTINS ALVES	JOÃO DE SOUSA SANTOS	JOÃO DE SOUZA BRAZ	JOÃO DE SOUZA BRAZ	JOÃO DE SOUZA BRAZ	CLAUDIONOR ALVES DA SILVEIRA	RAIMUNDO ALVES QUEIROZ	OSVALDO CORREIA DE SOUSA	PEDRO PEREIRA LOPES	PEDRO PEREIRA LOPES	DEIJACI BATISTA DE OLIVEIRA	REGINALDO DOS SANTOS LUCENA	REGINALDO DOS SANTOS LUCENA	EDIMILSON ANTONIO DE OLIVEIRA	EDIMILSON ANTONIO DE OLIVEIRA	ACÁCIO XAVIER ALVES
LAND																			
ENVIRONMENT APPROVAL																			
IPHAN APPROVAL																			

图 8-1　1 标段部分塔位征地和环保释放情况

（2）必须将征地总体成本控制在预算范围内。项目征地成本是工程总成本的重要组成部分，但是估算的客观标准不统一，以当地市场近年成交价格为主要参考，最后的补偿价格主要取决于双方谈判，实现精确预算和成本控制的难度较大，因此项目公司有针对性地制定实施有效的管理措施，将征地总成本控制在预算范围内。

（3）尽量兼顾补偿政策的前后一致性，避免各种不良连锁反应的发生。由于每个征地个案最后形成的补偿价格在一定程度上取决于双方协商谈判的结果，容易出现补偿政策前后不一致。因此，在征地协商谈判过程中一定要避免前后补偿标准不一致，导致已经接受了公平标准的地主事后出现反复，或者尚未谈妥的地主产生不切实际的偏高标准期望等各种不良连锁反应，以免给后续征地工作增加不必要的难度。

（4）征地补偿价格要尽量符合地方市场价格标准。巴西任何地块各种产权转让的交易价格都会予以公布，项目公司沿线征地价格都需要在当地市政登记并公布。类似地块相同产权的已有市场交易价格是项目征地补偿价格的主要参考标准。最后形成的征地补偿价格一定要符合当地市场价格标准，做到公平合理，既不能偏低，也不能太高以免给当地社会造成哄抬地价的不良影响，不但影响公司形象和增加成本，也有损当地社会经济的正常环境。

（5）尽量采取友好协商的方式完成征地，谨慎采用司法方式。项目征地要尽可能通过友好协商的方式获取土地所有者的支持，谨慎采用诉讼方式。虽然巴西法律设有符合公共利益的基础设施用地具有优先权的规定，具体到如美丽山二期项目这样的输电工程特许权项目，项目公司可以向巴西电力监管局申请公用基础设施用地声明，凭此走司法途径向法庭请求优先释放受阻路权，但这并不是最佳方式，原因是诉讼流程长，往往影响工期；此外，整个工程还需在这些土地上至少运行30年，只有与工程沿线居民建立和谐共存的命运共同体才是长久之道。

上述各项原则对项目的征地工作提出了明确的方向和要求，项目公司征地团队制定了科学评估、预算控制、充分授权、司法托底、外部审计的征地管理策略，取得了良好的效果，具体如下：

（1）科学评估。对项目征地总成本做出相对合理的准确估算，以此形成项目征地预算，不仅是确定项目建设总成本、做出正确投资决策的前提，也是确保项目征地总成本不突破预算的前提。

从项目竞标特许经营权阶段开始，项目管理团队就着手组织开展了沿线物权前期调查、征地及管理费用评估等项目征地成本的初步测算工作，项目中标后，更是要求征地工作团队及聘请的第三方专业机构，在进行充分市场调查的基础上，以市场价格为主要参照标准，综合采用多种评估模型和方式，通过多个渠道对所有被征用物业的裸地路权补偿金、附着物价值等等进行多轮次、多角度评估，并相互印证、渐进明晰达成基本一致的结论,以形成相对科学公平合理的补偿价格和征地成本预算,既保证在征地执行中能够通过努力实现总成本不突破预算,也能为项目公司针对每一项被征用物权所提出的建议补偿价格的公平合理性提供有充分依据,以增强征地服务公司在与地主进行协商谈判时的信心和说服力。

(2)预算控制和充分授权。在形成了合理的征地总成本预算后,项目公司对征地成本的控制采用了总体预算两级控制,单项预算上限控制的预算控制模式来确保征地总成本控制在预算范围内。具体来讲,首先是将某个标段的待征用物业划分成若干组合单元,每个单元包含若干待征用物业,由项目公司董事会确定每个标段和每个单元的征地总成本控制目标,然后扣除控制目标数的 5%作为风险准备金,将控制目标数的 95%下达项目公司执行;项目公司高管会将每个单元的下达预算再扣除控制目标数的 5%作为预备金,将每个单元控制目标数的 90%作为执行预算下达征地工作团队执行。

征地团队在执行预算范围内具有充分的授权,可根据每个征地个案的实际进展情况,包括施工进度需求、地主谈判难度、补偿政策一致性等实际情况,在满足征地工作各项原则要求的范围内,自行决定征地个案的征用顺序、谈判进度,以及在个案建议补偿价格的基础上进行上下浮动,以满足征地工作的施工进度和施工连续性需要,但必须保证整个单元的征地总成本控制在执行预算范围内。当某个征地个案的拟补偿价格超过建议补偿价格的上限幅度,如 10%或 20%,则也必须提交项目公司高管会或董事会决策。

通过上述预算控制和充分授权两项机制的结合,项目征地团队既能够坚持原则,又具有充分的灵活性,既满足施工进度前提目标的需要,又能有效地控制征地总成本不超预算。

(3)司法托底。在项目征地工作中,多数地主在获取足额补偿后都会配合项目公司的各项工作并释放路权。然而也有部分地主,为索要高额补偿或其他非金钱因素,在可获取征地补偿的情况下仍拒绝合作,甚至阻挠征地公司进入土地。对此情况,项目公司可以根据巴西相关法律,凭借巴西电力监管局批复的公用基础设施用地声明,向法院提出诉讼,通过司法途径先获取相关地块的施工权,即在法院受理认可项目公司的诉讼申请后,可在项目公司将符合当时市场价的相关地块补偿金抵押在法院后,持法院开具的强制令先行进入有关场地开展相关工作(包括施工)与该地主的有关争议可在事后继续商议,或者通过诉讼解决。

不过，项目公司希望尽量避免采用司法解决方式，为此提出了创新的双赢谈判策略。在巴西诉讼类似的征地案件，无论是原告还是被告，都必须事先向法院提交诉讼标的价值的10%作为诉讼费。因此，当某个征地个案有较强的走向法律诉讼解决方式倾向时，且该个案配合施工进度的需求同时也比较急迫时，征地工作团队可以酌情将该个案补偿价格最高上浮10%，跟业主谈判新价格，如同意，可以马上拿到全额补偿金，而不用再走诉讼途径。对于地主来讲，如果同意新价格，则其不用损失10%的诉讼费、可以马上拿到补偿金，且无需等待长达数年的诉讼期，界时业主不一定胜诉的，拿到的还是和此前相同的补偿金额。在巴西通货膨胀较为严重的大背景下，很多原先有争议的业主都十分乐意接受这一方案。对于项目公司来说，这个方案所付出的个案经济成本与走司法途径完全相同，而且还可以节省走诉讼的时间、满足项目施工进度需求，又能与业主友好解决争端，为项目的建设和运营创造良好的环境。这个双赢方案，为项目的征地工作解决了大量争议。

如果此方案不为业主接受，项目公司凭公共基础设施用地声明申请法院判决先行获取该地块施工权，相关补偿价格诉讼按正常司法程序进行，不影响项目施工。

（4）外部审计。为严防在项目征地工作中出现舞弊行为，项目公司在建立了单项预算上限控制的预算控制机制和全面的内控制度、采购管理制度以外，还采用第三方审计方式，特地聘请德勤公司担任项目征地工作的外部审计，负责对所征用的每一项物权的征地补偿价格进行审计和合理性控制，确保了每一项物权补偿价格的公平合理性，堵塞可能出现的漏洞。

三、项目征地工作流程

为确保项目征地工作的有序推进，项目征地团队对征地工作全程制定了详细的工作流程，对征地工作实行严格的过程管理，如图8-2所示，团队全体成员严格遵照执行，以确保征地各环节工作合法合规、无遗漏、无差错、无延误。

上述流程中各主要环节的工作依次为：

（1）调查和登记地块信息摘要：包括登记日期、地块编号、地主姓名、行政区、被征对象及描述。

（2）征地组与地主谈判，请求对地主土地进行测绘，确定线路经过土地的具体路径以及铁塔的具体位置。

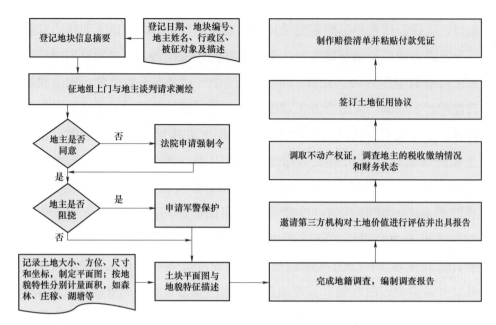

图 8-2　征地工作流程图

（3）获取允许进入土地授权书：由地主签字授权施工队伍进入土地开展调查、测量、施工等相关工作。

（4）如果地主不同意，前往法院申请强制令，从而确保测绘组入场工作。如果地主仍阻挠，则申请军警保护测绘组入场调查。

（5）土块平面图与地貌特征测绘描述：对土地大小、方位、尺寸和坐标进行详细测绘、记录，制定平面图并加以描述，按照地貌特性的不同分别计量面积，如森林、庄稼、杂草、沼泽、湖塘等。

（6）完成地籍调查，编制调查报告：根据现场调查资料，编制完整、详尽的地籍调查报告，相关资料将作为土地评估时的重要依据。

（7）聘请第三方机构评估地块价值并编制评估报告，以作为土地征用赔偿价格的主要依据。

（8）调取地主的不动产权证，产权证上详细记录土地所有权的历史沿革。

（9）调查地主的调查业主的税收缴纳情况和财务状态等。

（10）与每个地主协商、谈判，签订土地征用协议，协议公证并登记公示。

（11）制作赔偿清单并粘贴付款凭证，完成支付，获取路权：按地块序号制作土地征用赔偿清单并附上相应的付款单据。

第三节　项目征地工作实施

2015 年 7 月 17 日，美丽山二期项目中标后，项目征地工作团队随即全面进驻工程沿途城市，在项目全线同时启动实施项目征地工作，并同步向电力监管局申请公用基础设施用地声明，2015 年 11 月即获批，为后续困难的征地个案采用诉讼解决方案创造了有利条件。截至 2017 年 8 月 10 日，项目获得环保施工许可证，获准可以正式开工时，输电通道路权释放完成率已达到 92% 以上，超过了 EPC 合同中规定的开工要求，充分满足了项目建设用地要求。

项目征地工作实施的整个过程可以分为前期调查和初步评估、初步协商及物权信息登记、获取允许进入许可和编制调查报告、征地价格评估和获取路权以及征地后维护 5 个阶段。

一、前期调查和初步评估

项目征地工作的第一步是对项目初步规划路径沿线可能经过或影响到的土地和物业展开全面的前期调查和初步评估，为输电线的路径优化设计、征地成本估算、拟征用土地补偿价格评估等工作提供依据，并对沿线民众进行项目宣传。这一阶段工作从中标获得项目特许经营权后马上着手展开，一直延续到获得环保预许可证前后。

前期调查和初步评估的主要工作内容包括调查和明确初步规划路径沿线受影响地区的特点，包括区域规划、地形、管理方式、经济用途和有关地块及物业的产权等主要特点，并绘制地图和评估相关区域地产市场的表现等，从而为估算不同路径的征地和建设成本提供依据，进而与项目环保工作团队一起，综合考虑项目建设经济性和避免造成可能的社会环境影响两方面的要求，给出更加优化的路径。

这一阶段的工作虽然只是进行调查和初步研究，但十分重要，工作量也十分繁重，因为这一阶段的产权调查、初步评估、线路设计、地区和土地市场研究等工作的成果，将对项目的征地成本预算乃至项目建设成本预算的确定，以及最终路径的选定优化等产生重大影响，任何错误或遗漏都可能严重影响到某些关键建设用地路权的获取，从而对工程进度造成影响。

同时，这一阶段工作所获得的上述各类信息，必然会反映到项目征地成本预算的拟定中，如果市场研究和调查的数据结果准确，那么由此拟定的征地成本预算也必然体现了各类土地的市场公平价值，所做出的预算就更为公平合理，这样在后续征地补偿价格评估阶段给出的建议补偿价格数据就不会超出预算，在与地主的征地协商中也不太会出现严重问题，从而大部分情况下都能够在预算范围内实现与业主友好协商完成征地工作的目标，大幅减少采用司法解决方式的征地个案数量。

此外，这一阶段，征地工作团队还需要利用一切途径和机会，与项目沿线受影响民众产生联系，及时宣传项目的公共用途、征用路权的必要性、赔偿标准、土地的使用限制以及对产业损失的赔偿等，以使广大受影响民众对项目形成初步的正面印象和思想准备，为下一步开展入户调查和初步协商工作打下基础。

二、初步协商及物权信息调查登记

在前期调查和初步评估工作基本确定输电线路跨经某一地区的路径以及该路径涉及的地块和相关物业后，征地工作就进入第二阶段，项目征地团队开始与项目跨经土地的业主进行初步接触和协商，此项工作一般也是在项目获得环境预许可证之前完成。在初步协商过程中，征地团队还应向业主们再次宣传关于项目以及路权征用的相关法律等信息，尤其是路权和相关物业的价值和补偿价格的评估方法、合理赔偿方式、在输电通道范围内允许和禁止的土地用途、进行合法赔款支付的方式、办理土地征用交易房产登记等法律手续所需的必要文件。

项目征地团队一般需要对拟征用的土地进行实地调查，以确定项目影响的具体物业、相关的建筑物和构筑物、以及项目可能带来的具体干扰种类和程度等，并对相关房产的情况和特点进行评估，同时还要向地业、公证人和公共事务部收集征地交易行政程序所需的相关文件。

上述调查中得到的各类信息是后续评估、确定合理赔偿金额的基础信息和依据，在征地工作中收集这些信息和文件也是相关法律和政府行政法规规定的法定程序，是确保征地交易依法合规的必要工作。

在完成每块土地和有关物业的实地调查和相关文件收集工作后，征地团队将依次整理登记各地块的信息和资料，登记信息摘要包括登记日期、地块编号、地主姓名、行政区、被征对象及描述等。

根据关于资产评估工作的巴西标准 NBR 14.653 中对资产评估工作最低检查要求的规定，上述各项调查登记信息都是用于资产评估工作的，都应进行详细说明。同时，所有的调查结果都应尽可能地得到每个被调查业主或所有者的签署确认，以避免日后出现问题。

值得注意的是，在进行地块和物业信息登记时，征地人员必须仔细研究和评估每块物业中的生产性收益和资产增值情况，即土地价格的上涨情况。

这一阶段的工作是项目征地团队与地主建立长期合作关系的第一步，由于是与地主第一次接触，也是征地工作中最困难且最具挑战性的阶段，应想方设法从一开始与业主建立起相互信任和相互尊重的关系，为后续的协商谈判等工作创造一个良好的开始。

三、获取允许进入许可和编制调查报告

在确定了项目建设涉及的地块等物权和相应的业主并做好有关物权的信息调查和登记工作后，征地工作的第三阶段工作需要对这些地块中的输电线铁塔的塔位所在地方进行地质调查、考古勘探和测绘勘查等初步技术研究工作，而在开展这些工作之前，项目公司必须得到地主的允许才能进入地块开展这些工作，即进入许可。进入许可的法律文件形式是项目公司与业主一起签署的一份表格。获得进入许可并不会意味着地主已授权项目公司可以进行施工或开展任何其他类型的工程作业，只是允许开展完成上述技术研究工作。

在某些情况下，如果无法获得业主的授权许可，可以启动司法途径，申请强制令，保证技术团队可以入场开展有关技术研究工作。

图 8-3 为工作人员与地主进行友好协商。

技术研究工作主要包括对土地大小、方位、尺寸和坐标进行详细测绘、记录，制定土地平面图并加以描述，按照地貌特性的不同分别计量面积，如森林、庄稼、杂草、沼泽、湖塘等，以及地质调查、考古勘探等，并根据现

图 8-3　工作人员与地主进行友好协商

场调查资料，编制完整、详尽的地籍调查报告，以作为土地价格评估的重要依据。

四、征地价格的评估和获取路权

通过上述所有调查工作合法获取到输电线路建设所需的所有建设用地物权的

相关基础信息后，就可以正式开展获取路权的工作。获取路权的工作主要包括征地价格的评估，协商谈判、签署协议和支付征地款，土地交易注册登记确权 3 个环节。

1. 征地价格的评估

征地价格主要由工程所需通过土地的路权补偿金以及这些土地上各种产业和附着物受损的补偿金两部分组成。项目征地首先需要对这两部分赔付费用进行评估，以此为依据对每一个征用地块得出一个总的评估征地价格。评估征地价格是获取路权的第一步工作，此项工作一般聘请第三方专业机构，在公允的立场上，根据前面调查得到各种地块本身和区域市场等的信息数据，评估地块价值并编制评估报告，并作为土地征用赔偿价格的主要依据。

征地价格的评估工作根据关于资产评估的巴西标准 NBR14.653 准则的第 I 部分——通用程序和第 III 部分——农村房产评估进行，评估方法可以参考工程界通用的各种评估技术和模型，根据具体情况选用。

（1）路权补偿价格评估。路权补偿评估价格是根据当地土地市场公允价格确定的裸地市场价值乘以因修建输电线路而使该地块用途受限的折扣因子（称为路权系数），需要对各地块的裸地市场价值和路权系数值进行评估。

（2）增值产业补偿价格评估。增值产业补偿价格的评估方法因增值产业类型而各异，例如对于农作物和牧场，由于各种农产品的价值因各种因素而价格波动较大，因此一般会采用该地区内的平均值作为评估依据；对于果园，则使用收入资本化方法评估其价格，其中包括搭建及种植成本以及新种植园投产前损失的净收入，再乘以风险系数；对于建筑物和构建物，则主要采用重置成本法，结合使用维护的状态评估其补偿价格。

2. 协商谈判、签署协议和支付征地款

在得到某个征用地块征地评估价格后，美二项目征地团队即可按照采购政策，就此评估价格与地主进行协商谈判。在协商谈判中，征地团队应严格遵守确定的征地原则要求，充分发挥主观能动性和创造性，采用最佳协商战略，确保征地行动和施工进度计划协调一致。

如果与地主协商一致，谈判成功，征地团队则与地主共同签署土地征用协议，在确定所有签署文件合规后开具支票支付征地款，获得路权，随后办理房产注册登记等交接手续。

在无法达成友好协议的情况下，只能走司法途径获取该路权。在不得已选择司法途径时，由征地团队在法律顾问协助下准备起草诉状、流程、协议和后续活动，并与司法机关人员沟通协调。

3. 土地交易注册登记确权

征用土地交易完成、项目公司获取路权后，征地团队应马上负责起草路权登记申请书和准备所需要的文件，并向房产登记处提交，在支付相应的税收和费用后到房产登记处登记路权，以此从司法方面固化项目公司的土地权利。

五、征地后维护

1. 工程建设阶段的征地维护工作

路权确定一旦完成即可用于项目建设。在施工期间，项目公司征地团队还要继续加强输电通道的巡查，并拜访沿途涉及的业主：① 向业主通报施工进度，以维持和谐关系；② 测量、评估和支付施工期间造成的附属物损坏所产生的赔偿。

施工完成后，项目征地团队应确定所有建筑，包括材料和设备均已使用完毕，竣工验收后交付给项目公司，承包商的所有机械、设备、材料离开工地，对现场的道路以及围栏、大门、桥梁、地面栅栏等完成恢复、修复如初。

2. 运行和维修阶段的征地维护工作

在项目运行和维护期间，征地团队需要确保输电通道始终畅通无阻，仍然需要与沿途地主、土地使用者和附近社区保持良好互动。在这一阶段，主要有以下几项职能：检查输电通道状况，阻止或移除可能的外来物进入，限制高杆庄稼等农作物的生长；维系社区沟通、社区关系，跟踪社会项目、退化地区恢复等计划，为选择性砍伐活动提供援助和支持；为履行所购土地或路权的合法义务采取必要措施。

从 2015 年 9 月至 2018 年 8 月释放全部路权，美丽山二期项目征地取得了卓越的成效，未对施工进度造成影响，满足了项目连续施工的要求；通过有效的预算控制，实现最终征地总成本比预算降低 5%；94% 的物权通过协商实现，仅 6% 的土地通过诉讼司法程序获得，为项目的顺利建成和运行的长治久安奠定了基础。

第九章

项目投融资管理

美丽山二期项目的建设规模庞大，计划投资规模近 100 亿巴西雷亚尔。根据原项目商业计划，项目的融资结构原计划方案是资本金投入 40%；长期债务融资 60%，其中约 31% 由巴西国家政策性银行——经济社会发展银行承诺给予长期贷款支持，剩余 29% 则需要在资本市场上融资解决。

在与巴西当地商业银行、跨国银行、政府基金等各类金融机构合作解决项目债务融资的过程中，美丽山二期项目管理团队深入研究巴西的融资环境特点，制定了针对性的融资策略，在此基础上不断拓展融资渠道，及时多次调整优化融资结构，最终圆满筹措到了比原计划融资方案有较大优化的足额资金，降低了融资成本，提升了股东投资回报。

第一节　巴西基础设施项目的融资环境

一、巴西金融市场的总体特点

巴西金融市场总体上具有银行寡头垄断、资本市场容量不大、汇率风险敞口、名义利率较高等特点。

1. 当地银行形成了寡头垄断结构

巴西资产超千亿美元的大型银行只有 ITAU（伊塔乌银行）、BRADESCO（布拉德斯科银行）、SANTANDER（桑坦德银行）、Banco do Brasil（巴西银行）、CAIXA（巴西联邦储蓄银行）、BNDES（巴西经济社会发展银行）6 家，其他银行规模都不大；工商银行、中国银行、建设银行、交通银行和国家开发银行等中资银行虽然在巴西都有分支机构，但受限于经营规模，对单一集团客户能提供的最大融资额不超过 1 亿美元，国家开发银行目前在巴西主要提供外币信用产品。总体上来看，大型基建项目银行融资渠道的选择比较有限。

2. 资本市场容量不大

2018 年巴西资本市场融资总额 2237 亿雷亚尔，较 2017 年增长 3.2%，固定收益证券占比从 2017 年的 77% 提高到 89%。其中基础设施债券是 2012 年针对基础设施项目长期融资设立的产品，对投资者有税收优惠，2018 年达到 236 亿雷亚尔，较 2017 年的 91 亿雷亚尔增长 160%，基础设施债券是巴西绿地基建项目长期融资的重要渠道。

3. 汇率风险较大

巴西雷亚尔汇率波动剧烈，近 10 年中有一半年份波动率超过 30%，雷亚尔贬值趋势明显，近 5 年已累计贬值 64%，年均 10.4%，且近 15 年来，年贬值幅度呈增大趋势，如图 9-1 所示。

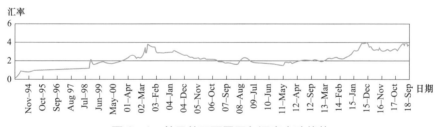

图 9-1 美元兑巴西雷亚尔汇率变动趋势

巴西基础设施投资收益以雷亚尔计价，因此基础设施建设项目存在长期经营性汇率风险，所以更多使用巴西当地的融资。另外巴西境内注册的企业不能开立外币账户，收到的外币注资在进入巴西时必须转换为雷亚尔，而项目公司需要支付的外币设备款也必须以雷亚尔购买美元汇出，而项目需要进口一定比例的中国和欧美设备。因此巴西的基础设施项目投资在建设期存在股东注资和外币付款的双重汇率风险。

4. 高利率、高通胀

巴西基准利率较高，自 2000 年以来常年高于 10%。从 2016 年 10 月将利率从 14.25% 一路下调至 2018 年 3 月 20 日的 6.5%，已是历史上利率最低的时期。如图 9-2 所示，巴西基准利率的波动也非常大，对于短期融资成本直接与基准利率挂钩，利率波动风险也较大。此外，巴西通胀率常年处于高位，且大多数时期基准利率高于通胀率的数值超过 5%，呈现典型的高利率、高通胀特征。

图 9-2　巴西基准利率和通胀率历年走势

二、巴西基础设施项目长期债务融资渠道

1. 常规融资渠道

巴西基础设施项目融资通常由政策性经济社会发展银行贷款和长期基础设施债券来解决，是长期基建项目融资最成熟和最常用的融资渠道。这两种方式一般都采用按揭式的分期还本方式还款，包括等额本金或者等额本息方式，非常适合每年有稳定收益的基础设施项目债务的还本付息。在担保方面，除了项目建设期需要提供额外担保来覆盖建设风险外，在项目运营期一般用项目本身（包括股本、特许权协议赋予的收益权等）来担保，减少了母公司的信用占用，是基础设施项目投资非常理想的融资方式。

（1）政策性银行贷款。巴西基础设施项目的长期融资主要来自政策性开发银行，在巴西主要有巴西经济社会发展银行和各州的政策性银行。

巴西经济社会发展银行成立于 1952 年，是巴西基础设施项目长期资金的主要来源，2018 年末资产总额约 8025 亿雷亚尔，当年放贷额 693 亿雷亚尔。

巴西经济社会发展银行贷款程序非常复杂，从提交申请到放款一般要 1 年左右，要求也非常苛刻，例如需获得环保部门签发的施工预许可证之后才能正式申请贷款，在获得施工许可证之后才能上会审批；融资额度上对早于正式申请前 6 个月的投资不能贷款，且只向本地采购等符合特定条件的投资提供融资。

对于大额贷款，为了分担风险，巴西经济社会发展银行往往要求将部分贷款（如1/3）通过当地银行转贷，相当于由当地银行提供了担保。转贷将增加融资成本，可以通过提供全程额外担保等方式与巴西经济社会发展银行协商，争取减少或取消转贷。

作为政策性银行，巴西经济社会发展银行的基准利率，相对国债利率具有一定的优惠。但从 2018 年起开始市场化过渡，计划到 2023 年，利率完全市场化，但巴西经济社会发展银行贷款额度大，可解决大额融资需求，且期限最长可达 20 多年，即使没有较大成本优势，也是非常重要的长期资金来源。

（2）发行长期基础设施债券。融资的另一个主要渠道就是发行长期基础设施债券。巴西近几年的债券发行量平均在 800 亿左右，2018 年发展异常迅猛，债券总额近 1400 亿雷亚尔，其中基础设施债券 236 亿雷亚尔，较 2017 年增长 160%。

基础设施债券是根据 2012 年第 12431 号法律设立的为鼓励投资者参与基础设施项目，期限可以长达 15 年，甚至 20 多年，也是基础设施项目长期融资最好的渠道之一。

由于是有税收优惠的债券，为确保筹集的资金用于基础设施项目，项目必须是相关部门批准的优先项目，例如，由能源矿产部审批的输电项目，发行额度不能超过发行日前 24 个月内发生的实际投资。基础设施债券只能在项目公司层面发行，筹集的资金只能用于该项目。

根据巴西财政部的统计，基础设施债券对国债的利差在 1% 左右，持续期低于 6 年，发行价约通胀率+7%，如图 9-3 所示。

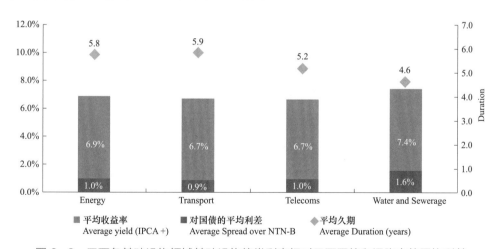

图 9-3　巴西各基础设施领域基础设施债券利率相对巴西国债和通胀率的平均利差

长期债券一般在巴西经济社会发展银行贷款到账之后发行，发债的文本需要巴西经济社会发展银行的审批，加上需要履行证监会的监管登记、评级等程序，发行周期从开始询价到收到资金一般需要 4 个月甚至更多的时间。

2. 美二项目长期融资渠道的拓展

基础设施项目一般投资额巨大，上述常规融资渠道往往难以满足项目的全部融资需求。在为项目融资过程中，项目管理团队努力寻找、接触、探索和开拓了一些创新的融资渠道，如巴西政府养老基金、区域养老基金、一带一路专项基金、境外开发银行贷款等，做了大量有益的探索和经验积累。

三、过桥融资渠道

在项目建设初期，在长期贷款到位前还需要筹划好过桥融资，以保障项目建设资金，确保项目成功实施。巴西的短期过桥融资主要有以下渠道。

1. 普通银行贷款

商业银行贷款是程序最简单的融资渠道。程序和手续比短期债券简单，可以在授信额度内按需支取或归还，不像债券，如果提前归还可能要付违约金。

2. 巴西经济社会发展银行过桥贷款

对于巴西经济社会发展银行有意向提供长期融资的项目，也可以向巴西经济社会发展银行申请过桥贷款，虽然在利率上没有什么优势，但能提前让巴西经济社会发展银行对项目进行分析，有助于加快长期贷款的审批流程。

3. 外币贷款加掉期（4131 贷款 + SWAP）

巴西市场将境外机构提供的外币贷款称之为 4131 贷款❶。4131 贷款突破了巴西本地资本市场容量限制，极大拓展了资金来源，但由于雷亚尔汇率波动大，一般同时要把外币掉期为雷亚尔，所以形成了 4131+SWAP 的模式。

4. 短期债券

巴西债券市场比较成熟，主要是投资基金购买，也有银行自己购买。由于债券没有金融交易税，所以融资成本略低于商业银行借款，是最常用的融资渠道。

由于发行债券没有金融交易税，所以有时银行会把商业贷款也做成购买项目公司发行债券的方式来规避金融交易税。美丽山二期项目在融资过程中，分 3 次发行了 29 亿雷亚尔的短期债券，尽管规模大，但期限都不超过 2 年，以 476❷模式发行。

---

❶ 该名称来源是因为境外机构提供的外币贷款是由 1962 年颁布的 4131 号法律来规范的。

❷ 巴西债券发行主要有按 400 号规章和 476 号规章两种发行方式。400 规章方式可面向不特定公众公开发行，公司必须首先在巴西证监会办理债券类上市登记，接受严格的监管；476 规章方式只能向有限的机构投资者发行，最终投资者不能超过 50 个，企业再次发行 476 规章债券有 4 个月的间隔要求。

各种不同过桥融资方式比较见表 9-1。

表 9-1　　　　　　　　　　　各种不同过桥融资方式的比较

项目	商业银行贷款	4131+SWAP	短期债券
利率	正常	跟外汇市场波动，可能最低	略低
金融操作税	有	有	无
放贷速度	最快	要提前签订外汇交易框架合同	至少 1~2 个月
提前还贷	正常	提前终止掉期合约的汇率损失	违约金
监管			400 方式要在证监会登记
再次融资	无限制	无限制	476 方式有 4 个月间隔

第二节　项目的融资策略

在综合研究分析了巴西融资环境的各项特点后，项目领导团队根据项目的融资需求，制定以下四条融资策略。

一、增加巴西的政策性贷款

政策性贷款可以做到比债券更长，因此每年摊销的本金就少，在满足偿债保障倍数限制的条件下，可增加债务融资替换股东注资，或者增加项目前期可分配给股东的现金流，均可大幅提升回报率；此外，政策性贷款一般有补贴，如 2018 年巴西经济社会发展银行贷款基准利率较国债低约 2%，可大幅度节约利息，也能提升股东回报率，增加政策性贷款额度非常重要。美二项目的融资要充分利用政策，突破障碍，努力提高项目融资中巴西政策性融资的比例。

二、增加本地货币长期融资

巴西汇率波动较大，为避免长期的经营性汇率风险，应尽量减少外币融资和外币股东注资，尽可能增加当地货币融资，以减少雷亚尔资产和外币负债的不匹配。在债券方面，尽量通过定制前期还本少，后期还本多的还本方式，延长债券的平均期限；或者延长债券期限，减少每期还本额来提升平均期限，这些都相当于增加了债务。

三、选择合适的发债时机

长期融资成本主要与发债时的国债利率和风险溢价有关，而近几年巴西国债的利率波动较大，近 3 年最高达到了通胀率+7.5%，最低通胀率+4%。对巴西境内投资者来说，只要是选择固定收益类投资，参考值最好的就是国债，假设对某基础设施项目的判断是高于国债 1%就愿意投，在国债成本是通胀率+4%的时候发行，成本是通胀率+5%，而如果在国债成本是通胀率+7.5%的时候发行，成本就是通胀率+8.5%，因此发债时机的把握非常重要。

从风险溢价来看，当市场长期资金供应充足时，风险溢价也较低，例如 2019年 1 季度发行的基础设施债券较国债的溢价只有 0.25%，大大低于历史平均值。因此风险溢价水平也是选择发债时机时需要观察的方面。

四、采用适当的过桥融资

过桥融资的重要性，除了满足长期资金到位之前的资金缺口，还具有以下一些重要作用：

（1）可以减少股东注资，获得更多长期本地货币融资。如果前期过桥贷款不足，用增加注入股本的方式以满足项目长期融资到账前的资金需求，以后再减资就比较困难。

（2）根据巴西经济发展情况来判断，为了获得发长期债的好时机，获得长期低成本的资金，如果有畅通的短期融资渠道，使用过桥资金，等待更好的长期债券发行时机到来，是一种有效策略。

（3）能够支持对冲交易性汇率风险，如前所述，外资企业巴西项目的注资往往是美元或欧元，而巴西从国外进口则需要使用美元或欧元，两类交易的换汇风险可采用以外币注资和外币采购的对冲策略来化解换汇风险。因此最好在前期通过过桥融资解决资金缺口，腾出外币注资额度来支付外币采购，降低汇率风险。

第三节　项目融资方案的优化

在上述策略的指导下，项目管理团队积极拓展各种融资渠道，敏锐把握巴西资本市场的各种变化情况和机会，不断优化融资结构，经历了三次融资思路和方案的调整优化，最终成功获得了最优的融资条件，大幅降低了项目融资成本。

一、商业计划原融资方案的落实和优化

根据美丽山二期项目商业计划最初确定的融资方案，拟以发行长期基础设施债券的方式在巴西当地募集项目投资中约 27 亿雷亚尔。

为此，项目管理团队策划了很多方案，最后为提高债券发行的成功率，逐渐形成了在项目建设后期，分三年三次发行方案，原因在于：① 国家电网公司拥有特高压技术及工程建设的丰富经验，管理团队对项目建设成功很自信，项目建设期风险大大降低，市场对项目债券还本付息的信心有实质性的提升；② 分三年发行更能适应市场的容量，大大提升发行成功的可能性，降低发行成本。

但是，如果按照这个方案，推迟到项目投产后期才发行债券的话，项目建设期的建设资金就会出现较大缺口，为此，该方案又安排了 12 亿雷亚尔的股东预注资，由巴控公司负责出资，在项目公司发完债券后，向国网巴控公司偿还这笔预注资。剩余建设期资金缺口部分则由过桥贷款解决。

这个方案成本较高，但有两个优点：① 在巴西本地由项目公司为主体发债，利息可以在税前扣除，也就是说有税盾效应；② 巴西汇率波动大，当地货币贬值风险很大，即使巴西境外发债的利率比巴西本地发债利率低，但是外币升值风险导致实际还款时，当地货币增加的幅度很大可能会超过利息节省额。因此，相对外币融资的方案，股东预注资方案还是相对可以接受的。

至此，项目在发行长期债券的大方向上形成了一个具有操作性的、能够基本满足项目建设资金需求的、可以接受的融资方案，尽管成本相对偏高，但与其他竞争对手相比，项目公司的融资方案在当时的市场环境下仍具有较大的优势，且更具抵御巴西融资市场动荡的风险，有进一步优化的空间。

二、开拓各类融资渠道，获得实质突破

为进一步优化项目融资方案，项目公司把视线转向常规融资渠道以外的各类资金，先后接触比较了巴西政府养老基金、区域发展基金、"一带一路"专项基金、巴西境外开发银行贷款、巴西境外发债、中资银行创新合作方案等各种资金渠道和合作模式，最后在巴西企业年金投资基金、"一带一路"专项基金以及国开行联合巴西本地银行的创新合作模式 3 个方向上实现重大突破。

（1）积极参与巴西企业年金投资基金投资项目招标，获得顶格 10 亿雷亚尔低

成本贷款。在获知巴西企业年金投资基金将在 2016 年首次面向全国公开招标优质基础设施投资项目的消息后，项目公司决定争取抓住这一机会，在巴西企业年金投资基金的第一轮公开招标中就积极参与投标，并在 30 余个投标项目中胜出，成为仅有的 3 家中标单位之一，而且获得基金单个项目的投资上限 10 亿雷亚尔，三个项目总投资为 13 亿雷亚尔，其他两家中标企业分别都获得 1 亿多雷亚尔。贷款利率为巴西国债利率＋1.5%，低于项目原来商业计划中的国债利率。从资金规模来看，这项贷款能为项目 27 亿雷亚尔融资任务解决较大比例。

（2）主动联系中巴扩大产能合作基金，推荐项目，获得更优惠方案。2017 年 7 月中巴扩大产能合作基金开始在巴西计划发展部网站公开招募项目，项目公司在获知这一消息后，主动联系并向巴西计划发展部推荐了项目，获得认可，成为中巴政府审批通过的首批项目。中巴基金承诺以购买项目公司发行债券的方式，给项目投 15 亿美元，由基金承担汇率风险。中巴基金的价格比养老基金还要优惠，约为通胀率加 1.5，比巴西国债还低。

（3）与中国国家开发银行创新合作模式，获得重大突破。国家开发银行是中国最大的对外投融资合作银行，通过其巴西机构与国网巴控公司接触交流，愿意为美丽山二期项目提供融资计划。但国家开发银行贷款资金只能是美元。国家开发银行方案将依托自身信用与巴西当地银行合作，进行套保操作，把美元通过这家巴西银行，兑换成雷亚尔贷给美丽山二期项目，为项目提供 10 亿美元的雷亚尔贷款，并获得巴西当地银行的积极回应，可解决项目的全部融资问题。

通过上述 3 个方案，项目的融资问题基本得以解决，各方案都在工作流程中同步推进。

三、抓住 BNDES 优惠政策贷款翻倍新政策机会，获得最优融资方案

按照美丽山二期项目商业计划最初的融资方案，巴西经济社会发展银行已经计划为项目提供规模达项目总投资 31%的优惠政策贷款，并于 2018 年初通过贷审会的审批，只待签署合同。

2018 年 6 月，巴西国家开发银行发布新的贷款条件，针对实施本地采购 2018 年的巴西输电项目，融资比例可从原来 50%比例提高至 100%，并且在贷款期限方面将原来的 14 年扩展到 24 年。这些新的变化对美丽山二期项目十分有利。国网巴控公司果断叫停与巴西国家开发银行原贷款合同的签订，积极申请使用新贷

款条款，用巴西国家开发银行优惠贷款解决项目全部债务融资需求，获取最优融资条件。

但是，巴西国家开发银行新贷款条件规定只适合 2018 年招标新项目，改变原有巴西国家开发银行贷款申请存在 3 个方面难点：

（1）原有巴西国家开发银行贷款是通过招标完成的，项目招标对当时所有投标者一视同仁，其比例都为 50%，如现在巴控公司实际采用与当时公开招标条件不同的政策，当时竞标的人可能会提出不同意见。

（2）巴西国家开发银行领导层出现变更，新的领导一般不会顶着风险去改变已经成型的贷款计划。

（3）是巴西国家开发银行贷款变更手续特别复杂，用时较长，重新申请将会使项目资金的发放从 2018 年推迟至 2019 年，这个空档期的资金需要另想办法解决。

项目公司深入分析了各种情景的风险和后果后认为，如能成功争取新政策，可实现项目绝大部分融资使用巴西国家开发银行优惠贷款，如果失败还有原巴西国家开发银行贷款兜底，只是资金发放有所推迟。凭借巴控公司已经在市场上树立的优秀信用和实力，完全有能力做到短时间内从市场上获得过桥贷款来满足这段时间差的资金需求，巴西国家开发银行融资及时到位的风险能够得到控制。

最后，项目管理团队基于对自身实力和巴西国家社会经济发展的判断，达成共识：① 如申请新政策失败，过桥贷款对国网巴控公司在巴西金融市场上的信用而言绝对不存在问题；② 巴西国家开发银行并不会因为国网巴控公司贷款变更申请行动，而停止实施原贷款方案；③ 项目公司前期已经准备好了成熟的与巴西国家开发银行、中巴基金、巴西年金投资基金等合作的总额至少 30 亿～40 亿雷亚尔的融资规模备选方案，可以应对各种不利的情况。

项目公司高管决定在两周内协调落实巴西国家开发银行长期贷款的新政策，亲自多次与巴西矿业与能源部等沟通，得到巴西矿业与能源部及相关政府部门的支持，并与巴西国家开发银行高层直接沟通，巴西国家开发银行总裁组织其工作团队与项目公司团队一同协调落实：① 同意按新的贷款政策执行；② 项目公司提出申请、采用新贷款政策，银行不再重新开展审贷程序；③ 争取 2018 年 10 月份完成新贷款审批。新贷款方案为：全部享受与原 2016 年方案相同的优惠条件，而且还不用再实行 1/3 贷款要通过其他银行转贷的机制，从而一举解决了项目全部长期融资。根据巴西国家开发银行官网的政务公开信息，美丽山二期项目公司最终获批的全部巴西国家开发银行政策性贷款为 52 亿雷亚尔，是近几年最大的单一项目贷款。

此外，由于巴西国家开发银行贷款期限长达 24 年，远比原计划的长期债券年限长，利率低，大大降低了项目投入运营后每年的还款额。此外，按照总债务偿债保障倍数 1.3 的要求，项目公司还可以额外再发行 11 亿雷亚尔（约合 19 亿人民币）的长期基础设施债券融资，这样项目需要投入的资本金就可以减少大致相同的规模，使得项目最终实际的融资结构为资本金投入 26.6%，巴西国家开发银行长期贷款 60.6%，长期债券 12.8%，如图 9-4 所示，比原计划有很大程度的优化，大大减少了股东需要投入的资本金，降低了项目的融资成本，提升了股东的投资回报率。

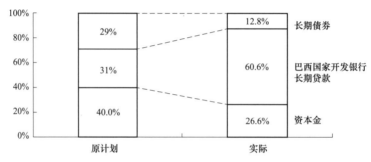

图 9-4　项目融资结构对比

篇 三

项 目 建 设 管 理

第十章
项目范围管理

范围管理是项目管理的基础，美丽山二期项目规模庞大，所涉管理工作类型繁多，加上巴西工程建设特有的预合同制特点，启动承包商招标时，尚未进行初步设计，导致当时对各种环境因素认识不深，工程设计深度远低于国内，容易引起后期范围变更，给项目的范围管理带来了很大的难度。项目公司为此制定了详尽科学的项目范围管理流程，并以工作分解结构（Work Breakdown Structure，WBS）为基础，创新拓展项目工作分解结构的范围，集思广益，创建了涵盖项目所有管理工作和工程建设工作的管理工作结构（Management Breakdown Structure，MBS），并在整个项目管理过程中加以有效应用，满足了项目建设管理的需要，有效地控制了项目范围，为项目的其他各项专业管理，尤其是进度管理和成本管理，提供了坚实的基础和支撑。

第一节　项目范围管理的流程和工具

项目的范围管理流程主要包括定义项目工程本体工作成果范围的 WBS 定义流程，以及用于控制范围变化和范围不一致的供应计划管理、技术澄清、设计评审、工作面释放、工程调试和项目整体变更 6 个流程。

一、WBS 定义流程

WBS 定义流程在项目启动阶段制定项目管理计划时使用，用以将工程本体细化、分解成结构化、层次化的工作分解结构，以便于各项管理工作的开展和其他进度、成本等计划的制定，如图 10-1 所示。

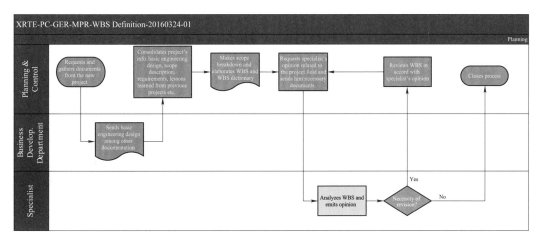

图 10-1　范围定义流程

二、供应计划管理流程

项目建设需要大量外部供应的原材料和设备，在整个项目建设过程中，必须确保这些外供材料和设备的供应始终与工程施工的范围、进度和质量要求一致，不因外部供应的问题而导致项目范围的变化或与范围基准的不一致，因此需要建立规范的供应计划管理流程对材料和设备的制造和供应进行控制。流程主要涉及项目公司的技术部门、计划部门、现场管理团队，以及专家顾问、监理和外部承包商（供应商）等部门和机构，主要包括对供应商的每一项制造计划进行审批，供应商按批准的计划进行生产，并提供生产过程报告给项目公司现场管理团队进行检查评价，现场管理团队在监理的配合下对生产报告与计划基准进行比较评估，如有与基准的不一致，则要启动不一致管理流程，如有必要进行驻厂监造，则要启动监造流程等环节，如此循环，直至外供材料和设备按计划交付，如图 10-2 所示。

三、技术澄清流程

技术澄清是指在项目建设过程中，业主管理部门提出的需要设计团队就某些技术问题进行进一步澄清工作，包括初步设计、施工图设计、技术规范、质量程序等相关问题。技术澄清可能导致设计变更，从而导致范围变更，因此必须要有规范的流程加以控制。流程主要涉及项目公司的线路工程部、换流站工程部、监理和 EPC 承包商（设计分包商）等，如图 10-3 所示。

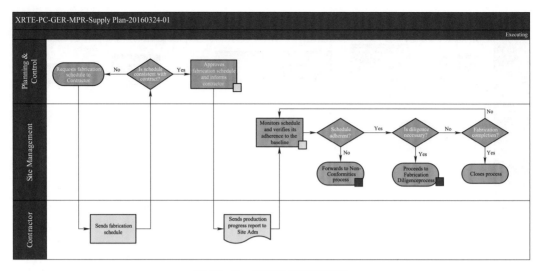

图 10-2　供应计划管理流程

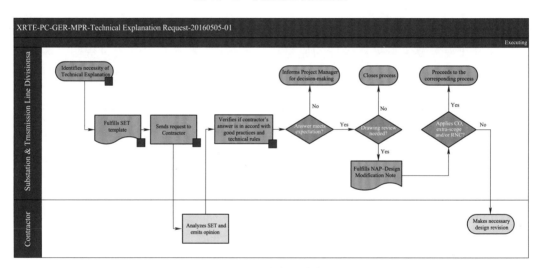

图 10-3　技术澄清流程

四、设计评审流程

设计评审工作贯穿项目建设的整个过程，是指业主管理部门对承包商按计划提交的施工图纸进行评审以确保与项目整体范围的一致性，并对施工过程中使用的设计图纸版本进行持续检查，以确保实际使用的版本的一致性，从而有效控制由于实际使用的施工图纸版本不一致导致的项目范围不一致问题，主要涉及线路部、换流站部、现场管理团队、监理、EPC 承包商等，如图 10-4 所示。

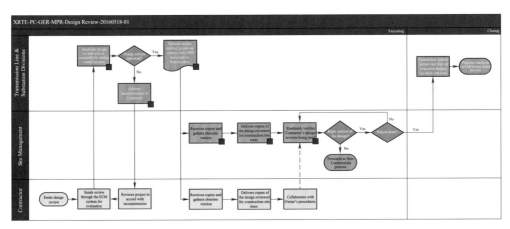

图 10−4　设计评审流程

五、工作面释放流程

工作面释放流程是指在 EPC 承包商进入某一施工场地进行施工前，项目公司现场管理团队必须提前核实公司负责的征地工作是否已经获得进入该场地施工的法律许可，即判断该工作面是否已得到释放。如未释放，则需检查是否有其他已经释放的施工场地，并与承包商在生产例会上对释放的工作面进行协商和正式确认，并进行登记。如果释放的工作面是项目的关键区域，现场管理团队则必须填写工作面释放表，跟承包商共同签字确认；如该关键区域是两家或以上的承包商的交界面，则需要所有涉及的承包商的签字确认。通过这一流程，可以有效防范由于各种施工场地问题导致的项目实施范围不一致问题或其他额外工作的发生。流程主要涉及项目公司现场管理团队、监理和各 EPC 承包商等，如图 10−5 所示。

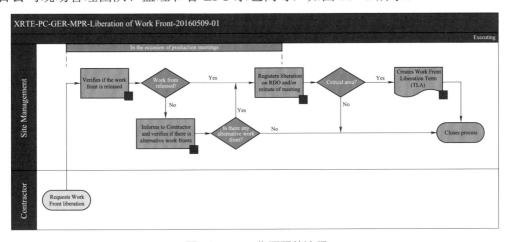

图 10−5　工作面释放流程

六、工程调试流程

工程调试流程是指项目公司管理部门在工程的某一单元投入调试对其是否还存在未解决的不一致性问题进行核实，经核实批准后进入调试，以及对在调试中发现的缺陷及时进行记录和解决的规范过程，以确保项目调试完成，缺陷或问题全部得到解决，主要涉及项目公司线路部、换流站部和工程调试承包商，如图 10-6 所示。

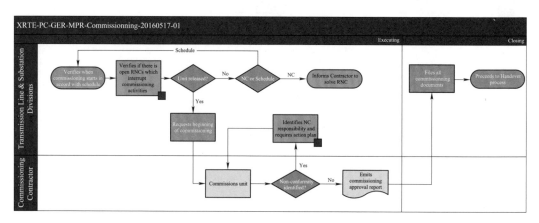

图 10-6　工程调试流程

七、项目变更流程

变更流程用于必须提交项目公司高管会批准的项目整体范围变更的控制管理，如图 10-7 所示，无论是项目公司现场经理还是承包商发现并提议进行任何变更，都必须按照项目变更流程进行。

如果是由承包商提出变更申请的，则首先由项目公司现场经理在监理的协助下对变更申请进行评估，评估主要考虑以下三项内容：① 变更申请是否确实导致了一个不包含在原合同范围内的改变；② 该变更是否符合项目需求，以及对项目成本、进度、质量等目标的可能影响；③ 是否符合项目公司的有关管理规定等。

如果经现场经理评估，否定了承包商提议的变更，则现场经理直接通知承包商并进行相应的指导。如果现场经理认可承包商提议的变更，或是自己提议的变更，则进一步与承包商对变更的价格等条件进行谈判，报送项目公司进行审批。工程变更管理具体做法详见第十一章。

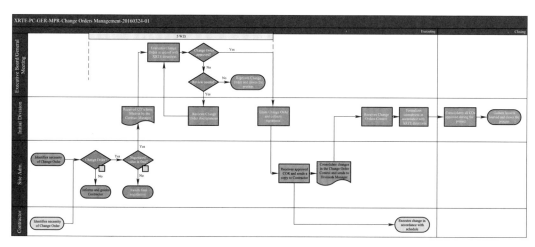

图 10-7　项目变更流程

第二节　项目范围管理的实施

上述各项流程的配合运用，完整地定义了项目的范围，做到了整个项目工作分解结构无遗漏、无重叠、可管理，为项目各项管理工作的顺利开展奠定了良好的基础，并在项目实施过程中对整个项目范围的变化和范围不一致问题进行了有效控制。

以项目范围管理的核心工作——项目的 WBS 构建为例，项目 WBS 定义流程的主要输入包括：与巴西电力监管局签订的特许经营权协议、项目的可研报告、项目商业计划书、巴西电力工程相关技术规范以及国家电网公司相关的技术、政策、基建管理制度、以往项目成果等组织过程资产；主要工具包括会议、数据分析、产品分解、专家意见等。由项目公司计划部门负责整合所有相关输入资料，综合利用上述工具，将项目工作进行逐层分解，构建形成项目 WBS，如图 10-8 所示。

项目的 WBS 主要分为五层，第二层分为线路工程和换流站工程两部分。其中线路工程的第三层包括材料供应和施工两部分；而材料供应的第四层进一步分为铁塔和导线 2 个单元，施工的第四层则分为 10 个直流线路标段（标段 1～10），以及 11 标段的 4 个单元内容（2 项接地线线路，2 项 500kV 线路）共 14 个单元；最后第五层，铁塔和导线则再进一步按 11 个线路标段各分成 11 个工作包，而各标段线路的施工均分别分解为通道施工、植被砍伐、基础、铁塔组立、展放导线和消缺验收 6 个工作包。这样，线路工程部分最终总共分解为 106 个工作包。

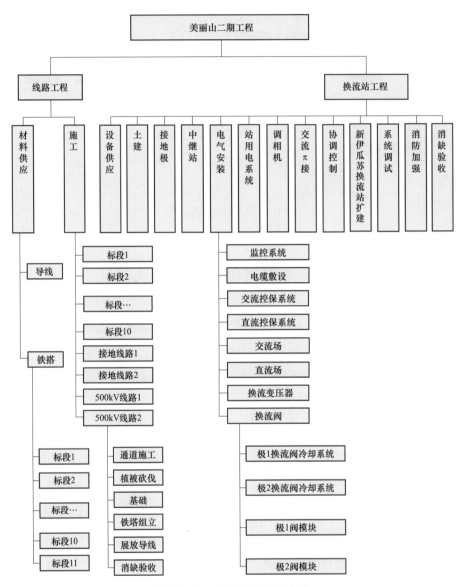

图 10-8 项目 WBS 示意图

换流站工程的分解相对复杂：在第三层共分为设备供应、土建（含场平、排水及阀厅等钢结构安装）、电气安装、接地极、中继站、站用电系统、调相机、新伊瓜苏换流站扩建、交流 π 接、协调控制、系统调试、消防加强和消缺验收共 13 个部分；在此基础上进一步细分，比如换流站电气安装的第四层分为换流阀、换流变压器、直流场、交流场、直流控保系统、交流控保系统、电缆敷设、监控系统安装等 8 个部分；最后第五层，以换流阀安装为例，则进一步分解为极 1 换流阀冷却系统、极 2 换流阀冷却系统、极 1 阀模块和极 2 阀模块这 4 个工作包。按照上述原则，换流站工程最终总共分解为 13 项三级单元、198 项四级单元和 1128 个五级工作包。

第三节　项目范围管理的主要挑战和应对措施

一、应用 MBS 解决项目挑战

传统的 WBS 较难完全涵盖项目建设全范围，创新应用 MBS 方法，以满足项目管理需要。

作为我国在海外首次独立投资和总承包建设的超大型输电工程项目，美丽山二期项目所处的事业外部环境与国内大相迥异，而工程本身庞大的规模也决定了其与外部环境接触互动的数量巨大，因此项目建设所涉及的管理工作类型和数量要远远超过常规的工程建设项目。项目启动后，工程前期的各项工作所需时间与工程开工后的施工时间几乎完全相等，即使工程开工建设以后，还存在大量的征地、跨越许可获取、与其他特许权公司的接口协调、沿线原住民社区的沟通协调和社会责任项目的策划实施等工作均需要同步开展。所以，传统的 WBS 方法较难涵盖项目建设所涉及的所有类型繁多的管理工作。因此，在项目管理规划的工作分解中，项目公司就提出要不局限于项目产品及其工作本身，也就是工程本体及其相关工作成果的分解，而要以传统 WBS 为基础，将工作分解进一步拓展至所有必要的管理工作及其成果，即借助 WBS 的思想和方法，将所有必需的管理工作全部涵盖进来，逐层分解至可管理的单元，并落实责任人和进度等管理目标，构建形成 MBS，以作为项目管理工作的基础。

项目 MBS 的第二层主要分为线路工程、换流站工程、环境、征地、项目管理、法律、行政、计划和控制、财务九大类，再依次逐层分解至可管理的最小工作单位，如图 10-9 所示。

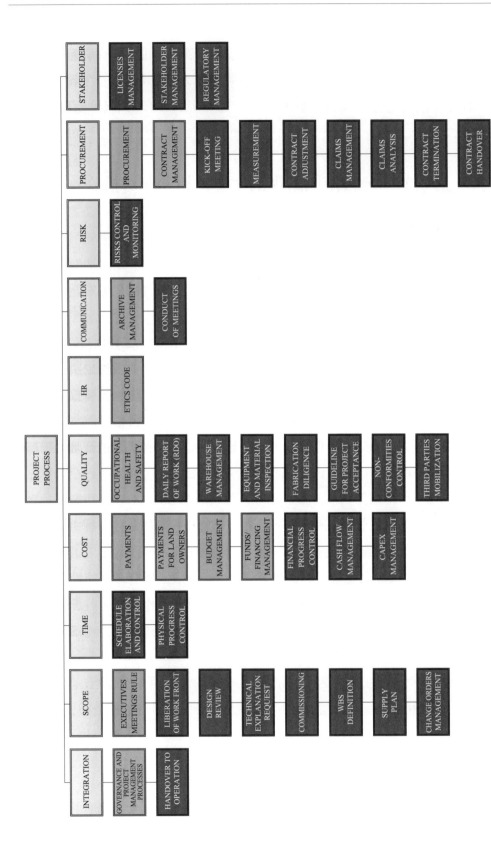

图 10－9　美二项目 MBS 部分截图

通过项目 MBS 的构建，事先基本梳理清楚和涵盖了项目建设管理所有相关的工作种类并进行了细致分解，做到无遗漏、无重复、可管理，很好地满足了项目建设管理的需要，为项目其他管理工作的开展和项目建设的顺利推进奠定了有力的基础。

二、采取综合措施有效控制项目范围

由于巴西工程建设"预合同制"特点，启动承包商招标时，尚未进行初步设计，导致当时对各种环境因素认识不深，容易引起后期变更。项目公司通过加强预判和合理设置合同条款，提前沟通和实施积极的变更管理等综合措施，有效控制了项目范围。

由于巴西特许经营权项目制度的特点，业主在投标前就需要绑定好主要的 EPC 承包商，签署预合同，所以在启动承包商招标时，尚未完成工程的初步设计，无论是业主还是承包商只能根据电力监管局发布的招标文件进行相应的招投标工作，工程设计深度远低于国内项目。在这种情况下，一切影响工程的未知因素，比如地质土壤条件、环境保护措施、具体工程量、功能规范、气象降水等，都难以准确评估，业主的评标和承包商的投标基本上只能来自各自对项目的范围、困难程度和工程量等的预判，很大程度上需要依赖自身的经验，因此容易导致项目实际实施中各种变更的出现。

针对这种情况，项目公司综合采取了以下四种措施，以尽量避免或减少项目实施过程中变更的发生和变更对项目目标的影响。

（1）在选择承包商时，项目公司根据自己多年来在巴西积累的行业数据库和跟各家承包商合作的经验，尽量选择经验相对丰富、信誉良好、有一定实力的当地承包商进行合作，并积极引进中方承包商与当地承包商合作或作为后备，以充实承包商队伍实力。

（2）在合约谈判时，加强对项目实施可能遇到的各种风险的预判，对主要风险进行分类，拟定相应预案，以最有能力承担风险的一方承担相应风险的原则，与承包商谈判合理分担有关风险。例如对于线路工程所需的导线和铁塔两项主要原材料的采购，按照 EPC 惯例，应该由承包商负责采购，但考虑这两项主材采购所需资金量很大，而且国际市场价格波动和巴西的汇率风险极大，一般承包商难以承受，因此项目公司就主动承担了这项风险，将其改为甲供材料；而对在项目实施过程中，由于巴西环保署的意见等因素所导致的线路路径长度增加和塔型、塔位改变等而引起的工程量增加等风险，则承包商更有能力把控，那么就商定变化量在一定百分比（5%）内由承包商自行承担，项目公司不做变更和补偿等。同时，将上述各项预案和风险分担方案逐一在承包合同中予以正式约定，从而有效减少了项目实施中承包商各种变更索求的发生。

（3）在项目实施过程中，加强对各种可能引起项目范围变化的外部环境因素的监控和分析，如巴西环保署的意见、沿线原住民社区的相关动态、征地进展、工程设计等各种因素变化可能引起有关承包商工程范围或工程量的调整，则提前与承包商进行沟通，共同商讨解决方案，以尽量避免对项目范围和其他目标的影响。

（4）如果不得不进行变更，则实行积极的项目合同变更管理流程，严格按照合同约定，采用一事一议的方式，一切以符合项目整体需求为原则，区别进行。

项目公司通过对上述多项措施的综合运用，从源头和处置上较好地应对了由于预合同机制导致承包商容易提出项目范围变更索求的问题，有效地控制住了整个美丽山项目的范围。

第四节　项目范围管理的作用

美丽山二期项目有效的范围管理工作，为项目的其他各项专业管理，尤其是项目进度管理和成本管理提供了坚实的基础和支撑。项目进度计划、采购计划等的制定和项目成本的估算必须基于准确的项目 WBS，而成本控制更有赖于对项目范围的有效控制。有效的项目范围管理为项目的整体管理和项目所有目标的成功达成奠定了坚实的基础。

项目于 2019 年 8 月 22 日投入商业运营，项目在建设阶段范围控制良好，项目范围对应的总体工程量未发生明显的被动增加，并促成项目总投资得到节约。

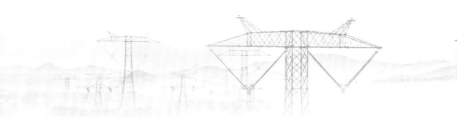
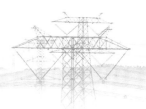

第十一章

项 目 进 度 管 理

进度管理是美丽山二期项目管理的主线,项目公司高度重视项目进度计划的制定、跟踪、调整和控制等各环节管理工作,详细制定了进度计划制定流程,实际进度控制流程等各项进度管理流程,按照日协调、周控制、月平衡管理模式,应用日报、周报和月报报告系统,项目公司周例会、项目公司和承包商月度施工协调会、项目公司和承包商 CEO 双周联席会等会议协调机制,以及三维可视化项目管理系统等工具,确保了项目各项工作进度的完成,为项目提前 100 天正式投运奠定了基础。

第一节 项目进度计划的制定和实施控制

一、进度计划的制定

项目进度计划由项目公司和 EPC 承包商按照如图 11-1 所示的流程,共同编制完成。

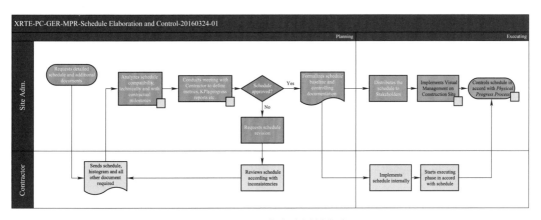

图 11-1 项目进度计划制定流程

（1）在项目开工前，由项目公司根据与签署的特许经营权协议、项目管理计划和项目 WBS 等编制确定总体里程碑计划，包括环保取证的时间节点以及线路和换流站的施工工期整体目标。

（2）项目公司计划控制部以工程整体工期为目标，按照项目 WBS 工作分解结构的第三层工作单元，分别编制线路工程和换流站工程的一级网络计划。例如线路工程，就按照材料供应和施工两个部分分别编制 2 个一级网络计划；换流站部分，则按照 WBS 第三层换流站的 13 个单元分别编制 13 个一级网络计划。

（3）由各 EPC 承包商在项目公司的一级网络计划的基础上，对照项目 WBS 的第四、第五层的工作单元，根据各自的分工，将一级网络计划中的节点细化，分别编制生成各自分工范围内的二级网络计划和三级网络计划，所有计划都必须服从项目公司制定的总体里程碑计划目标。其中线路工程共生成 16 个二级网络计划和 106 个三级网络计划，外加 60 处重点跨越专项计划；换流站工程共生成 198 项二级网络计划和 1128 项三级网络计划。以线路第三标段为例，项目线路三级网络计划如图 11-2 所示。

（4）项目公司各专业部门对承包商提交的二级和三级网络计划进行审核，统一汇总整合，重点检查和确保各部门进度计划中关键节点的统一、接口工作的清晰明确。项目公司汇总形成项目整体进度计划后，剥离出项目的关键路径，并根据合同付款节点制定相应工程节点的工程考核量，与承包商达成一致后，提交项目公司高管会和董事会审核批准，下发各承包商具体执行。

以里约换流站为例，换流站三级网络计划图如图 11-3 所示。

二、进度计划的实施和控制

项目进度计划的实施和管理总体上按照项目公司、现场经理、监理、EPC 承包商四个层级架构进行，如图 11-4 所示。

1. 主要分工责任

各方共同遵循图 11-5 所示的项目实施进度控制流程，按照日协调、周控制、月平衡的管理模式严格管控。

（1）承包商。主要负责按照批准的三级网络计划开展工程建设，并按要求以日报、周报、月报等形式汇报工程进展及各种资源到场及调度情况。

（2）监理。主要负责监督进度计划的实施，包括对设计、材料、劳工、工程进度等各方面进行统计考核，向项目公司反映真实的工程进展，存在问题及建议。

	ACTIVITIES	UND	WEIGHT %	QTD	PLAN		Jun-18 (11)	Jul-18 (12)	Aug-18 (13)	Sep-18 (14)	Oct-18 (15)	Nov-18 (16)	Dec-18 (17)	Jan-19 (18)	Feb-19 (19)	Mar-19 (20)	Apr-19 (21)	May-19
3	FOUNDATION	Torres	46.5%	428	PLAN	Prev. Month %	8%	8%	10%	9%	4%							
						Prev. Month Qtd.	35	34	42	39	18							
						Prev. Acum. %	69%	77%	87%	96%	100%	100%	100%	100%	100%	100%	100%	100%
4	ASSEMBLY OF TOWER	Torres	25.6%	428	PLAN	Prev. Month %	11%	10%	12%	11%	11%	13%	5%					
						Prev. Month Qtd.	47	43	51	45	45	56	21					
						Prev. Acum. %	39%	49%	61%	71%	82%	95%	100%	100%	100%	100%	100%	100%
5	LAUNCH CABLE	Km/Lt	18.8%	250	PLAN	Prev. Month %	8%	10%	14%	12%	12%	16%	12%	5%				
						Prev. Month Qtd.	21	24	34	31	30	40	29	14				
						Prev. Acum. %	19%	29%	42%	55%	67%	83%	95%	100%	100%	100%	100%	100%
6	FINAL REVIEW, COMMISSIONING AND ACCEPTANCE TESTING	Km/Lt	2.6%	250	PLAN	Prev. Month %								7%	29%	29%	36%	
						Prev. Month Qtd.								18	71	71	89	
						Prev. Acum. %								7%	36%	64%	100%	100%
	TOTAL ACCUMULATED (XRITE CONTRACT)		100.00%		XRITE CONTRACT	Month %	7%	7%	9%	7%	7%	8%	3%	4%	2%	1%	1%	
						Accumulated	51%	58%	67%	74%	81%	90%	93%	96%	98%	99%	100%	100%
	ACCUMULATED TOTAL PLANNING		100%		PLAN	Month %	9%	9%	11%	9%	7%	6%	3%	1%	1%	1%	1%	
						Accumulated	51%	59%	70%	80%	87%	93%	96%	98%	98%	99%	100%	100%
	TOTAL REAL ACCUMULATION		100%		REALIZED	Month %	5%											
						Accumulated	66%	66%	66%	66%	66%	66%	66%	66%	66%	66%	66%	66%

Assembly of Tower:
◆ 10% - 26/02/2018
◆◆ 40% - 11/06/2018
◆◆◆ 70% - 11/10/2018
◆◆◆◆ 100% - 11/02/2019

Launch Cable:
◆ 10% - 11/06/2018
◆◆ 40% - 11/09/20188
◆◆◆ 70% - 11/12/2018
◆◆◆◆ 100% - 11/03/2019

Legend of

10%　40%　70%　95%　100%

图 11-2 项目线路三级网络计划（部分）

Task Name	完成百分比	工期	开始时间	完成时间
▷ SS XINGU	30%	660 days	2017年8月11日	2019年6月1日
◢ SS TERMINAL RIO	26%	660 days	2017年8月11日	2019年6月1日
◢ Converter Station	30%	627 days	2017年8月11日	2019年4月29日
◢ Construction	31%	627 days	2017年8月11日	2019年4月29日
▷ Camps Facilities	100%	143 days	2017年8月11日	2017年12月31日
▷ Earthworks and External Drainage	100%	124 days	2017年8月28日	2017年12月30日
▷ Civil Works	40%	431 days	2017年11月9日	2019年1月14日
▷ Steel Structures	81%	288 days	2018年1月15日	2018年10月30日
◢ Installation	0%	230 days	2018年7月1日	2019年2月15日
▷ Thyristor Valves	0%	186 days	2018年8月13日	2019年2月15日
▷ Converter Transformers	0%	226 days	2018年7月1日	2019年2月15日
▷ Converter Transformers Fire Fighting System	0%	90 days	2018年11月1日	2019年1月30日
▷ DC Yard and DC Filters	0%	167 days	2018年9月1日	2019年2月15日
◢ AC Yard and AC Filters	0%	167 days	2018年9月1日	2019年2月15日
▷ Protection & Control - Control Building	0%	137 days	2018年10月1日	2019年2月15日
▷ Protection & Control - Relay House	0%	109 days	2018年10月30日	2019年2月15日
▷ Synchronous	0%	76 days	2018年12月1日	2019年2月15日
▷ Cables Protection, Control, Power and FO	0%	137 days	2018年10月1日	2019年2月14日

图 11-3　换流站三级网络计划图（部分）

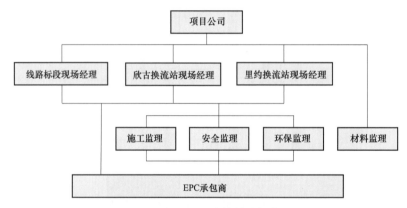

图 11-4　项目实施管理架构

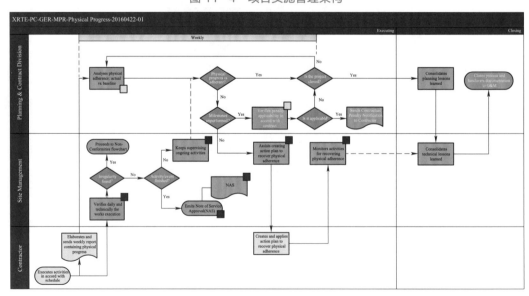

图 11-5　项目实施进度控制流程

（3）现场经理。主要负责督促计划实施，审查或考核设计、材料、劳工、工程进度等，检查督促承包商按照既定的施工计划投入相应资源等。

（4）项目公司。全面负责项目的进度考核和控制，按月向股东和监管部门如国家矿业和能源部、电力监管局等机构的报告项目进展。

2. 具体的管理工具、内容和过程

（1）系列报告。在项目实施过程中，承包商和监理按照合同要求分别向项目公司提交工作日报、周报和月报。

1）日报。展示每日的工作内容、机械人员数量、现场有无紧急特殊事项等。

2）周报。展示当前工作进度，深入说明各分项工作（线路的基础、组塔、放线，换流站土建和电气安装，设备和材料运输，验收消缺，系统调试进展等），并做进度综合比较，编制进度曲线，分析工作进度是否满足三级网络计划要求，需要协调的问题等。

3）月报。全面介绍本月施工进展、下月施工计划、施工关键环节（线路大跨越、换流变压器两厅一楼、外部接口施工）的进展，设备材料试验及运抵情况、质量安全环保实施状况等，编制进度考核曲线，分析工作进度是否满足里程碑计划要求，需要协调的问题。

2019 年 1 月，线路第五标段工程单基策划管控如图 11-6 所示。

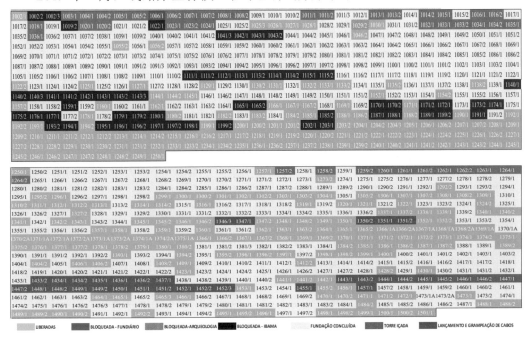

图 11-6　2019 年 1 月线路第五标段工程单基策划管控图

2018 年 11 月初线路甲供铁塔运抵现场进度内控情况如图 11-7 所示。

Week:	63	%	Total	Lot 1	Lot 2	Lot 3	Lot 4	Lot 5	Lot 6	Lot 7	Lot 8	Lot 9	Lot 10
SAE	Tower Plan -(Untll OF 06 C)		2.303	256	247	236	235	246	267	197	247	201	171
	Actual 'Dellvered	99.96%	2302	256	247	235	235	246	267	197	247	201	171
		99.96%	100%	100%	99.58%	100%	100%	100%	100%	100%	100%	100%
BRA	Tower Plan -(Untll OF 06 C)		2.139	213	207	192	198	181	179	260	191	241	277
	Actual 'Dellvered	99.67%	2.132	213	207	192	198	181	179	253	191	241	277
		99.67%	100%	100%	100%	100%	100%	100%	97.31%	100%	100%	100%
Σ	Tower Plan -(Untll OF 06)	99.93%	4.442	469	454	428	433	427	446	457	438	442	448
	Actual 'Dellvered	99.82%	4.434	469	454	427	433	427	446	450	438	442	448
		99.82%	100%	100%	99.77%	100%	100%	100%	98.47%	100%	100%	100%

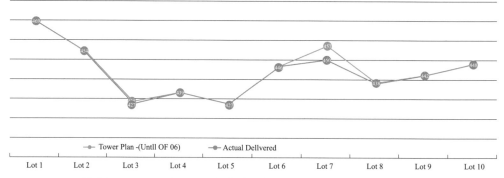

图 11-7　2018 年 11 月初线路甲供铁塔运抵现场进度内控情况

2018 年 11 月初线路甲供导线运抵现场进度内控情况如图 11-8 所示。

Week:	63			Total	Lot 1	Lot 2	Lot 3	Lot 4	Lot 5	Lot 6	Lot 7	Lot 8	Lot 9	Lot 10
ALUBAR	Cable Plan AL			35.813	6.805	6.927	6.757	6.603	6.715	2.005				
	Total Dellvered AL	99.99%		35.810	6.805	6.927	6.754	6.603	6.715	2.005				
NARI	Cable Plan NR			32.906						5.121	7.183	6.924	6.864	6.814
	Total Dellvered NR	96.37%		31.714						5.121	7.049	6.355	6.864	6.324
Σ	Cable Plan Total			68.719	6.805	6.927	6.757	6.603	6.715	7.126	7.183	6.924	6.864	6.814
	Total Dellvered Total	98.26%		67.523	6.805	6.927	6.754	6.603	6.715	7.126	7.049	6.355	6.864	6.324
		98.26%			100%	100%	99.96%	100%	100%	100%	98.14%	91.79%	100%	92.80%

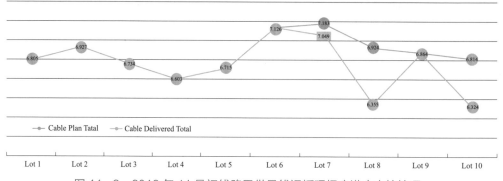

图 11-8　2018 年 11 月初线路甲供导线运抵现场度进度内控情况

2018 年 11 月初线路乙供材料运抵现场进度内控情况如图 11-9 所示。

		ISOLADORES Insulators	FERRAGENS (CONDUTOR PARA-RAIOS) Hardware (Conductor Lightning Cable)	EMENDAS PREFORMADAS Prefabricated Splice	SISTEMA DE AMORTECIMENTO Damping System	CABO PARA-RAIOS Lightning Cable	OPGW	FERRAGENS OPGW Hardware for OPGW	CABO CONTRAPESO Counterweight Cable	CONECTOR DE ATERRAMENTO Grounding Connector
1 lot	Plan (March)	50%	70%	100%	76%	100%	100%	100%	100%	100%
	Real	100%	100%	100,00%	100,00%	100,0%	100,0%	100,0%	100,0%	100,0%
2 lot	Plan (March)	51,3%	72,4%	100,0%	77,1%	100,0%	91,1%	91,1%	100,0%	100,0%
	Real	100,0%	80,0%	100,0%	100,0%	100,0%	100,0%	95,0%	100,0%	100,0%
3 lot	Plan (March)	54,0%	60,0%	100,0%	69,7%	100,0%	86,5%	86,5%	100,0%	100,0%
	Real	95,0%	94,0%	84,2%	59,6%	95,1%	100,0%	97,0%	100,0%	100,0%
4 lot	Plan (March)	46,9%	60,0%	100,0%	59,2%	100,0%	85,6%	85,6%	100,0%	100,0%
	Real	96,3%	90,0%	100,0%	100,0%	100,0%	100,0%	99,5%	100,0%	100,0%
5 lot	Plan (March)	53,4%	70,0%	100,0%	83,3%	100,0%	21,4%	33,0%	100,0%	100,0%
	Real	100,0%	98,5%	100,0%	100,0%	100,0%	100,0%	92,7%	100,0%	100,0%
6 lot	Plan (March)	51,3%	70,0%	100,0%	72,7%	100,0%	100,0%	100,0%	100,0%	100,0%
	Real	100,0%	100,0%	100,0%	100,0%	100,0%	100,0%	100,0%	100,0%	100,0%
7 lot	Plan (March)	50,0%	70,0%	100,0%	81,4%	100,0%	100,0%	100,0%	100,0%	100,0%
	Real	100,0%	100,0%	100,0%	100,0%	100,0%	100,0%	100,0%	100,0%	100,0%
8 lot	Plan (March)	50,0%	70,0%	100,0%	81,9%	100,0%	20,0%	31,2%	100,0%	100,0%
	Real	95,8%	100,0%	100,0%	100,0%	100,0%	58,8%	94,0%	100,0%	100,0%
9 lot	Plan (March)	43,9%	70,0%	100,0%	83,3%	100,0%	7,5%	33,0%	100,0%	100,0%
	Real	100,0%	98,9%	100,0%	99,0%	100,0%	87,4%	99,6%	100,0%	100,0%
10 lot	Plan (March)	50,0%	94,5%	100,0%	83,3%	72,7%	33,4%	33,4%	100,0%	100,0%
	Real	100,0%	92,4%	100,0%	100,0%	100,0%	100,0%	83,8%	100,0%	100,0%

图 11-9　2018 年 11 月初线路乙供材料运抵现场进度内控情况

现场经理是项目公司派驻在工程现场的业主代表，负责日常检查、督促、协调承包商和监理的各项工作，并负责审核、签收承包商的日报、周报、月报，上报项目公司。

项目公司计划部每周根据现场提交的报告资料和反馈情况，整合形成工程全范围周报，确定工程实际进展情况，对进度计划的执行情况进行校核、分析、督导，并与付款进度进行综合比较和考核。

2018 年 8 月中旬，直流线路进度内控曲线如图 11-10 所示。

2019 年 2 月底两端换流站整体电气安装进度内控曲线如图 11-11 所示。

项目公司始终重点关注关键路径的进展，把控项目的总体进度和各项关键接口的实施情况，预判风险点，一旦任何一项工作出现延误，迅速判断可能受其影响的其他环节，协调相关承包商；一旦发现任何单项工作的延误可能会对工程整体目标造成影响，必须第一时间提醒公司高管会采取必要的措施。

线路工程和换流站工程的实施进度风险点分析分别如图 11-12 和图 11-13 所示。

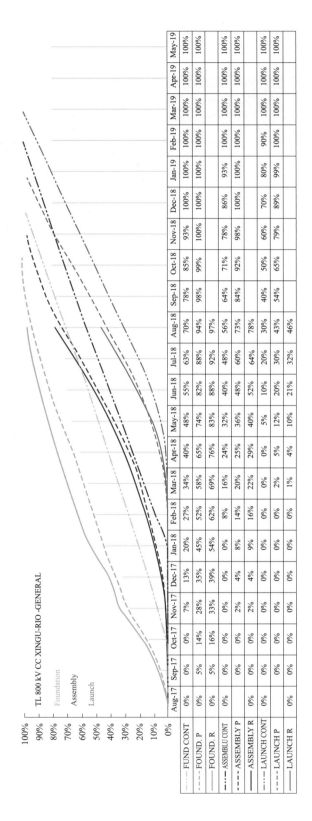

	Aug-17	Sep-17	Oct-17	Nov-17	Dec-17	Jan-18	Feb-18	Mar-18	Apr-18	May-18	Jun-18	Jul-18	Aug-18	Sep-18	Oct-18	Nov-18	Dec-18	Jan-19	Feb-19	Mar-19	Apr-19	May-19
FUND CONT	0%	0%	0%	7%	13%	20%	27%	34%	40%	48%	55%	63%	70%	78%	85%	93%	100%	100%	100%	100%	100%	100%
FOUND. P	0%	5%	14%	28%	35%	45%	52%	58%	65%	74%	82%	88%	94%	98%	99%	100%	100%	100%	100%	100%	100%	100%
FOUND. R	0%	5%	16%	33%	39%	54%	62%	69%	76%	83%	88%	92%	97%									
ASSEMBLU CONT	0%	0%	0%	0%	0%	0%	8%	16%	24%	32%	40%	48%	56%	64%	71%	78%	86%	93%	100%	100%	100%	100%
ASSEMBLY P	0%	0%	0%	2%	4%	8%	14%	20%	25%	36%	48%	60%	73%	84%	92%	98%	100%	100%	100%	100%	100%	100%
ASSEMBLY R	0%	0%	0%	2%	4%	9%	16%	22%	29%	40%	52%	64%	78%									
LAUNCH CONT	0%	0%	0%	0%	0%	0%	0%	0%	0%	5%	10%	20%	30%	40%	50%	60%	70%	80%	90%	100%	100%	100%
LAUNCH P		0%	0%	0%	0%	0%	0%	2%	5%	12%	20%	30%	43%	54%	65%	79%	89%	99%	100%	100%	100%	100%
LAUNCH R	0%	0%	0%	0%	0%	0%	1%	1%	4%	10%	21%	32%	46%									

图 11−10 2018 年 8 月中旬直流线路进度内控曲线

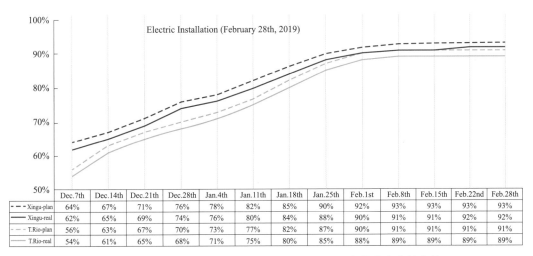

图 11-11　2019 年 2 月底两端换流站整体电气安装进度内控曲线

Transmission Line

Flag	Risk	Impact	Action Plan
ⓟ	Delay in lot 11 - TAP, AC and Electrode Lines which is in the critical path : • Electrode line schedule is not feasible according to TL site team • Mobilization is still below the expectations to meet the milestones	• Anticipation target delay	• Weekly follow up critical issues • Push EPC to fix equipment and solve concrete shortage • Evaluate subcontracting part of electrode line • EPC presented mobilization plan for the following weeks • Tap lines : EPC to present tower reinforcement analysis report until Nov. 14 • Evaluate feasibility of scope partial transfer, as per MOU
ⓟ	Crossing approval process may jeopardize the construction delivery : • 11 (5%) crossings remaining in TL 800 kV • 43 (64%) crossings remaining in Lot 11	• Anticipation target delay • Loss of productivity	• Push Consortium to speed up the crossing designs submission for lot 11 • Land is working closely to liberate areas with crossings • BV is following up the crossings status to obtain final approvals
ⓟ	Delay in the 800 kV : • Low performance of lots 01, 09 and 10 • SEPCO 1 poor management of CEMIG crossings is impacting launching phase • Error in 2520/4 tower location in lot 10 may require a change in a local road	• Anticipation target delay	• Daily follow up to verify implementation of recovery plan • Incomisa mobilized a new crane of 100 ton • XRTE is closely working with SEPCO 1 and CEMIG to minimize impacts in the cable launching • Incomisa evaluated the option to move the tower 2 meters, and it was approved with substation • Incomisa is evaluating transfer part of the assembly work front to Tabocas • SEPCO 1 will mobilize the third equipment set after finishing the launching work front in the lot 05
ⓟ	Late mobilization of commissioning team may unfeasible 100 % of inspection : • Lots 01, 02, 09 and 10 are critical due to the short time to conclude the activities and start commissioning	• Anticipation delay	• Prepare schedule and mobilization of commissioning team • Revise and validate procedure among involved areas (TL, O&M, ENV) • TL will prepare a detail commissioning schedule for these critical lots and evaluate the feasibility and actions to meet the anticipation

图 11-12　线路工程实施进度风险点分析（部分）

Substation

Flag	Risk	Impact	Action Plan
Ⓟ	CET has sent a letter requesting R$140 MM to cover the costs of project anticipation • XRTE requested CET to detail these costs	• Anticipation delay • Claims of extra work fronts/equipment	• Evaluate the RAP sharing alternative • Evaluate an MOU • Evaluate CET requested costs
Ⓟ	Weak equipment transportation plan, specially during election period • ABB transformers, Voith condensers, NARI P&C panels and valves	• Delivery delay • Anticipation delay	• Push CET to improve the transportation management • Speed up the delivery of equipment • Workout in the contingency plan in case of some blockage happen in election period .
Ⓟ	Late mobilization of assembly and repeaters station • CET informed 5 months to execute, which is not feasible for anticipation	• Anticipation delay	• Follow up the two missing repeaters mobilization • Evaluate alternatives to recover the schedule • Formalize an anticipation/recovery plan with CET
Ⓟ	Cables for Power & Control List of cables and Interconnection Diagram	• Launching Cables for Power & P&C Connection	• Push CET to accelerate the submission of the designs and material delivery
Ⓟ	Delay of the interior construction in control building	• Construction Delay • Inappropriate storage of panels	• Work more close with CET to accelerate the construction in order to receive the first pack of panel in the beginning of September • Initiate the installation by middle of September
Ⓟ	Delay in the delivery of metal structure of gantries and supports	• Construction Delay	• Push CET to improve the management of Incomisa´s Contract • New Material arrived in Terminal Rio.

图 11-13　换流站工程实施进度风险点分析（部分）

（2）会议协调机制。项目的建设管理协调会主要包括项目公司周例会、月度施工协调会和项目公司和承包商 CEO 双周联席会。

1）项目公司周例会是项目进度管控的常设机构和基本工具。例会参加人包括项目公司高管会成员和各专业部门负责人，由计划部汇报分析本周项目总体实施进展，对进度落后的标段或工作提出解决措施建议，提请高管会决策。

2）项目公司与所有承包商每月定期召开现场施工协调会，系统梳理承包商在征地、环保、属地协调、材料供应、资源投入、安全、质量、进度等方面存在的问题，及时采取纠偏措施，明确双方责任和时间节点，解决问题。

3）项目公司 CEO 和各承包商 CEO 还建立了双周联席会议机制，预判项目存在的风险，分析项目整体资源配置，并快速决策项目实施中遇到的重大问题，为项目的提前投运提供了坚实的保障。

（3）项目进度的可视化展示和控制。对于美丽山二项目这样的大型工程，进度计划管理工作任务多而繁重。从庞大的进度数据中提炼出最重要的信息并形成结论是进度管理的重点。项目公司利用信息化手段开发了三维可视化项目管理系统，实时跟踪提取现场信息，使得工程建设的形象进度全部可以三维可视化展示，便于各级管理者高效掌握现场进度、判断瓶颈环节。

欣古换流站交流场施工进度三维可视化展示如图 11-14 所示。

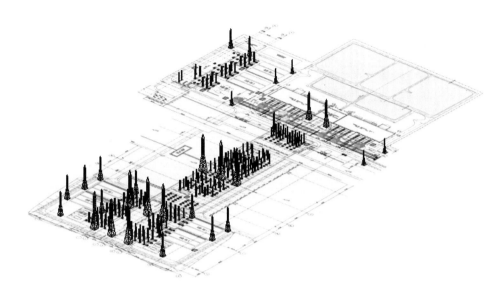

图 11-14　欣古换流站交流场施工进度三维可视化展示

第二节　项目关键路径的有效管理

在项目的进度管理中，项目关键路径的进展始终是首要关注的重点，除了上述各项常规管理措施的运用以外，对于项目关键路径的实施还采用了以下措施加以保障：

（1）对关键路径事项制定专项计划，实行专项专管。对于项目关键路径上的重要单项工程，比如换流变压器安装、与其他电力公司相关的系统接口工作，如线路π接保护改造、母线保护改造等，项目公司均制定详细的专项工作计划，对包括图纸审批、材料设备到货、专业队伍分工、各工序衔接、与外单位协调等所有环节实行全过程管控，通过微信群、WhatsApp 群、邮件群等形式，专人负责跟踪落实，务求进度计划按期或提前完成。例如直流输电项目的核心设备换流变压器，设备在中国制造后要跨越 2 万多千米将整件运输到巴西，对换流变压器大件运输以及设备到站后的安装、试验等均制定专项计划管控。自换流变压器出厂之后，对每一台换流变压器的运输、位置、清关进展实时掌握、及时协调，保障按计划到货；对设备到站后的接收、安装、试验和调试按日计划进行协调控制，确保了关键路径目标的完成。

欣古换流站的换流变压器安装进度内控图如图 11−15 所示。

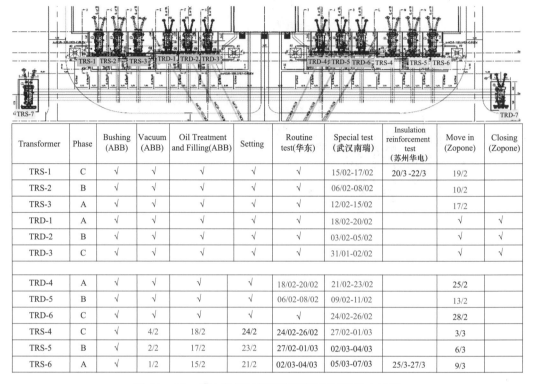

Transformer	Phase	Bushing (ABB)	Vacuum (ABB)	Oil Treatment and Filling(ABB)	Setting	Routine test(华东)	Special test (武汉南瑞)	Insulation reinforcement test (苏州华电)	Move in (Zopone)	Closing (Zopone)
TRS-1	C	√	√	√	√	√	15/02-17/02	20/3 -22/3	19/2	
TRS-2	B	√	√	√	√	√	06/02-08/02		10/2	
TRS-3	A	√	√	√	√	√	12/02-15/02		17/2	
TRD-1	A	√	√	√	√	√	18/02-20/02		√	√
TRD-2	B	√	√	√	√	√	03/02-05/02		√	√
TRD-3	C	√	√	√	√	√	31/01-02/02		√	√
TRD-4	A	√	√	√	√	18/02-20/02	21/02-23/02		25/2	
TRD-5	B	√	√	√	√	06/02-08/02	09/02-11/02		13/2	
TRD-6	C	√	√	√	√	√	24/02-26/02		28/2	
TRS-4	C	√	4/2	18/2	24/2	24/02-26/02	27/02-01/03		3/3	
TRS-5	B	√	2/2	17/2	23/2	27/02-01/03	02/03-04/03		6/3	
TRS-6	A	√	1/2	15/2	21/2	02/03-04/03	05/03-07/03	25/3-27/3	9/3	

图 11−15　欣古换流站换流变压器安装进度内控图

（2）对有可能延误的关键路径，及时采取措施，确保关键路径完工日期不变。部分受端与 Furnas 公司相关的线路 π 接计划如图 11−16 所示。

图 11−16　部分受端与 Furnas 公司相关的线路 π 接计划（部分）

当项目公司发现关键路径上某个事项的实际进度与进度计划发生较大偏差时，将及时启动计划调整，通过科学合理调配人员机械资源，突出重点工作，保证工程接口工作，提高关注协调的领导层级，协调承包商加大现场力量投入等措施，保证在规定时间内项目实际的进度赶上原进度计划，确保工程整体目标的实现。

第三节　进度管理的复杂情况和应对措施

一、进度管理主要挑战

（1）施工环境条件恶劣，有效工期短，进度压力极大。巴西的雨季漫长，一般从前一年 11 月持续到次年 4 月，南北略有差异。雨季难以施工，尤其是北部亚马逊流域，在雨季期间道路受淹，难以进场施工。整个项目的施工期要经过两个完整的雨季，对进度计划的合理编制和实施控制的要求极高，进度稍有偏差就可能遭遇雨季而导致极大的延误；加上线路经过的亚马逊河流域、北部原始森林、里约山地等的气候、地理环境十分复杂，给通道修筑、运输以及施工带来了极大的挑战。

（2）项目启动时的设计深度较低，变更风险大，对进度控制要求极高。由于巴西特许经营权项目制度特点，当启动承包商招标时，工程设计深度较低，未知因素较多，比如地质土壤条件、环保改线、后期必须与征地、环保、跨越审批、接口等工作的实际进度相协调，设计和计划的准确性和执行的不确定性较大，变更较多，执行难度较高，对进度控制要求高。

（3）巴西社会环境复杂，阻碍项目正常实施，项目关键时刻遭遇巴西政府连续换届，导致环保审批拖延，严重影响项目进度。项目建设时期恰逢巴西政局动荡，总统被弹劾、政府换届，有关政府机构工作长时期停摆，环保开工许可等审批停滞。再加上巴西部分地区治安状况较差、盗抢严重，时有黑恶势力阻挠等事件发生，还不时会出现当地居民、地方市政提出额外要求，工人罢工等意外事件出现，严重影响项目实施效率。

图 11-17 为 2018 年 5~6 月巴西全国范围卡车司机大罢工。

图 11-17　2018 年 5~6 月巴西全国范围卡车司机大罢工

（4）国家电网公司总部对项目提出更高要求。在上述复杂的内外部环境下，工程延误是很常见的。据巴西电力监管局统计，2015 年巴西的线路和变电站工程投运平均延期时间分别为 25.3 个月和 16.2 个月。但为了配合美丽山水电站在 2019 年底全部机组发电，巴西电力监管部门和国家电网公司总部都有强烈的提前竣工的动力，向美丽山二期项目公司提出了线路工程应提前两个月全线架通的要求，为换流站系统调试及整个工程提前投运创造条件，挑战前所未有。

二、进度管理的创新措施

面对上述重重困难和挑战，项目公司综合采用了管理、技术、经济等多种应对措施，确保了项目整体提前 100 天竣工，圆满完成了国家电网公司总部确定的项目进度目标。

1. 管理措施

（1）面对上述重重挑战，项目公司在管理上没有盲目地把责任和压力全部压到承包商身上，忽视客观困难，一味简单地要求承包商加快进度，而是加大与承包商的协商沟通力度，全天候、全方位地与承包商、施工现场进行沟通和协调，实时掌握现场资源调动和实际进度情况，以做到对关键路径工作的精确判断；带领承包商共同思考、共同承担，针对各种困难挑战，灵活采取各种应对措施，及时纠正和弥补工程进展中出现的偏差和延误，为项目的整体成功奠定了坚实的基础。

（2）加大与关键政府监管部门和其他外部接口单位的沟通力度，提高沟通的层级和密度，多层次立体推进相关工作的开展，最大限度地克服了各种外部环境的影响，确保了项目整体进度目标的完成。例如，当由于巴西政府换届，导致巴西环保署对项目环保开工许可证的审批也因政府预算冻结而停摆，严重影响了项目工作的整体推进时，国网巴控公司高管团队多次与国家电力监管局、巴西环保署、巴西总统办公厅等各级部门和领导密集沟通，商讨解决方案，还寻求中国大使馆的帮助，与巴西政府沟通协调相关事项，最终推动巴西政府拨专款给巴西环保署对项目进行专项审批，使得此项工作最终没有严重影响项目整体的进度，项目得以在雨季前开工。

（3）围绕项目关键路径加强策划，提前准备，做好关键路径输入接口的各项前提准备工作，确保关键路径上的各环节事项均能顺利按期或提前启动，保证关键路径进度。在由于外部客观环境事件导致关键路径上的某些环节难以按时启动的情况下，想方设法进行内部挖潜，对此环节任务进行深入细化，挖掘所有能够提前启动的各种准备任务，增加细化的并行搭接任务，先跑两步，为关键任务的启动准备好所有前提条件，避免出现当外部条件满足后，无法第一时间启动关键细化任务。例如当环保开工许可证审批停滞导致工程无法准时开工时，组织项目公司和承包商进一步深化项目管理策划工作和提前做好各项能够开展的开工准备工作，包括所有设计图纸、混凝土特性、施工方案和安全措施都已获得项目公司批复，提前策划建成项目营地，各类施工材料要提前送达营地、型号要齐全等，为在获准开工后，能够赶回进度创造条件。又如，为保证部分中国直流核心设备按计划抵达现场，项目公司提前与海关等部门沟通，提前筹划关税缴纳，成功推动海关同意施工现场验货，缩短清关时间；项目公司在设备生产期间就组织各设备供应商提前准备英语、葡语的安装作业文件、图片视频并进行培训，与当地安装单位进行技术交流，进行技术交底等，以便设备到达后，当地设备安装单位能够马上实施。

2. 技术措施

在技术上，项目充分利用巴西注重机械化施工的优势，尽量采用自动化作业，并创新多项施工新技术，提升施工效率，加快了施工进度，主要包括以下五项：

（1）首次大规模采用换流站主体建筑的装配式施工，换流站阀厅采用了钢结构加混凝土全预制装配式防火墙混合结构型式，主控楼采用了装配式钢筋混凝土结构，通过工厂生产预制和现场装配安装两个阶段建设，有效缩短了施工工期。

（2）结合巴西当地机械施工特点和中国施工工艺标准，在换流站建设中首次采用基于 GPS 定位的场平自动化作业方案，掘进敷设一体化机械施工方案等，有效地提高了土建施工效率，至少节省 15 天以上的施工时间。

（3）首次采用自动化地网一体敷设工艺，加快了敷设效率，提升了工艺标准化。

（4）在线路施工中，采用巴西市场认可的螺旋桩基础、预绞丝接续、无人机跨越放线等施工技术，保证了施工质量和进度。

（5）在跨越大河铁塔组立时，首次采用水上移动平台汽车式起重机组立铁塔下部（57m），人工抱杆组立铁塔上部（104m）的超高铁塔（全高161m）组立方案，加快了施工进度。

3. 经济措施

为鼓励承包商加大资源投入，完成提前竣工的整体目标，项目公司创新设立了提前竣工的经济奖励机制，与承包商签署补充协议约定：因项目整体提前竣工投入商运而提前获得的额外收益，由项目公司与承包商平分，即将项目提前所获收益扣除运维和税费成本后的50%奖励承包商，由各承包商根据各自的贡献分享。这种奖励机制的关键是必须在项目整体提前竣工的前提下实现，如因个别标段未提前竣工，所有标段承包商无法获得奖励。这一经济激励机制激发了所有承包商的积极性和高度的互帮互助热情，例如在工程建设最后的攻坚期，线路工程第10标段由于里约山地地形地质等困难，难以提前竣工，其他两个已基本提前完工的承包商在首席执行官联席会议机制协调下，主动调动队伍前来支援，最终确保了项目整体提前竣工的目标完成。

第四节　进度管理的作用

美丽山二期项目的进度管理工作帮助项目提前100天竣工投入商业运行，获得额外收益5.7亿人民币（约合3.3亿雷亚尔），创南美大型电力工程历史纪录，赢得了巴西电力监管部门和同行的一致赞誉和尊敬，为国家电网公司树立了良好的国际声誉。

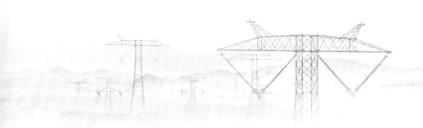

项目成本管理

第一节　项目成本管理的重点和流程

一、项目成本确定的方式和管理重点

巴西的特许经营权工程项目的招标采用最低价中标的模式，因此参与投标的业主在进行特许经营权投标前多采用预合同的方式，同样以最低价中标的模式招标锁定最具有市场竞争力的 EPC 承包商和主要原材料、设备供应商，然后汇总各承包商和供应商的报价，形成整个项目的建设成本和自己的项目投标价格。所以项目的成本确定方式与国内有所不同，主要是通过市场竞争的方式形成的。在进行项目投标前，国网巴控公司经过多个项目积累，已初步建立了不同电压等级、不同建设地区的参考标准造价库，可在预协议谈判时增加针对性和掌控力，以期获得最优 EPC 报价。

特许经营权投标前，巴控公司在巴西市场上遴选多家 EPC 承包商进行谈判，澄清工作范围、技术规范，经过多轮价格谈判，以最低价中标为原则，签订 EPC 预协议，锁定 EPC 价格，EPC 预协议一般为固定总价协议，并以之为重要组成部分建立财务模型，参与美丽山二期项目特许权投标。例如由中电装备公司提交的换流站 EPC 技术方案包括对招标文件要求的全部工程范围及服务的响应；而报价则应是 EPC 交钥匙合同模式的全口径含税价格（币种可为雷亚尔＋美元/欧元），按照询价文件的要求将总价划分为设计、设备供货、安装、调试、备品备件及运维支持等分项价格，在此基础上明确进口设备及材料的比例，并提供分年度支付计划等文件。

业主在特许经营权中标后，成立项目公司，与各承包商和甲供材料的供应商以不高于预合同的 EPC 价格签订正式合同，EPC 合同一般为固定总价合同，甲供材料合同的价格一般为固定单价合同，约定在 20%采购量以内不调整单价，其中导线单价以国际市场的原材料价格挂钩。所以对于业主来讲，只要不发生重大的范围变更，则在正式签署 EPC 合同后，项目的静态总投资就已基本控制住了。在其后的建设过程中，静态投资的管理主要集中在对工程量的核算和支付进度的控制，以及对变更的控制。但是，由于巴西的基准利率、汇率及物价指数等指标波动较大，对项目动态总投资影响也较大，因此项目公司项目成本管理的难点和重点在于对项目动态投资的管理。

二、项目成本管理的主要流程和工具

根据项目成本管理的上述特点，项目管理制度体系建立了详尽的各项成本和财务管理制度和流程，涵盖了预算、现金流、融资、现金流、支付、资本支出等各方面的财务管理制度和流程，以确保项目建设资金及时充足的供给和对项目成本的有效管理，如表 12-1、图 12-1 和图 12-2 所示。

表 12-1　　　　　　　　　　　　项目财务管理制度与流程

序号	领域	名目	责任处	内部制度/管理流程
04.1	成本管理	PAYMENTS	财务	内部制度
04.2	成本管理	PAYMENTS FOR LAND OWNERS	财务	内部制度
04.3	成本管理	BUDGET MANAGEMENT	财务	内部制度
04.4	成本管理	FUNDS MANAGEMENT	财务	内部制度
04.5	成本管理	FINANCING MANAGEMENT	财务	内部制度
04.6	成本管理	CASH FLOW MANAGEMENT	财务	管理流程
04.7	成本管理	CAPEX MANAGEMENT	财务	管理流程

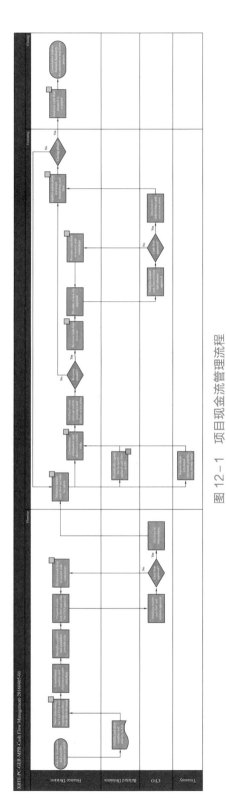

图 12 - 1　项目现金流管理流程

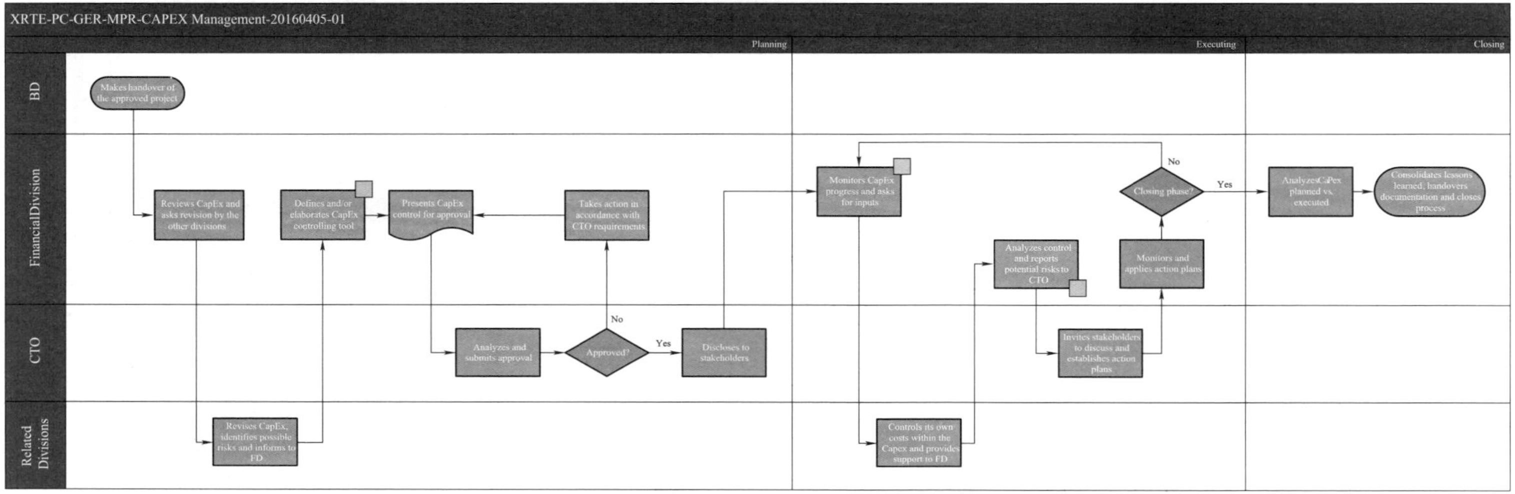

图 12 - 2　项目资本支出管理流程

第二节　项目成本管理的实施

项目的成本管理按照静态控制、动态管理的总体模式，严格控制静态投资不突破，积极管理动态投资最优化，取得了项目实际动态投资比特许经营权投标时的原商业计划节省了约 8%的优异成绩，主要包括以下一些管理方式。

一、项目静态投资的控制

项目静态投资的控制主要通过严格控制工程量的核算和支付进度，以及积极、严格的变更管理两项管理机制进行，以在确保项目整体目标实现的前提下，工程静态投资得到有效控制。

1. 工程量核算与进度款支付

项目公司与承包商签订的总承包合同采用固定总价方式，承包商负责设计、乙供材料采购、施工，并承担由于自己管理不善造成的成本增加。与承包商签订合同时明确工程量核算办法，确定设计、采购、施工等各工序所占工程总价的比例。

项目执行过程中，由承包商按照每月实际完成的工程量进行核算，现场业主代表审核后报项目公司，项目公司审核认可后，由承包商开具发票，项目公司启动支付流程，严格按照 EPC 合同支付工程进度款，严控多付超付。

项目工程量核算表如图 12-3 所示。

对于合同金额大于 100 万雷亚尔的供货合同或者分包合同，承包商可以申请业主、承包商、分包商签订三方协议，由业主直接支付，以节省税费。

Item	Evento	% Contrato	Un	Valor Unit	Valor Total
0	Adiantamento	5,0%			1.314.773
2	Projeto Executivo	1,4%			368.136
2.1	Projetos de Plotação Inicial	0,4%	km LT	2.504	105.182
2.2	Projetos de Plotação Final	0,3%	km LT	1.878	78.886
2.3	Projetos de Travessias	0,1%	vb	26.295	26.295
2.4	Projetos de Fundações	0,3%	vb	78.886	78.886
2.5	Documentos de Construção e Montagem	0,2%	km LT	1.252	52.591
2.6	Tabelas de Esticamento e Grampeamento Deslocado	0,1%	km LT	626	26.295
3	Topografia e Investigações Geológico-Geotécnicas	2,5%			657.386
3.1	Sondagens e Medição de Resistividade	1,3%	km LT	8.139	341.841
3.2	Topografia	1,2%	km LT	7.513	315.545

图 12-3　项目工程量核算表

2. 工程变更管理

工程建设过程中，因业主原因导致承包商工程量增加的变更主要有以下四个方面：

（1）项目范围变更导致的工程量增加，比如两端换流站项目公司主动增加消防加强工程。

（2）外部条件，包括环境、征地或社会事件导致的窝工、阻工或重复施工等。

（3）施工顺序的改变，如为了两端换流站尽早带电调试，及时优化交流线路的施工顺序。

（4）为加快项目实施进度，提前竣工获得特许权收益，项目公司要求承包商增加人力和设备资源投入等。

对此，项目公司进行积极、严格的变更管理，以有利于项目整体目标的实现为前提，对工程变更采取一事一议的方式进行，根据实际情况支付，变更管理的主要流程如下：

（1）EPC承包商提出变更申请，项目公司专业部门收到申请后组织与承包商进行商务谈判，根据谈判结果编制评估报告，报告中应阐述变更的理由和必要性，进行经济性比较。

（2）专业部门发起变更流程并编制技术分析报告，经部门审核后，将谈判记录和技术分析报告递交主管高管审核，再由主管高管递交高管会批准，当超出高管会权限时递交董事会批准。

（3）工程变更通过批准后，专业部门组织律师编制合同变更文本，由相关高管签字生效。

同时，项目公司聘请德勤公司作为咨询单位参与变更的日常管理工作，提前分析风险，制定风险控制矩阵，采取防范措施，并参与对承包商变更申请的审核，提出专业意见。

对于项目公司认可的变更的支付，因为在EPC合同里有工程增、减量变化幅度的条款规定，即承包商负责的所有标段的总工程量变化在一定百分比之内，项目公司是不予补偿的，所以对工程量变更采用的是先计价后决算的方式，在竣工决算时算总账，仅对工程量变化总量超出合同规定幅度部分进行价格调整。

通过上述方式，项目公司有效地控制了整个工程的静态总投资，除去项目公司主动增加的工程内容外，项目静态总投资控制在商业计划目标内。

二、项目动态投资的管理

项目建设所需的大部分资金需要进行融资，项目资本金需要从巴西境外注入，还需要进行大量的国际采购，但巴西雷亚尔兑美元、欧元汇率波动较大，且长时间处于下行趋势中，所以项目在建设期间面临的汇率和原材料价格等的风险较大。项目公司通过卓有成效的动态投资管理，很好地应对了上述风险，大为降低了项目的动态总投资。

（1）优化融资安排，显著降低融资成本。根据美丽山二期项目原商业计划，融资结构为资本金投入 40%；长期债务融资 60%，其中约 31%由巴西国家开发银行长期贷款支持，剩余 29%需要项目公司在资本市场上自行融资解决，原计划以长期债券的方式在巴西当地募集。但经过项目公司不懈努力，灵活根据巴西资本市场的变化情况，及时调整优化融资结构，敏锐地抓住巴西国家开发银行于 2018 年开始市场化改革，推出针对当年新招标项目的新贷款政策的机会，积极争取到了巴西国家开发银行的支持，使得项目最终实际的融资结构为资本金投入 26.6%，巴西国家开发银行长期贷款 60.6%，长期债券 12.8%，原计划的长期债务融资额度几乎可以由巴西国家开发银行新政策贷款全部解决，大大减少了股东需要投入的资本金，降低了的融资成本，提升股东投资回报率。

（2）创新应用自然对冲策略，节省外汇套保成本。巴西实行严格的外汇管理制度，所有进入巴西的外汇资金都必须兑换成巴西雷亚尔在巴西境内使用，同时所有的外汇付款都必须再把雷亚尔现金兑换成美元支付。但由于巴西通货膨胀较为严重，雷亚尔贬值风险大，所以巴西当地企业为减少汇兑损失，常规做法是在项目中标时，立即在购买无本金交割远期外汇等方式将未来的外币采购锁定为雷亚尔金额，锁定项目的雷亚尔投资总额。

美丽山二期项目中标后，预合同共有 7 亿美元的进口采购，商业计划按照常规购买无本金交割远期外汇的做法，按照预计平均美元兑雷亚尔锁汇汇率 4.2，安排了约 8.8 亿雷亚尔汇差成本。但是，考虑到中国股东注资的计划，如果将需要用美元换雷亚尔的注资资金，和需要用雷亚尔换美元的采购资金，同步进行、同进同出，可实现两个方向汇率风险敞口自然对冲。不仅几乎消除了股东和项目公司双方的换汇汇率风险，还节约了在市场上购买无本金交割远期（Non Deliverable Forward，NDF）套保工具的成本。

项目公司最终通过在当地发行过桥债券的方式解决了项目前期资金缺口，预留股东注资用于美元采购，实施效果良好，项目实际发生汇差成本节约超过一半。

（3）精准低价锁定大宗原材料期货价格，降低原材料成本。项目输电线采用的全铝 1590MCM 型导线，总重量达 6.877 万吨，是由项目公司负责采购的项目主材之一，成本占比较高。在特许经营权招标前，巴控公司就经过招标，与巴西本地 ALUBAR 公司签订了 3.78 万吨导线采购的预合同。由于国际市场的现货铝价波动较大，所以合同条款约定，导线成品的价格需按照伦敦金属交易市场的铝价变动进行调整，合同签订时的基准价为 1690 美元/吨。

按照工程实施计划，导线需在 2018 年 1 月开始供货，2019 年 1 月完成全部供货。考虑到导线厂家需提前 2 个月加工及运输导线，因此导线生产用铝时期为 2017 年 11 月至 2018 年 11 月。因此，按照导线加工实际需求，要以远期合约方式，在合适的价格上锁定这一时期的铝材价格，以控制原材料价格风险。

2009 年以来，伦敦金属交易市场现货铝价就一直在 1500～3271 美元/吨之间宽幅波动。项目公司团队自项目启动以后，就一直关注国际市场的铝价波动，2016 年 1 月当伦敦金属交易市场铝价进入了 1600 美元/吨波动区间时，项目公司判断该价格已低于采购合同签订时的基准价，且已大幅低于项目商业计划的计划价，其下行空间有限，但其上浮风险较大，因此果断在该价格附近锁定 3.7 万吨原材料。后来国际市场铝价格正一度上扬至 2200 美元/吨，远超项目商业计划设定的原材料计划价。此项工作较原商业计划节省数千万美元。

（4）做好税务筹划，降低税务费用。

1）充分利用巴西区域性税收优惠政策，申请了巴西北部的亚马逊地区（SUDAM）税收优惠，将占总利润 50%的部分企业所得税减征 75%，共 10 年。

2）与 EPC 总包商和较大的分包商签订部分权利义务转让三方协议，从税务上形成项目公司与分包商的合同关系，在管理责任上确保 EPC 的总包义务，在不增加管理风险的前提下，由分包商直接向项目公司开票，减少了流转税金。

3）充分把握巴西固定资产资本化的规则，尽可能将投资费用化，计入当期损益，减少项目公司前期实缴所得税费用；同时据理力争，将未来可转回的所得税费用确认为递延所得税资产，减少当期应计所得税费用。

4）充分利用股东贷款，通过向股东支付利息，减少股东和项目公司整体税负。

第三节　成本管理的复杂情况和应对措施

大型绿地工程项目的投资规模较大，在海外资本市场规模相对不大的地区进行本地融资的难度较大，需要项目投资方不断地根据市场情况构建、调整、优化融资方案；更要有敏锐的眼光和勇气辨识和抓住各种有利机会，创造全新融资解决方案，以应对项目长期融资的难题。

此外，大多数金融机构的融资放款有很多前提条件和政策性条款需要满足，放款进度很难与项目建设的用款进度相匹配，易导致项目资金断流造成工程停工，或者不得不使用成本极高的短期过桥贷款，导致项目融资成本增加。项目公司为此特地聘请巴西当地知名的专业财务顾问公司，建立详尽的项目财务模型，根据工程资金使用情况每月精确测算和更新项目现金流预算，并及时将至少近三个月资金需求报请项目公司高管会审议，以便项目管理团队提前准确把握项目资金状况和用款进度需求。

项目公司财务团队在不断开发和持续跟踪项目长期融资方案进展的同时，还积极开发备用的短期融资方案和渠道，与长期融资方案的放款进度相配合，确保项目建设资金的不断流。

项目公司财务团队每天梳理所需付款，根据公司的资金状况，合理安排各种支付的优先级，优先保证工程的连续施工，确保避免因项目资金断流导致工程停工等现象的发生。

此外，国家电网公司总部丰富的特高压工程系统集成技术和运维经验、雄厚的资本实力和信誉、各类银行的支持以及国网巴控公司在巴西当地多年耕耘树立的良好商誉是项目解决各种融资难题的保障。

第四节　成本管理的作用

美丽山二期项目高效的成本管理有效地控制了项目的总投资，项目投入商业运行后的工程竣工决算表明：在计列不含原商业计划的消防工程项目增强项目、工程提前奖励费用和生产运维准备费 3 项主要额外费用后，项目的整个动态投资比商业计划大幅降低约 8%，超预期达成项目的商业目标。

第十三章

项目安全质量管理

安全质量是工程建设之本,在美丽山二期项目启动之初,就明确提出安全可靠、技术先进、绿色环保、国际一流的项目建设总体目标,全面强化安全、质量措施,落实各类各级组织和个人的安全质量责任,确立了工程建设期间人员零死亡的安全控制和争创中国国家优质工程金奖的质量控制总体目标。围绕这一目标,项目公司从安全质量管理的组织、规划、保证和控制全过程,全方位策划和落实各项安全、质量管理措施,取得了优异的成效。

第一节　项目安全质量管理的组织体系和制度流程

一、项目安全质量管理的组织体系

项目围绕项目的安全、质量、环保和职业健康管理专门成立了管理委员会,统筹推进项目的质量、安全、环境和职业健康管理工作。在各项安全质量政策和管理制度的贯彻落实组织上:① 强化合同约束,在 EPC 合同中明确定义承包商对于项目质量、安全、环保等的主体责任;② 建立业主、现场经理、业主监理、EPC 承包商四级安全与质量管理体系,在线路和换流站各标段施工现场设立项目公司现场项目部负责生产各项责任的具体落实,由现场经理代表业主协调施工、环境、安全监理监督承包商落实安全质量要求,由施工监理通过旁站监督施工过程和质量,材料监理通过见证所有设备及材料的型式试验、出厂试验等措施来落实质量要求;③ 根据巴西法规与巴西电力行业强制标准,要求 EPC 总包商和各级分包商等建设单位都要建立各自的项目管理机构,包括现场项目部和质量、安全、环境与职业健康管理部门，制定质量、安全等计划，经项目公司批准后实施。

二、项目安全质量管理和技术标准的规划编制

项目公司在项目启动后第一时间组织编制了巴西美丽山二期项目管理计划，包括质量、安全、环境等各项管理内容的总体目标和计划，下发各参建单位执行。同时要求各 EPC 承包商在开工前，需提交项目建设管理大纲，详述安全、质量、环保、进度、技术等各方面的组织建设方案和计划，报业主审批后方可开工。

根据项目管理计划，项目公司在严格遵守巴西当地安全质量标准体系的基础上，合理引入由国家电网公司主导制定的特高压直流技术国际标准（IEC 标准）8 项和国内特高压直流施工规范 10 项，建立了项目的全套技术质量规范、质量验收管理办法和指标体系，以及环境和作业安全技术规范；并借鉴融合国家电网公司的安全质量管理模式和制度，编写完成项目公司的安全、质量、环境、职业健康管控体系文件，从技术和制度体系上保障了项目安全高质量推进。有关管理策划和技术规范摘录如图 13-1、图 13-2 和表 13-1、表 13-2 所示。

图 13-1　项目公司和 EPC 承包商项目管理计划封面

换流变压器现场验收 Aceitação no local do transformador do conversor

A.1 换流变隐蔽工程验收标准卡 Cartão padrão de aceitação do projeto de ocultação do transformador de conversor

换流变基础信息 Informação básica do transformador do conversor	换流站名称 Nome da estação de conversão		生产厂家 Fabricante	
	设备型号 Modelo de equipamento		出厂编号 Número de fábrica	
	验收单位 Unidade de aceitação		验收日期 Data de aceitação	

序号 Número de série	验收项目 Projeto de aceitação	验收标准 Critérios de aceitação	检查方式 Método de inspeção	验收结论（是否合格）Conclusão de aceitação (qualificado sim/não)	验收问题说明 Descrição do problema de aceitação
一、铁芯检查验收 Aceitação de inspeção de núcleo de ferro		验收人签字: Assinatura de aceitação.			
1.	器身紧固 Fixação do equipamento	①运输支撑和器身各部位应无移动变位现象，运输用的临时防护装置及临时支撑已拆除。O suporte de transporte e as partes do corpo devem estar livres de movimento e deslocamento, e os dispositivos de proteção temporários para transporte e suporte temporário devem ser removidos; ②所有螺栓紧固并有防松措施；Todos os parafusos estão fixados e possuem medidas anti-soltas; ③绝缘螺栓无损坏，防松绑扎完好。Os parafusos de isolamento não devem apresentar danos e a amarração anti-solta está intacta.	现场检查 Inspeção no local	□是 □否 Sim Não	

图 13-2   美二项目换流变压器验收卡部分摘录

表 13-1   项目公司引入的国家电网公司技术和质量规范

序号	标准名称	标准编号
1	高压直流换流站可听噪声技术规程	IEC TS 61973
2	高压直流接地极设计导则	IEC TS 62344
3	高压直流系统可靠性与可行性评估	IEC TR 62672
4	高压直流架空线路电磁环境限值	IEC TR 62681
5	高压直流换流站运行维护导则	IEC TR 63065
6	高压直流设备资产管理导则	IEC TR 62978
7	高压直流输电直流侧设备系统要求　第1部分：常规直流	IEC TS 63014-1
8	高压直流换流站系统设计导则	IEC TR 63127
9	±800kV 架空送电线路施工及验收规范	Q/GDW 1225—2014
10	±800kV 架空送电线路施工质量检验及评定规程	Q/GDW 1226—2014
11	±800kV 及以下直流架空输电线路工程施工及验收规程	DL/T 5235—2010
12	国家电网公司基建技术管理规定	国网（基建/2）174—2015
13	国家电网公司基建质量管理规定	国网（基建/2）112—2015
14	混凝土结构工程施工质量验收规范	GB 50204—2015
15	建筑施工模板安全技术规范	JGJ 162—2008
16	国家电网公司输变电工程验收管理办法	国网（基建/3）188—2015
17	国家电网公司输变电工程标准工艺管理办法	国网（基建/3）186—2015

表 13-2 项目使用的 21 项巴西电力行业强制标准

标准英文名称	标准中文名称
NR1 –General safety definitions	NR1 –安全定义总则
NR4 –Specialized Service in Engineering and Occupational Medicine-SEMST	NR4 –工程和职业医学服务细则
NR5 –Internal Commission for the Prevention of Accidents-CIPA	NR5 –意外事故防治内部责任
NR6 –Personal Safety Equipment –EPI	NR6 –人身安全防护设备
NR7 –Medical Occupational Health Control Program-PCMSO	NR7 –医疗职业健康管控计划
NR9 –Environmental Risk Prevention Program-PPRA	NR9 –环境风险防治计划
NR10 –Working on electricity	NR10 –电力作业
NR11 –Load Handling	NR11 –负荷处理
NR12 –Equipment and machines	NR12 设备和机械
NR15 –Unhealthy	NR15 –健康风险
NR 16 –Hazard	NR 16 –工作隐患
NR17 –Ergonomics	NR17 –工效
NR18 –Conditions and Environment of Work in the Construction Industry	NR18 – 建筑业工作条件和环境
NR19 –Explosives	NR19 –易爆品
NR20 –Flammable	NR20 –易燃物
NR21 –Open Skies	NR21 –露天作业
NR23 –Fire Fighting	NR23 –防火
NR24 –Living Area	NR24 –居住面积
NR26 –Signaling	NR26 –信号
NR33 –Confined space	NR33 –密闭空间
NR35 –Work at Height	NR35 –高空作业

在确立了项目的安全质量规范和标准后，在 EPC 合同中以附件形式详细定义了 EPC 承包商在项目实施过程中必须遵守，以及项目建设过程及成果必须遵守和达到的技术、进度、安全、质量和环保等所有标准和要求，如线路工程合同附件技术规范共有 17 项，如图 13-3 所示。

三、项目安全质量管理的流程和工具

为确保上述各项安全、质量、环境和职业健康标准和规范的落实，保证项目建设过程和成果的质量安全，项目公司严格遵循巴西电力监管行业的各项标准，借鉴融合国家电网公司的成功管理经验和体系，结合国际著名管理咨询公司的专业意见，建立了适合巴西电力工程项目建设特点的项目管理体系和流程，主要包括：工作日报、不合规项控制和报告、设备和材料监造、设备和材料检验、项目调试方案、项目质量检测方案、仓储管理、职业健康和安全、项目验收手册、质量核对表、整改通知等制度、流程和工具。

XRTE-GP-GER-ET-8000-- INSTRUÇÃO NUMERAÇÃO DOCUMENTOS TÉCNICOS-F文件编码规则....docx
XRTE-LT-GER-ET-8001-00 - RECOMENDAÇÕES PROJETO LT_输电线路工程中关于土地、环境和技术方面的说明.DOCX
XRTE-LT-GER-ET-8002-00 - ET PROJETO EXECUTIVO LT输电线路施工图技术规范.doc
XRTE-LT-GER-ET-8003-00 - ESTUDO IMPLANTAÇÃO TRAÇADO LT测绘要求-Fei.docx
XRTE-LT-GER-ET-8004-00 - ET LEVANTAMENTO PLANIALTIMETRICO测绘报告-翻译Fei.docx
XRTE-LT-GER-ET-8005-00 - ET LOCAÇÃO ESTRUTURAS杆塔定位_Fei.doc
XRTE-LT-GER-ET-8006-00 - ET 基础施工设计 LT.pdf.doc
XRTE-LT-GER-ET-8007-00 - ET CAMPANHA INVESTIGAÇÃO GEOTÉCNICA地勘 .doc
XRTE-LT-GER-ET-8008-00 - ET SERVIÇOS ESTAQUEAMENTO-桩基技术规范.doc
XRTE-LT-GER-ET-8009-00 - ET SERVIÇOS CONSTRUÇÃO LT -建设输电线路的技术规范.docx
XRTE-LT-GER-ET-8011-00 -ET FORNECIMENTO CABOS AÇO GALVANIZADO-镀锌线供货技术规范.pdf.doc
XRTE-LT-GER-ET-8012-00 - ET OPGW线供货和安装技术规范.doc
XRTE-LT-GER-ET-8013-00 - ET FORNECIMENTO FERRAGENS_ACESSÓRIOS金具和附件-Fei.doc
XRTE-LT-GER-ET-8014-00 - ET FORNECIMENTO ISOLADORES_VIDRO玻璃绝缘子供应技术规范（翻译-Fei）.doc
XRTE-LT-GER-ET-8016-00 -ET FORNECIMENTO INSTALAÇÃO SINALIZAÇÃO LT线路标识牌和信号球.docx
XRTE-MA-GER-ET-8018-00-ET MEIO AMBIENTE E SEG TRABALHO-职业安全和环境保护技术规范.pdf.docx
附件三技术规范Anexo III - Especificaes Técnicas da CONTRATANTE ---EPC应遵守技术规范清单.doc

图 13-3　项目线路 EPC 技术质量规范附件

项目部分质量制度与流程如表 13-3 所示。

表 13-3　　　　　　　　　项目部分质量管理制度与流程

序号	英文名目	中文名	内部制度/管理流程
05.1	Occupational Health and Safety	职业健康和安全	内部制度
05.2	Guidelines for Project Acceptance	项目验收手册	内部制度
05.2	Measures for Project Acceptance	项目验收质量测量方案	内部制度
05.3	Daily Report of Work（RDO）	工作日报	管理流程
05.4	Non-Conformities Control	不合规项控制	管理流程
05.5	Equipment and Material Inspection	设备和材料检验	管理流程
05.6	Fabrication Diligence	设备和材料监造	管理流程
05.7	Warehouse Management	仓储管理	管理流程

项目部分质量管理流程图如图 13-4～图 13-7 所示。

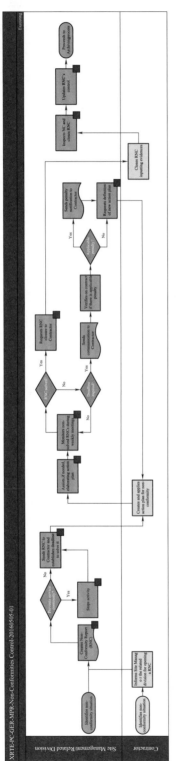

图 13-4 项目质量不符合项控制流程

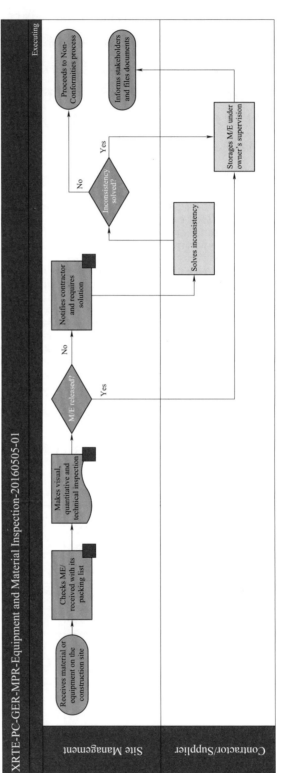

图 13-5 项目设备和材料检验流程

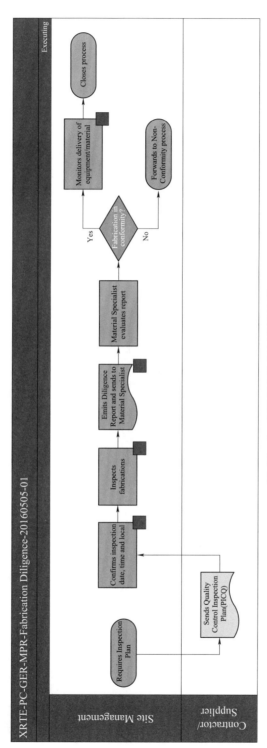

图 13-6 项目设备和材料监造流程

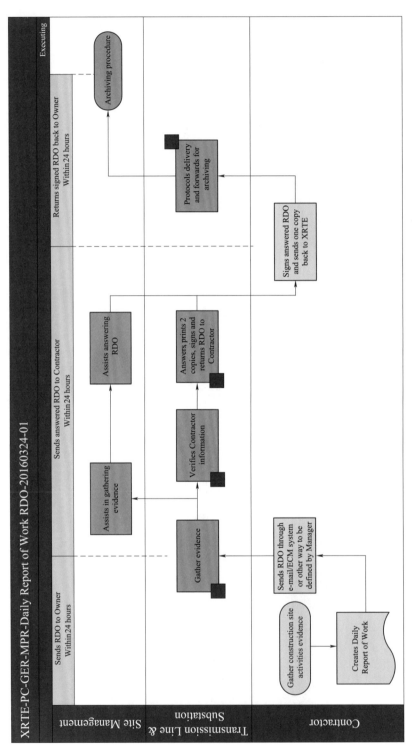

图 13－7　项目质量管理工作日报流程

综合运用上述流程和工具，项目公司从队伍质量、过程质量、控制协调和成果验收等四个方面对项目建设的安全、质量、环境和职业健康进行全过程管理。

第二节　项目队伍的安全质量管理

（1）严格控制参建队伍的质量水平，在源头上把好质量关。在参建单位的选择上，招标资格审查时，所有参与工程建设的设计、监理、施工以及设备制造单位必须通过 ISO9000 系列或等同质量管理体系认证，也必须符合巴西环保、安全、职业健康法律法规标准，尤其是中方队伍必须确保理解掌握巴西的环保、安全、劳工、法律政策，确保所有参建队伍的安全质量管理能力，从源头上把握质量关。

施工分包商的资格认证如图 13-8 所示。

图 13-8　施工分包商的资格认证

（2）建立健全现场管理组织和队伍，确保现场管理资源和力量。项目安全质量工作的落实和推进主要通过项目公司设在工程各标段现场的项目部进行，因此必须确保现场项目部管理队伍的健全。根据各项质量、安全和环境管理任务需要，项目在工程的每个标段上均配备有现场经理和施工、材料、安全环境监理。其中，线路工程共分 11 个标段，每个标段设现场经理 1 名（业主代表）、施工监理 5 名、安全环境监理 1 名、社区协调员 1 名，如图 13-9 所示；换流站工程在送、受端两个工地，各设现场经理 1 名、土建和电气工程师各 1 名、安全环境工程师 1 名，另外再配备 5 名工程师团队进行设计审查、设备物资、建设协调等现场支撑工作，如图 13-10 所示。

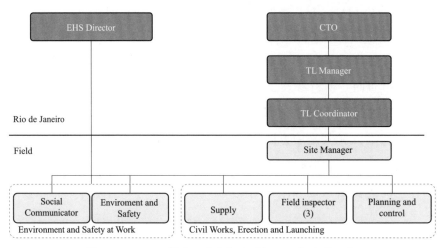

图 13-9　项目线路工程各标段现场项目部人员配备

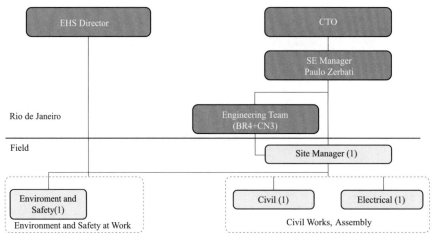

图 13-10　项目换流站工程两端现场项目部人员配备

此外，对于 EPC 承包商，也同样要求在各标段现场配置健全的质量、安全和环境管理队伍，尤其是要配备职业健康和安全管理人员。按照巴西法律规定，每个标段现场必须包括 1 名安全工程师和若干名安全员、1 名医生、1 名护士和 1 名救护车司机，负责对现场的承包商施工队伍进行安全、质量、环保和职业健康的工作培训、技术指导、措施制定、监督管理和体检、急救等各项安全健康管理工作。

工地现场专用医务室及救护车如图 13-11 所示。

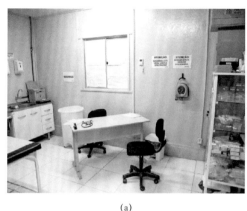 

(a)   (b)

图 13-11 工地现场专用医务室及救护车

（a）医务室；（b）救护车

（3）对建设队伍进行持续培训，不断提升员工的安全意识和能力。项目公司积极借鉴国家电网公司优秀管理经验，根据项目进度节点召集 EPC 承包商进行专项安全质量宣贯和培训；不定期地对 EPC 承包商进行无脚本突发事故应急演练，以帮助承包商梳理漏洞，完善管理；同时依据巴西法律规定，要求 EPC 承包商也要组织对项目参建员工进行安全培训，特许作业工种必须持证上岗，在每个工作面配备救护车和医生护士，在整个项目建设期间，项目公司共组织了超过 62 万小时人次的各类相关培训与近 200 次的各类安全与健康活动。项目建设队伍安全培训和应急演练如图 13-12 所示。

(a)   (b)

图 13-12 项目建设队伍安全培训和应急演练（一）

（a）安全培训；（b）现场急救演练

(c)   (d)

图 13-12　项目建设队伍安全培训和应急演练（二）

（c）封闭区域救援演练；（d）火灾和爆炸应急演练

第三节　建设过程安全质量管理

项目的各项建设工作的过程安全质量管理主要包括设计质量管理、施工现场安全质量管理以及设备和材料的质量管理三个方面。

一、设计质量管理

项目设计工作主要包括初步设计和施工图设计，其中初步设计奠定了工程整体技术原则的基准，是决定工程质量的首要环节，必须在项目特许权协议签订后四个月内完成，并提交巴西国家电力调度中心审核。针对海外工程设计理念和标准差异，项目公司紧抓总包技术单位，对系统研究、工程初步设计等引领督促、审查校正，与技术主管单位巴西国调持续沟通，通过多层次技术交流等措施争取及早获得主管机构初步设计审批，保证设计质量。

施工图设计的质量管理和责任由项目公司承担，责任重大。项目公司除加强内部审查外，还聘请巴西当地的知名设计公司作为设计监理进行设计图纸质量审查，并采用 Construtivo 管理系统平台对设计图纸传递、审核、批准、分发进行无纸化管理，促进了协同效率的提升，也为竣工图一键化移交打下了技术基础。施工图管理流程见图 13-13。

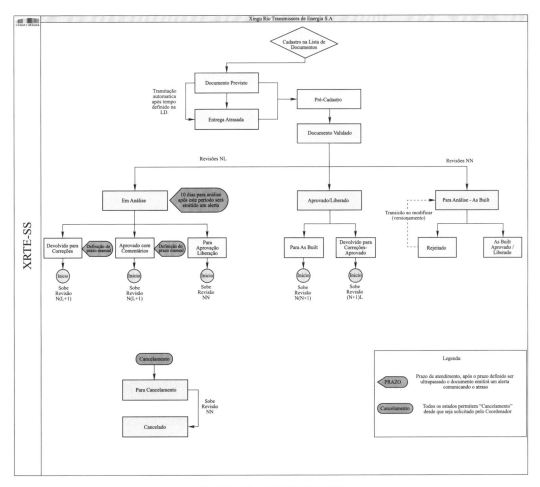

图 13-13　施工图管理流程

二、施工现场安全质量管理

质量、安全等的现场管理同样是通过项目公司、现场经理、监理和承包商四层架构体系进行，各方的主要分工责任如下：

1. EPC 承包商的主要责任

（1）在开工前，施工单位需提交详细的施工管理策划书，详述技术、进度、安全、质量、环保等方面的管理方案，报业主审批后才能开工。

（2）所有工序必须编制施工步骤和安全质量控制的作业程序文件，编制风险点识别和预控单。

（3）在施工转序、重要分部分项工程，如大跨越施工、作业风险大的施工等开工前必须编制专项施工方案和应急预案，报现场经理审批后执行。

（4）承包商必须配备班组长和安全员在现场监督执行，落实各项施工任务，维护现场安全秩序，专业监督个人安全防护装备及安全设施的配置和使用要规范，确保人身、设备安全。

（5）每天开工前或收工后，开展每日安全对话，安全员通报当天或近期安全事件和注意事项，指出遇到了哪些危险，如何预防。

（6）营地和施工点张贴宣传画等公示、宣传材料，提高员工质量安全意识。

项目换流站工地现场安全措施如图 13-14～图 13-16 所示。

(a)

(b)

图 13-14　项目欣谷换流站工地现场安全宣传牌

（a）宣传内容：安全是整个团队的责任，你是团队中的一员！；（b）宣传内容：记得有人在家里等着你回来！

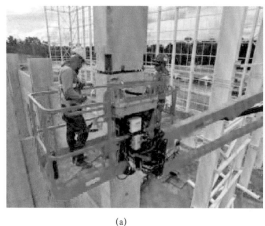
(a)

(b)

图 13-15　施工现场安全施工防护（一）

（a）高空作业防护；（b）吊装作业设置安全区

(c)   (d)

图 13-15　施工现场安全施工防护（二）

（c）封闭区域救援演练；（d）防坠落吊索

(a)   (b)

(c)   (d)

图 13-16　项目施工现场安全管理措施和工器具（一）

（a）现场安全、质量、环保和职业健康宣传栏；（b）施工安全责任公示；

（c）作业区安全责任人公示；（d）每日安全教育

(e)   (f)

图 13-16　项目施工现场安全管理措施和工器具（二）

（e）现场安全标识牌；（f）施工安全防护用具

2. 监理的主要责任

（1）施工监理依照过程控制表格对重要施工节点、隐蔽工程等工序的施工过程和结果进行现场旁站、检查、检测、监督、记录等。

（2）在现场发现不符合规范要求的事项时，及时向 EPC 承包商开具不符合项整改通知单，要求限时闭环整改。

（3）在现场检查督促承包商落实不符合项的及时整改，对整改不及时者，报现场经理处理，项目公司将依据实际情况，根据合同规定暂缓支付部分进度款。

（4）按规定填写各项监理记录、报告等，提交项目公司审核。

项目施工现场监理部分质量管理工具如图 13-17 所示。

(a)   (b)

图 13-17　项目施工现场监理部分质量管理工具

（a）施工监理现场质量检查；（b）施工监理现场质量检查记录

3. 业主现场经理的主要责任

（1）领导、督促、协调各专业监理和承包商按照规范落实各项工作，审核签阅承包商工作日报、周报和月报等。

（2）督促承包商对不符合事项及时加以整改，对未及时整改的，报项目公司根据合同条款采取扣发相应工程进度款的措施，直至整改完成。

（3）在现场协调处理各类紧急事件，保障安全质量管理无死角。

（4）组织对承包商自检合格的工程节点（包括各支付节点及里程碑关键节点）进行业主验收，验证合格，双方在验证记录上签字，编制相关资料提交项目公司。

三、设备和材料的质量管理

设备和材料的质量管理主要包括制造监造和出厂试验和到货验证两部分：

1. 设备和材料的制造监造和出厂试验验证

无论是甲供还是乙供设备材料，按照技术规范要求需进行监造的，选聘监造单位在生产现场见证生产、型式试验和出厂试验。需要业主代表参与监造的，承包商应在试验前 45 天，以书面形式通知业主方代表，业主代表对规定的各项试验进行见证，签署相应的试验报告，制造商、总承包商以及业主各保留一份。监造单位发现不符合规范要求的事项时，向 EPC 承包商、材料供应商下发整改通知单，要求限期闭环整改。

2. 设备和材料的到货验证

业主现场代表和监理对现场到货按规范进行清点检查。必要时，在设备材料送达现场后，需要进行参数复测以确认材料在运输过程中未造成损坏，比如复测光纤复合架空地线衰耗参数等。

在主设备到货后，承包商还必须负责通知业主代表、制造商代表共同进行设备开箱验收验，在施工现场共同进行设备产品开箱清点验收，确认后，签署开箱验收验证记录单据（见图 13-18）。如有设备数量短缺、质量缺陷、破损等问题，承包商需承担相应责任。

(a)　　　　　　　　　　　　　　　　(b)

(c)　　　　　　　　　　　　　　　　(d)

图 13-18　项目设备材料到货验证

（a）线路工程材料收货记录；（b）设备包装防雨措施；（c）土壤压实度检测；（d）混凝土试块制作检验

第四节　项目公司对工程建设安全质量的控制协调和指导

此外，项目公司还要通过报告审阅分析、例行和飞行检查、会议协调等措施进行控制和协调，以确保项目质量和安全目标的达成；并充分依托国家电网公司的技术优势，邀请国内特高压项目专家到项目现场进行安全质量检查和交流，提升安全质量管控水平。

（1）对于各专业承包商和监理提交上来的质量周报，项目公司要进行审阅比较分析，辨识确认项目质量状态和发展趋势，对于风险较大的问题要及时提出，并建议相应的解决方案。

（2）项目公司高管团队和各专业部门每月对各标段工地进行月度现场检查，重点检查重要施工工序质量、安全措施落实情况、安全工器具健康状况；此外，还经常会进行不定期的专项检查。对于在检查中发现的各种不符合规范的事项，下达限期整改要求。

（3）项目公司内部每周召开安全质量情况分析会议，对执行过程中发现的问题进行商议协调，提出纠正方案；每月与各 EPC 承包商分别召开质量专题月度会议，项目公司根据各渠道收集的安全、质量数据，针对关键施工方案组织设计进行重点审查，协调、敦促承包商解决安全质量问题。

（4）项目公司还跟各承包商建立了双周首席执行官联系会议制度，对工程安全、质量以及职业健康情况进行分析总结，提出整改要求；商讨、协调常规管理中难以解决的问题，提高了解决效率。

（5）项目公司还充分依托国家电网公司的技术优势，邀请国内专家团队赴巴西分别对线路和换流站工程开展施工质量提升和技术支持工作，团组深入施工现场，现场查看施工档案资料、施工步骤和成品，与承包商召开反馈会，提出改进完善意见。在专家团组支撑下，国家电网公司线路和换流站建设方面的优秀做法被顺利引入了巴西，提升了项目的工程质量。巴方参建单位也认为项目是他们参与过的安全质量管理最为规范的工程。

图 13-19 为国家电网公司专家组现场检查项目铁塔基础施工质量和安全措施。

图 13-19　国家电网公司专家组现场检查项目铁塔基础施工质量和安全措施

第五节　项目成果验收和调试管理

对项目成果的质量进行调试、验收是质量控制的最后环节和最终保障，国家电网公司高度重视项目的验收工作，从国内派出专家团队组成的现场工作组协调项目调试阶段的验收、启动调试和试运行工作，主要包括以下两项工作：

（1）组织工程竣工验收，审查工程竣工验收报告，听取质量监督评价意见，确认工程建设已按设计完成、质量满足有关合同、标准和规范的要求。

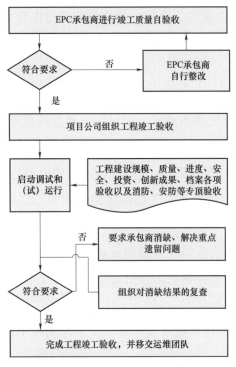

图 13-20 项目验收主要流程

（2）审议工程启动调试的准备情况，审定系统调试方案，检查生产准备情况，协调并确定停电计划、启动时间和试运行时间，组织实施系统调试和试运行，负责相关重大事宜决策。

项目的验收流程和规范是在充分尊重巴西当地通行做法的前提下，结合国家电网公司特高压直流技术标准形成的，充分体现了国家电网公司特高压直流项目的技术水平和管理能力。

项目验收主要流程如图 13-20 所示。

换流变压器验收和换流阀验收如图 13-21 和图 13-22 所示。

图 13-21 换流变压器验收

图 13-22 换流阀验收

项目公司负责组织项目竣工预验收和调试工作，建立了专门的美二项目验收和启动调试工作组，如图 13-23 所示。

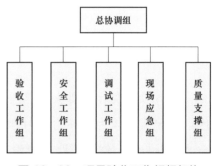

图 13-23　项目验收工作组织架构

各工作组的职责分别为：

总协调组：根据海外直流工程建设领导小组的决策，负责工程启动调试及试运行期间的组织指挥工作。

验收工作组：负责启动验收的具体组织与协调工作。

安全工作组：负责启动验收阶段现场人员、设备以及相关电力系统的安全管理。

调试工作组：负责组织实施审定后的系统调试方案和测试方案，编制系统调试报告，并向巴西国家电力调度中心报送滚动调试计划和日调试报告。

现场应急组：负责启动调试和试运行阶段的设备状态监视，准备相关应急预案及其抢修的资源配置，出现异常时按照总协调组的指令实施抢修。

质量支撑组：负责对工程核心设备的验收检查方案进行补充，现场督导和见证验收过程，检查设备的安装试验资料内容合格，必要时对试验结果进行抽查，对核心设备的验收质量情况进行如实评价，对系统调试方案、重要试验进行建议。

根据 EPC 总承包合同，EPC 承包商是调试实施主体，在启动调试前需要制定调试方案报业主项目公司审批，经项目公司与巴西国家电力调度中心协商、审议、批准后实施。具体验收和调试过程基本步骤如下：

（1）组织各专业工程师对全站进行验收，形成各个区域消缺清单。

（2）进行整改消缺，对于清单中影响带电投运的，优先解决；对于投运后能够不停电进行的消缺，则追溯 EPC 承包方尽快修复。暂时无法消除的缺陷进入尾工清单商务处理。

（3）再次复核接线正确率，完成分系统调试。

（4）启动系统调试，依据巴西国家电力调度中心批准的每日调试计划，运行人员按照巴西国家电力调度中心指令逐项操作设备，提升和降低功率，考验设备和系统性能。为降低对电网的影响，系统调试一般从晚间 10 点开始持续到第二天早上 6 点。

对于在验收和调试中尚未消除的缺陷，项目公司督促 EPC 承包商落实整改，直至全部整改合格，项目公司颁发竣工预验收证明，获得监管机构批准后进入商业运行。在项目质保期结束后项目公司颁发竣工验收证明。

第六节　安全质量管理的挑战和应对措施

（1）项目实行需要执行巴西当地和国际、国内多项标准，协调融合的难度较大。巴西自己具有较为完善的电力行业技术标准，项目在巴西实施自然需要遵循巴西的电力行业标准，然而巴西自身没有特高压直流标准，在项目的直流部分必须要借鉴国家电网公司标准和国际标准，执行过程中存在一些理解不一致，融合难度大的问题。为此，项目公司主要采取了以下一些措施加以应对：

1）主动与巴西电力监管局、能源规划研究院等展开多层次、多轮次的技术交流，邀请巴方考察中国已成功投入运营的直流特高压项目，实地体验中国特高压项目，取得监管部门支持；译介中国特高压技术标准以及相应规范供项目公司巴方员工学习研究，使其在项目实践中得以应用。

2）在可以采用巴西标准的领域尽量采用巴西标准，适当使用国际标准和中国标准，当两者有不一致情况时，采用就高不就低的原则。通过合理融合，确定统一了项目质量标准规范，为项目的顺利实施奠定基础。其中系统一次专业、电气二次专业主要执行巴西国家电力调度中心发布的电网规程；电气一次专业主要采用由国家电网公司主导制定 IEC 标准，少量标准采用 IEEE 和 NBR 标准；通信专业主要执行巴西国家电力调度中心发布的电网规程和 IEC 标准；土建专业主要执行巴西国家标准 NBR；线路专业主要执行 IEC 标准和巴西国家标准 NBR，验收管理采用国家电网标准等。

（2）中国核心直流电工装备首次出海应用，巴西本地队伍进行高质量安装调试的挑战较大。项目的直流特高压核心设备，包括换流阀、换流变压器、直流控制保护等都从中国采购，大量中国高端核心设备首次出海应用，但是在巴西当地的安装和调试主要都是由巴西当地队伍负责，因为是首次接触直流特高压设备，且对中国设备不熟悉，导致巴西当地队伍进行高质量安装调试的挑战较大。

为实现承载着中国技术和标准的国内设备在巴西高质量落地，项目公司的工作包括：① 在设备生产期间就组织各设备供应商提前准备英语、葡语的安装作业文件、图片视频并对巴西当地队伍进行培训，以便设备到达后，当地设备安装单位能够马上实施；② 在设备到场前，要求各设备的国内生产商到巴西现场提前布点，做好充分的安装工作前期准备工作，并与当地安装单位进行技术交流；③ 设备到场后，组织各设备供应商进行翔实的技术交底；④ 在安装过程中，中方设备厂商在现场全程指导，巴西安装单位按照步骤分步实施，最终保证了中国设备在巴西安装的质量工艺。对于两站换流阀的安装，考虑到更高安装精度要求、对安装队伍经验提出很大的考验。为此特意引进了在中国有丰富从业经验的两家送变电单位赴巴西承担换流阀的安装和调试工作，达到了很好的效果。

（3）项目建设规模大，队伍数量多，作业面广，确保整体质量、安全的难度大。项目是目前世界上线路最长的特高压直流输电工程，有线路工程 11 个标段、换流站工程 2 个标段的 EPC 总承包商队伍和更多的分包商队伍及环保、征地等专业服务队伍同时开展工作，高峰期有约 16 000 名员工超过 200 个工作面同时施工，队伍数量多、人员规模大、施工作业面极广，且合同接口多、交叉作业多、施工条件艰苦、工期十分紧张，而项目公司总共只有六七十人，项目队伍的指挥协调难度极大，项目整体的安全、质量、进度和成本等的控制任务极重。

面对如此大规模的攻坚战，项目公司建立了每日跟踪制度和每周现场例会制度，管理队伍每天严密监控项目各标段的实施进展情况，精心策划优化设计施工方案，统筹安排材料供应，合理安排交叉作业，协调解决各方接口，及时辨识发现各种偏差，预判薄弱环节，以最快速度提出切实的解决方案，对每日出现的各种问题必须在当天清除或形成解决方案，做到日清日结，不懈坚持，最终保障了项目优质高效的建成投运。

第七节　质量管理的作用

通过项目公司扎实的质量、安全、环境和职业健康管理工作，实现项目全过程未发生工人食物中毒，患疟疾和黄热病等流行疾病；确保了项目以安全零事故、质量零缺陷、环保零处罚的卓越成效提前 100 天竣工并投入商运。工程整体按计划通过全部 210 项系统调试和 28 项站系统调试项目，其中直流端对端解锁、极 1 和极 2 单极直流系统大负荷试验、双极正送、反送功率试验、两端直流开路试验、直流线路接地试验、协调控制系统试验等重要试验均一次成功，充分检验了中国特高压直流技术和设备的设计指标、质量控制、安装过程及分系统调试的工作质量。

巴西电监局多次对工程进展及施工质量进行督导检查，给予很高评价。巴西环保署对工程环保措施的执行方案、结果等报告材料进行审查，例行现场检查，认定完全符合最小化砍伐、最优水土保持等巴西环保规定，合格率 100%，创巴西近年来大型工程建设的环保纪录。

2019 年 6 月 9 日，直流系统端对端解锁成功，如图 13-24 所示。

图 13-24　2019 年 6 月 9 日，直流系统端对端解锁成功

美丽山二期项目运营许可文件如图 13-25 所示。

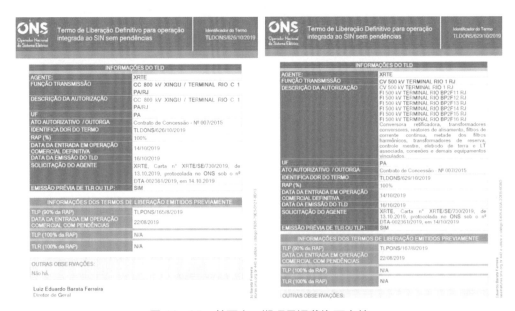

图 13-25　美丽山二期项目运营许可文件

2019 年 8 月 28 日，项目获得巴西国家电力调度中心的颁发的并网许可，成功投入商业运行。

第十四章

项 目 资 源 管 理

第一节　项目资源识别、获取和管理的基本情况

由于巴西绿地项目的特许经营权制度特点，项目工程建设所需的主要人力和物资资源的种类、数量及获取方式在特许经营权招标前就基本由项目业主与参与招标的各 EPC 承包商和设备、原材料供应商各自规划测算完成。然后，在经过投标竞争和谈判后，项目业主与胜出的各承包商和供应商就项目建设所需的主要资源需求方案、获取方式和各自对此的责任分配等方案基本达成了共识，并以签署预合同的方式加以锁定，在项目特许经营权中标后，再签署正式合同执行。

项目建设所需的物资资源主要包括输电线路走廊和换流站建设用地，输电线路导线、铁塔等材料；换流站的各种设备以及施工的各项工器具和运输工具等生产工具、项目零配件、各种土木工程建设原材料等。根据签署的 EPC 合同规定，建设用地、导线、塔材三项主要资源的获取和及时供应由业主负责，其他输电线路和换流站工程建设所需设备、零配件、原材料和施工所需的工器具、运输工具等都由各EPC 承包商负责。

项目建设所需的人力资源，业主方面主要包括对项目进行总体管理的管理人员和负责项目技术把关、指导的技术人员，其他需要临时提供支持的专家或机构则由国网总部统一协调；EPC 承包商则负责工程建设所需的其他所有技术、管理、施工等队伍人员的招募、组织和管理。

项目所需主要资源的责任分配如表 14-1 所示。

表 14－1		项目所需主要资源的责任分配	
资源	项目公司	EPC 承包商	
人力资源	• 总体管理人员 • 高级技术人员 • 高级专家	• 建设管理人员 • 技术人员 • 施工人员 • 各类辅助人员	
物资资源	• 建设用地 • 导线 • 塔材	• 项目设备 • 项目零配件 • 施工工器具 • 运输工具 • 项目建设和施工所需其他所有原材料	

在项目建设过程中，项目公司所负责的导线和塔材的采购在项目中标前就已经与材料供应商签订预合同锁定，项目开工后，按照正常采购程序根据计划进度进行采购、检验和保证供应即可。资源管理真正的难题在于建设用地的征用，由于巴西土地私有制，项目规模沿线 2500 多千米，共涉及 3370 多个地主，需要在征地成本和项目建设进度的双重约束下，与所有地主一一谈判达成协议，挑战极大。

对于由 EPC 承包商负责的人力和物资资源，项目公司也需要通过合同约定对其中的关键事项进行延伸管理或掌握现状进度，以避免风险、帮助决策和控制质量。

第二节　项目人力资源的管理

一、项目关键人力资源的招募调配

在项目业主层面，即项目公司层面进行项目总体管理、专业技术审核和指导的高级技术人才队伍的组建，在充分依托国家电网公司的集团化优势，项目中标后，选派具有丰富特高压直流建设经验的专业技术管理人才赴巴工作，并在国网巴控公司内部优选有关人才，并在当地市场高标准招聘电力工程建设人才和财务、法律等专业人才，组成项目前方建设管理团队。

对于在整个项目的投标、设计、建设过程中所需的各类专家和团队，则在国家电网公司海外直流工程建设领导小组的领导下，根据项目的建设进度和需要，协调赴巴西进行技术支撑。中方参建单位、专家技术人员与巴方设计、施工公司密切协作，无缝衔接，充分发挥了国家电网公司在特高压直流输电领域的全产业链资源优势，有效地传承了国家电网公司在特高压直流输电领域积累的设计、设备、施工、调试、运维全过程优秀经验，保障了中国特高压直流输电技术精准落地巴西，确保了美丽山二期项目高质量提前完工。

二、项目公司人力资源的管理

美丽山二期项目公司团队主要是由国家电网公司选派的具有丰富特高压直流建设经验的中方专业技术管理人才，以及在巴西当地招聘的巴方电力工程建设人才和财务、法律等专业人才组成，总计 70 余人，巴方人员占了绝大多数。项目公司团队是推动项目顺利前进的主力，但相对整个项目的规模，团队十分精干，面临的任务十分繁重，如何尽快跨越文化障碍，融合形成战斗合力是团队建设的根本。为此，项目公司董事会主要采用了合理设置岗位和配置岗位人员、建立科学的绩效管理体系、跨文化建设、组织参与社会公益项目等团队管理措施和工具，获得了良好的效果。

（1）合理设置岗位和配置人员，无缝衔接国网总部与巴西当地的需求。项目公司团队的工作既要与国家电网公司总部保持密切联系，获取指导和支持，又要充分满足巴西本地的各项监管规定，要充分平衡总部和巴西本地响应的需求，成为两方面要求顺利衔接的桥梁。为此，项目公司董事会设计了根据不同岗位对总部和对本地响应需求强度的偏重，配置中方或巴方员工的合理方案，例如首席技术官、首席财务官等需要频繁与总部进行沟通对接的岗位，配置中方员工；对于本地响应强度相对更大的岗位，例如首席环保官、环保处、法律处、融资处等配置巴方负责人。

同时，为确保各项管理职能尽快充分实现中巴融合，同时满足中巴两方面的需求，在同一职能专业线上的上下级相邻岗位尽量安排中巴员工交错配置，如首席技术官是中方人员，则首席技术官分管的线路处、换流站处负责人安排巴方员工担任。此外，对于各级主要管理岗位都尽量按照中巴人员交错的方式，例如对于巴方员工担任部门正职的，如线路处、换流站处，则各设置一个由中方员工任职的副处长岗位等。

通过这种创造性的中巴员工岗位充分交错配置的方案，既尽量满足了对国家电网公司总部和巴西当地的响应需求，又以最快速度促进了中巴员工的融合，迅速提高了双方的相互理解和凝聚力，加快了跨文化团队的形成和成熟。

（2）建立科学的绩效管理体系，帮助团队成员能力提升。项目公司建立了以岗位关键绩效指标为核心的科学绩效管理体系，包括绩效商定、跟踪、评价、反馈等环节的完整过程。其中每个岗位的关键绩效指标均包括公司级、部门级、处级和个人级四个层次的目标内容，但根据岗位级别的不同所含各层次内容的比重不同，如图 14-1 所示。

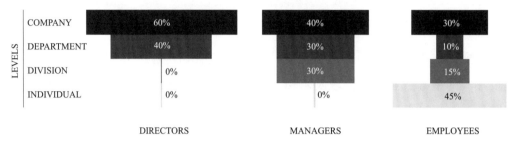

图 14-1　项目公司各级岗位关键绩效指标层次目标结构

岗位离公司战略越近，那么公司级绩效目标在岗位关键绩效指标中的比重越大，而基层岗位的关键绩效指标中，则个人可交付成果目标占的比重最大。

在定义了各个岗位的关键绩效指标之后，所有员工都需在每年初跟直接上级商议确定本人当年的绩效目标后，正式记载在个人的绩效计分卡上，用于评估和跟踪。

各级主管将对其直接管辖的岗位员工的各项关键绩效指标的绩效执行情况进行跟踪，根据每项指标的执行情况给予 1~5 分的评价，并至少每季度与各员工就个人的绩效执行情况进行一次正式反馈沟通，肯定成绩，认识差距，分析原因，提出改进措施，帮助员工尽快提高各方面的能力。员工年度的综合绩效评价等级将与其个人年终奖金、调薪和岗位晋升挂钩。

通过定期的、科学的绩效评价和反馈，及时发现和纠正各级员工工作中的偏差，既防止了项目实施出现偏差，又促进了员工能力的提升，还提高了上下级中巴员工相互之间的理解和融合。

（3）加强公司跨文化建设，促进中巴文化交融。项目公司十分重视跨文化的建设：① 通过制定员工行为准则（Code of Conduct），以公司制度的形式正式定义中巴员工都必须遵守的公司主流文化，例如避免个人和公司利益冲突、鼓励员工合理行使建议权、保护公司资产、保护知识产权；② 想方设法以员工感兴趣的方式，因地制宜地相机开展各种公司文化建设活动，例如周末环湖家庭长跑，举办巴西风格的员工生日派对、汉语学习班、书法学习班，举办公司年会，以及邀请巴方人员去中国交流等。所有活动，公司高管团队只要有可能，都尽量带头参加，极大地带动了中巴员工参与的积极性和参与规模，对提高团队凝聚力，促进中巴文化融合起到了不可或缺的作用。

（4）组织员工参加国网巴控公司赞助的各项社会公益项目，增强员工自豪感，提高团队凝聚力。国网巴控公司从进入巴西之初就十分重视自身企业形象的建设，从 2010 年起在当地的环保、教育、中巴文化、体育交流和可持续发展等领域赞助开展了 50 多项社会公益项目，例如，赞助马累贫民窟孩子组建交响乐团项目，里约四季长跑等，受到了社会媒体的高度评价和赞赏。每当举办这些活动，项目公司都组织员工志愿参加，极大程度地增强了员工，特别是巴西本地员工对项目公司的认可度和自豪感，提高了团队凝聚力。

三、项目公司人力资源管理中遇到的主要困难和克服措施

项目公司人力资源管理中遇到的主要挑战还是在中巴文化和理念上的差异，主要表现和克服措施如下：

1. 巴西语言的障碍

巴西的官方语言是葡萄牙语，当地的所有法规、制度和文件都是葡萄牙语，尽管项目公司规定公司工作语言是英语，在特殊场合可以使用葡萄牙语或汉语，但在公司中，中方员工是绝对少数，讨论问题往往是一大群巴西本地人夹着一个中国人，基本都是使用葡萄牙语讨论，更不用说到项目工地现场，只能用葡萄牙语与当地工人交流。因此，对中方员工来讲，语言成了最大的障碍，除了加快学习以外，别无他法。所以，项目公司的所有中方员工刚到巴西时，都是无时无刻地学习葡萄牙语，一两年下来，基本上都能够用葡萄牙语进行一般交流和阅读了。

2. 巴西与中国的工作理念差异

巴西员工和中国员工初始在工作理念上存在较大差异，巴西员工习惯职业化的工作和生活，有着明确清晰的工作和生活安排界限，不常加班，且巴西法律也明显保护劳工，不允许强迫加班；而中国员工往往在确定工作方向后，为达成目标适应更大的工作强度，有时会主动加班。项目前期，由于工作理念不同双方产生过一些分歧。对此，一些核心岗位的在巴西多年的老中方员工发挥纽带作用，利用各种细小机会向巴方员工沟通，使得巴方员工逐渐理解了中方员工的理念，也以自己的行动和友谊带动了巴方员工，最后项目公司的巴方员工在需要的时候也一样冲锋在前；另外，中方员工也逐渐适应理解了巴方员工的工作习惯，尽量更合理安排和协调工作，双方迅速形成了合力。

第三节　对 EPC 承包商负责的人力和物资资源关键事项的管理

对于由 EPC 承包商负责的人力和物资资源的动员、需求和获取计划等，在总承包合同中规定，项目公司要对其关键事项进行延伸管理，以避免风险，帮助决策和控制质量。主要包括：

（1）根据巴西法律法规，对业主要承担连带或延伸责任的劳动用工事项进行延伸管理。巴西具有十分详尽而严格的劳工保护法律，如所有用工必须签订正式劳动合同，规定工种和工作时间，加班要提前沟通，员工可以选择加班或不加班；雇佣劳工要为其购买健康和牙医保险及缴纳其他相关税费，项目要配备专职医生、护士、救护车等才能开工；现场住房要满足 $3m^2$/人、配备空调、且离工地 5km 外，否则视为加班；现场不允许临时休息，否则开票清场等，而且发生劳动纠纷时，法院倾向于保护劳工一方。

其中，很多事项一旦发生纠纷，按照法律，项目业主要承担延伸责任，需要代承包商先行赔付劳工或者补缴各种费用以后，再由业主自行与承包商去解决争议。整个项目涉及的劳工规模上万，其中蕴含的风险很大，所以项目公司必须要对承包商的用工规范进行延伸管理。为此制定了专门的第三方动员流程，如图 14-2 所示，以及包括所有法律强制义务项目的各种核对表，要求承包商在招募劳工时，针对每一个员工必须履行的所有法律强制义务进行一一核查，并由劳工签名后，连同用工计划和其他相关文件报项目公司审批同意后，才能正式开工。

（2）对于重要设备和材料采购，项目公司全过程参与管理。对于关键的重要设备和原材料的采购，项目公司要审核批准相应的计划后才能执行，并且派业主代表或聘请专业第三方全过程参与监造、出厂试验、到货验证、验收等质量保证和控制工作，签署相应的意见，以确保重要物资的质量，详见质量管理和采购管理部分的介绍。

（3）对于各标段施工过程中计划和实际使用的各主要工器、设备状况要及时掌握。巴西输变电工程建设行业的作业几乎是全机械化施工，机械化使用程度很高，每个标段组织施工的机械设备高达 200 台套，机械数量大，成本高，合理组织施工，提高机械设备利用率是提高效率、保证质量和节约成本的关键。因此，项目公司要

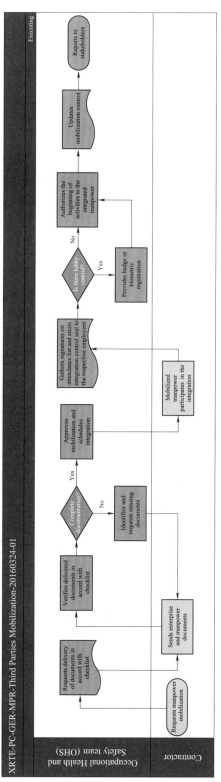

图14-2 项目第三方召集流程

求各承包商在每周的动态周报中要详细列明当周该标段施工过程中实际投入使用的各类主要施工机械、运载工具等的状况，并要以资源日历等方式呈报各项资源的需求计划，以便能及时掌握各项资源的使用现状和趋势，进行统计分析和优化调整工程计划，提高决策质量。

除了通过信息周报等工具了解掌握各 EPC 的设备配备、使用情况等信息外，项目公司还将通过现场经理实地检查各 EPC 承包商施工装备的准备情况，针对装备不齐全的情况，要督促 EPC 承包商落实购买或租赁计划，如图 14-3 所示。

XINGU RIO
TRANSMISSORA DE ENERGIA S.A

福建电建
巴西工程有限公司

3	Pacaja	4	202
4	Belo Monte do Pontal	0	16
	合计	4	265

5. 工程机械情况

具体一览表如下表所示：

机械配置表

序号	车辆类型	数量	备注
1	随车吊 16 吨	5	
2	卡车	5	
3	4×2 大皮卡 4×2	3	
4	4×4 大皮卡 4×4	12	
5	两头忙	1	
6	员工接送车 JEEP	9	
7	(Gol) 小车	5	
8	中巴	1	
9	挖掘机	4	
10	装载机	4	
	......		
	合计	87	

6. 工程累计完成情况

里约站 Sendi 每周主要施工机械投入统计表

设备	11月19日	11月20日	11月21日	11月22日	11月23日
装载机	4	4	4	4	4
旋挖钻机	1	1	1	1	1
挖掘机	5	5	5	5	5
挖掘装载机	6	6	6	6	6
碾压机	5	5	5	5	5
起重机（含吊机卡车）	9	9	9	9	9
自卸卡车	10	10	10	10	10
搅拌车	4	4	4	4	4
登高车	2	2	2	2	2
空压机	2	2	2	2	2
油罐车	2	2	2	2	2
平地车	2	2	2	2	2
履带推土机	2	2	2	2	2
焊接机	5	5	5	5	5
挖沟机	3	3	3	3	3
夯实机	2	2	2	2	2
电动钻	17	17	17	17	17
螺栓起子	5	5	5	5	5
切割机	7	7	7	7	7
洒水车	2	2	2	2	2
磨光机	13	13	13	13	13
发电机	2	2	2	2	2
全站仪	2	2	2	2	2
抽水泵	2	2	2	2	2

图 14-3　项目 EPC 承包商施工机械统计周报

项目周密细致的资源管理工作，有效地支撑保障了项目建设的进度、质量和成本，有效降低第三方劳工纠纷索赔事件，确保了整个项目提前 100 天竣工目标的达成。

第十五章

项目沟通管理

作为国家电网公司独立在巴西实施的巴西史上最大的输电项目，美丽山二期项目社会影响力大、系统接入条件复杂、面临的外部环境多变。与项目所有干系人保持良好沟通和协调，创造良好外部环境是项目成功的重要关键因素。

第一节 项目的沟通策略

项目公司管理团队在项目成立伊始，就对项目所涉及的主要干系人的类型、作用和对项目的诉求等等进行了深入分析，并根据项目各类干系人的需求和特点，分别制定了不同的沟通策略和工具，以提高项目沟通的效率和效果，如表 15-1 所示。

表 15-1   项目的沟通策略和工具

序号	干系人类型	代表机构和群体	主要沟通策略
1	股东	国家电网公司、国网国际公司	① 确保总部对公司情况全面、及时地掌握和指导； ② 重大事项履行"三重一大"程序； ③ 鼓励积极应用视频会议、电话会议等远程通信技术与总部相关人员举行各类例行或专项会议； ④ 对于关键节点，项目主要负责人向总部进行述职或总部领导来巴当面听取汇报，进行实地考察协调
2	巴西电力监管部门（客户）	国家矿产能源部 国家电力监管局 国家电力调度中心	① 确保各电力监管部门对本项目有关事项的及时掌握，不断增强各部门对项目的支持力度； ② 严格遵守各项监管规定，及时报送监管机构规定的报告； ③ 与各监管部门建立定期的正式沟通机制，确保足够的沟通密度； ④ 围绕各专题事项，策划举办各种专题会议； ⑤ 策划展开学术交流； ⑥ 必要时登门当面沟通，邀请来访，实地考察； ⑦ 必要时提升沟通层级，加大沟通频率和力度； ⑧ 积极借助新闻媒体传播，树立公司和项目良好声誉； ⑨ 发布公司社会责任年报等，树立公司良好公众形象

续表

序号	干系人类型	代表机构和群体	主要沟通策略
3	巴西环保监管相关部门	国家环保署 巴西文化遗产研究院 帕尔马雷斯文化基金会 印第安文化基金会 保护区管理机构 卫生部	① 确保各环保监管部门对本项目有关事项的及时掌握，不断增强各部门对项目的支持力度； ② 严格遵守相关法律法规，及时按规定报送项目相关的各种环评、项目进展、统计报表等报告和资料； ③ 与各监管部门建立定期的正式沟通机制，确保相互之间足够的沟通密度； ④ 围绕各专题事项，策划举办专题会议； ⑤ 必要时登门当面沟通，邀请来访，实地考察； ⑥ 必要时提升沟通层级，加大沟通频率和力度； ⑦ 必要时通过巴西电力监管部门、巴西其他政府部门、中国外交机构等渠道促进沟通，推动有关事项进展； ⑧ 积极借助新闻媒体传播，树立公司和项目良好声誉； ⑨ 发布公司社会责任年报等，树立公司良好公众形象
4	项目沿线居民和原住民社区	印第安社区、无土地组织、黑奴社区、渔猎人社区、土著居民等	① 确保相关社群对项目的理解和必要的支持，保证项目的顺利建设和长久安全运行； ② 严格遵守相关法律法规，及时按规定做好法定的各项沟通工作，包括举办听证会、正式报刊公告等； ③ 尽可能以各种方式，以易于理解的方式和载体，将项目相关信息传播到相关社区群体中，包括报纸媒体发布、纸质宣传材料散发、广播、户外广告、宣传车等； ④ 在常规情况下，公司通过业主现场代表、专业服务部门和有关第三方的定期和专项报告，以及项目周会等掌握情况； ⑤ 复杂情况，必要时项目公司各级管理人员需进行实地考察，与当地居民直接沟通，掌握居民的真实需求和状况，策划解决方案； ⑥ 必要时，联系当地政府有关机构协调，促进沟通，以实施有关社会责任项目，促进沟通
5	沿线地主	沿线 3370 个地主	① 确保相关地主对项目的理解和必要的支持，以合理价格出让有关路权，保证项目顺利建设和长治久安； ② 严格遵守相关法律法规，及时按规定做好法定的各项沟通工作； ③ 在常规情况下，由专业征地顾问与有关地主沟通协商，公司通过业主现场代表等掌握情况； ④ 复杂情况，项目公司各相关管理人员应视情况决定是否合适出面沟通，必要时项目公司首席环保官亲自出面与地主直接沟通协商； ⑤ 必要时，联系当地法院等有关机构协调，促进沟通
6	跨越的业主或管理部门	沿线的河流、铁路、公路、输电线、机场等共 270 处跨越的业主或管理部门	① 确保相关跨越主管机构或业主对项目的理解和必要的支持，以合理代价同意跨越施工方案和计划，保证项目顺利建设； ② 严格遵守相关法律法规，及时按规定做好法定的各项沟通工作和相关施工方案和计划等资料的报送； ③ 及时按规定向各相关政府机构等报送跨越施工或相关迁改施工有关的各种报审资料，及时获得批准； ④ 在常规情况下，由专业服务公司和公司业务代表负责与有关跨越主管机构、业主和相关政府机构等沟通协商，公司通过业主代表、专业服务公司等的定期和专项报告，以及项目周会等掌握情况； ⑤ 复杂情况，必要时公司各级管理人员直至高层领导亲自出面与有关跨越主管机构、业主和相关政府机构等直接沟通协商； ⑥ 必要时，联系电力监管部门或当地政府有关机构等出面协调，促进沟通

续表

序号	干系人类型	代表机构和群体	主要沟通策略
7	工程接口单位	巴电 Furnas 公司、美丽山电站、美丽山一期项目公司等	① 确保工程各类接口工作准时完成，保证项目进度； ② 严格遵守相关法规和行业惯例，及时按规定做好法定的各项沟通工作和相关设计图纸、工程计划等资料的报送和沟通修改； ③ 及时与设计、设备生产、承包商等相关单位沟通、修改有关的图纸、生产计划等； ④ 与接入单位、相关单位建立定期的正式沟通机制，确保相互之间足够的沟通密度； ⑤ 复杂情况，必要时公司各级管理人员直至高层领导亲自出面与接入单位各级负责人直至高层领导等直接沟通协商； ⑥ 必要时以全天候现场设计交底、联合现场办公等方式，尽可能减少沟通材料在途时间和相关人员交通时间，加快沟通效率； ⑦ 必要时，联系电力监管部门等机构等出面协调，促进沟通
8	地方政府部门	沿线州、市政府和有关部门	① 确保各相关地方政府部门了解并支持本项目； ② 严格遵守相关法律法规，及时按规定报送地方政府要求工程相关的各种报告和资料； ③ 常规情况下，由公司相关业务责任人与地方政府相关部门沟通； ④ 复杂情况，必要时公司各级管理人员直至高层领导亲自出面与地方政府各级负责人直至高层领导等直接沟通协商； ⑤ 积极借助新闻媒体传播，树立公司和项目良好声誉； ⑥ 发布公司社会责任年报等，树立公司良好公众形象
9	参建单位	EPC 承包商、分包商，设备材料供应商，环保、征地、法律、咨询等专业公司等	① 确保各参建单位安全、按时、按质地完成项目合同任务； ② 常规情况下，按照项目管理各领域正式管理制度进行沟通； ③ 复杂情况，必要时公司各级管理人员直至高层领导亲自出面与各参建单位各级负责人直至高层领导等直接沟通协商； ④ 与各参建单位建立高层定期沟通机制，确保高层沟通密度； ⑤ 必要时加大各类、各级沟通的频率和力度
10	系统内支持单位、国内分包商	经研院、电科院、中南院、电规总院等	① 确保各单位安全、按时、按质地完成项目任务； ② 常规情况下，按照项目管理各领域正式管理制度进行沟通； ③ 复杂情况，必要时公司各级管理人员直至高层领导亲自出面与各参建单位各级负责人直至高层领导等直接沟通协商； ④ 与各参建单位建立高层定期沟通机制，确保高层沟通密度； ⑤ 必要时加大各类、各级沟通的频率和力度
11	金融机构	巴西国家开发银行、商业银行	① 确保项目融资方案和进度目标的达成，保证项目建设资金需求； ② 确保各金融机构对本项目有关事项的及时掌握，不断增强各金融机构对项目的支持力度； ③ 严格按照各金融机构要求，及时报送融资方案所需的各种相关专业报告、统计资料、年报等； ④ 常规情况下，由公司各级财务负责人与各金融机构相关领导和部门进行沟通协调，公司通过有关定期和专项报告以及项目周会等掌握情况； ⑤ 在融资业务推进的重要节点，公司高层领导亲自出面与各金融机构高层领导直接沟通协商； ⑥ 必要时登门当面沟通，邀请来访，实地考察； ⑦ 必要时加大各类、各级沟通的频率和力度； ⑧ 积极借助新闻媒体传播，树立公司和项目良好声誉； ⑨ 发布公司社会责任年报等，树立公司良好公众形象

续表

序号	干系人类型	代表机构和群体	主要沟通策略
12	项目团队员工	所有参建项目的员工	① 确保所有员工完全掌握与本职工作有关的所有业务信息，有足够的能力和信息完成本职工作，达成岗位绩效目标； ② 确保所有员工对公司和项目等相关进展情况有足够的了解，增强员工对公司和项目的认可度，增强自豪感和归属感； ③ 确保所有员工对自身能力和工作业绩情况有清晰正确的认识，有助于提高自身能力和改善工作业绩； ④ 增进中巴员工之间的相互理解和认可，加快文化融合，提高沟通效率，形成高质量公司文化，提高公司团队的凝聚力和战斗力； ⑤ 常规情况下，按照公司各项管理制度进行正式沟通； ⑥ 必要时，所有员工都可与各级领导进行正式或非正式的直接沟通； ⑦ 鼓励各类各级员工之间进行正式或非正式的各种形式的个人直接沟通； ⑧ 鼓励创新各类能提高沟通效率的工作方式； ⑨ 鼓励开展各类健康向上，增进沟通和了解的文体、团队建设活动

第二节　项目沟通管理的流程和工具

一、项目沟通制度和流程

项目公司高度重视沟通管理，制定了多项与沟通管理相关的制度，如表 15-2 所示。

表 15-2　　　　　　国网巴控公司沟通管理相关制度

编号	名目	中文名
SGBH – AD – RU2011 – 001	Governance Rule	公司治理规则
SGBH – AD – RU2011 – 002	Code of Conduct	员工行为守则
SGBH – AD – RU2011 – 003	Official Document Management Rule	公文管理规则
SGBH – AD – RU2013 – 002	Archive Management Rule	档案管理规则
SGBH – AD – RU2013 – 005	Information Security Rule	信息保密规则
SGBH – BD – RU2013 – 002	Information Management Rule For New Investment Opportunities	新投资机会信息管理规则

此外，会议是沟通的主要工具之一，项目对各种会议的召开制定了规范的流程，以提高会议召开的效率和效果。

二、项目管理信息系统

为提高项目管理效率，确保项目的顺利实施，项目公司开发了基于三维地理信息系统的可视化建设管理平台，借助直观的三维虚拟可视化环境，将各类管理要素进行数字化表达，构建了一个快捷、高效、全面的工程建设管理信息平台，大大提高了沟通效率，为各级项目参与方迅速把握工程建设问题，做出正确决策提供了有力的工具，其主要架构和功能情况如下：

1. 技术架构和功能模块

（1）技术架构。系统以 Google Earth 为底层平台进行二次开发，利用卫片、航拍数据，结合已有各专业信息，构建三维实景数字沙盘和各功能模块，以满足不同使用场景及不同使用程度的需要。

（2）功能模块。项目工程管理平台主要包括进度、征地环保、安全质量、资源管理、辅助运维等功能模块，整合兼容公司现有各专业系统（如环境 SIRES、征地 AVGEO、设计和进度 CONSTRUTIVO 等），涵盖项目建设和运维移交两个阶段的管理功能，如图 15-1 所示。

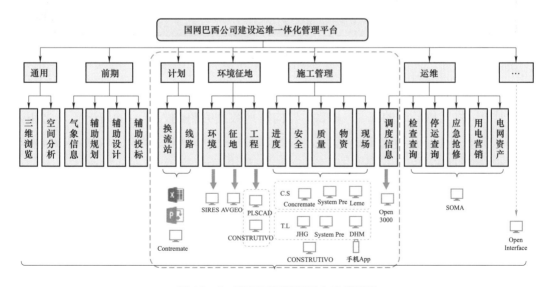

图 15-1　项目工程管理平台功能模块

2. 平台主要功能示例

（1）工程进度管理。工程进度管理主要包括项目总体进度管理、专项工作进度管理以及细分专业进度管理三级进度管理体系，结合三维 GIS 平台，将进度信息与空间要素信息紧密结合起来，提供多角度、全方位的工程进度管理功能，同时，定期进行自动监测与偏差分析，以便于制定科学合理、有针对性、切实可行的工作计划，也有助于对可能存在的阻工问题及时做出应对，降低潜在的工程延误风险。项目工程管理平台进度管理模块如图 15-2 所示。

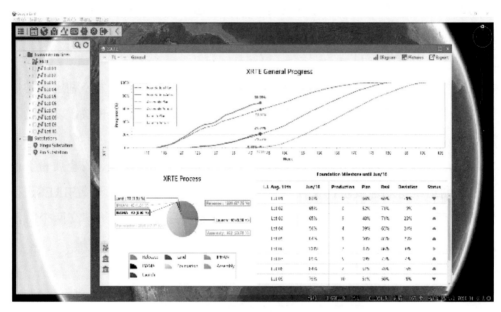

图 15-2　项目工程管理平台进度管理模块

（2）征地、环保和跨越管理。征地管理功能主要包括借助平台和征地信息数据库的结合，将工程沿线的海量、多源、异构征地数据完整纳入平台的统一管理之下，并将各种类型土地协议（征地协议、赔偿协议、土地资产信息等）进行一一对应存储和管理，为后续工作提供法律依据，实现地价评估、地主信息跟踪维护等。

环保管理功能主要包括整合全线自然保护区、天然洞穴、受保护动植物、社会人文、考古等信息，为项目全寿命环保取证和更新提供依据。

跨越管理功能主要包括整合各类型跨越信息，辅助精准定位跨越，制定跨越方案，并友好地向监管机构展示，利于及时获得跨越审批。

此外，通过该平台还实现了线路路径优化、风险管理、安全质量管理和资源管理等功能一体化集成，大大提升了项目信息沟通的效率。

项目工程管理平台征地、环保、跨越管理模块如图 15-3 所示。

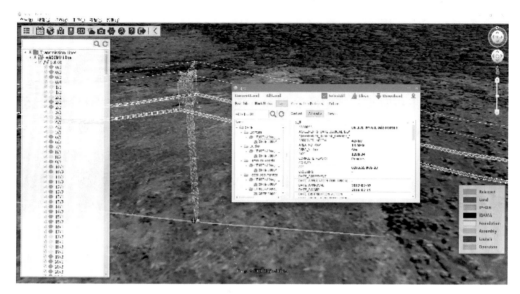

图 15-3　项目工程管理平台征地、环保、跨越管理模块

第三节　项目建设中的主要沟通事项及其管理

项目的建设管理中，沟通任务十分繁重和复杂，典型的挑战和克服措施主要有以下几类：

1. 线路跨越审批

项目线路长达 2539km，共涉及公路、河流、铁路、航空、输电线、输油管道等各种跨越 270 处，其中电力线路跨越 83 处、公路跨越 108 处、铁路跨越 9 处、大河跨越 11 处，均需要获得相关特许权机构和监管机构审批，沟通工作量十分繁重复杂。项目公司通过提前策划相关方案，加强高管和业务层面两个层面的沟通，聘请第三方专业公司及时报审等措施，确保了在施工计划进度前提前释放各类跨越审批，提前完成放线工作。

2. 沿线居民施工阻挠

项目开工后，在北部 PARA 州的第 1、2 标段陆续出现美丽山水电站安置移民、印第安部落居民围堵运输道路，烧毁过路桥梁等现象，严重阻碍了施工；南部的 10、11 标段处于里约州西北部人口稠密、社会环境复杂地区，盗窃及黑恶势力阻工现象时有发生。为此，项目公司高管直面问题，快速响应，多次亲自前往阻工现场，积极与当地政府及社区沟通，同时督促承包商改进社区关系、加强安保措施，最大程度减少了阻工影响。

3. 系统接口管理

巴西市场特许权运营商多，各个公司技术标准、管理流程不一致。往往在涉及系统接入接口等工作时没有特定的流程和规范，需要一步步与对方商讨决定，经常出现返工、怠工、拖延的现象。尤其是巴西大部分电力资产"年龄"较大，二次控制保护设备老化，图不符实的情况大量存在，给系统接入工作带来极大的困难和不确定性。因此，对涉及系统接口的工作，尤其是类似 π 接项目，成立了 2～3 人的专职工作队伍，主要工作包括图纸设计、设备生产、厂验、到货、安装，特许权接入的工程技术部门和现场运维的全链条，全方位，全天候协调。

对系统接口相关的设备和设计分包，为减少协调接口，可由二次设备供应商一家承担设备设计、生产和施工图设计，避免设备图纸和施工图纸不匹配问题，减少其中的技术协调界面。如送端欣谷换流站需要接入 4 家特许权公司，分别为 BMTE、NESA、HPP、LXTE，各特许权公司需审批的图纸均超过 40 册。在审批阶段，项目公司和设计分包商分别赴各特许权公司进行了 10 余次的直接沟通。在施工阶段，对于现场施工急需的图纸，与各特许权公司沟通同意了由项目公司先行施工，再根据施工情况更新竣工图的变通方案，确保了施工进度的有效推进。

4. 协调控制系统调试

项目首创的协调控制系统（Master Control）是项目的标志性成果，该系统要协调控制美丽山一期、二期项目两回直流、两个水电站超过二十台发电机组，以及巴西国家电网的东北交流大通道、南北交流大通道，所控制装机和输电系统容量占巴西全电网负荷超过 10%，巴西国调中心及巴西各电力公司高度关注。但是该系统的工程施工建设和系统调试等工作需要与多达十五家外部单位进行协调，沟通工作十分繁重。而在现场启动调试前还需要在巴西国调完成系统仿真试验，制定详细调试计划，并获得巴西国调批准。

从 2018 年 10 月～2019 年 2 月，项目公司组织电科院、经研院、中电装备公司和南瑞集团等相关单位参加，在巴西国调系统仿真试验室圆满完成 200 多项仿真试验和动态性能试验，保证了现场系统调试按计划顺利进行。2019 年 2 月开始，项目公司组建了由高管牵头的调试团队，与巴西国调反复沟通，促成建立了与巴西国调的周会联动机制，讨论技术收口、系统仿真试验、系统调试方案等各项工作。

2019 年 7 月 14 日 Master Control 系统完成全部试验，取代美丽山一期项目原有的 SEP 系统，正式接管美丽山一期直流线路的控制，投入运营。

综上所述，美丽山二期项目建设的沟通协调任务极其繁重艰难，项目有效的沟通管理帮助项目团队克服了无数的外部协调难题和障碍，保证了项目实施的总体进度，为美丽山二期项目高质量提前建成投运提供了有力的保障。

第四节　案　　例

一、与 Furnas 公司相关的受端四回交流线路 π 接接入协调

项目受端里约换流站接入 Furnas 公司的 4 回 π 接线路是工程直流功率转换成交流后的主要送出通道，其及时建成是确保大负荷试验能够进行的前提条件，决定了项目能够及时获得特许权收益，意义重大。按照巴西电力行业规定及特许权合同范围的规定，新建线路工程的业主需要负责对接入单位相关接口设备和线路的改造，而且所有与改造项目相关的新建设备、改造技术和施工方案、图纸等一切相关技术资料都要经过接入单位的审批通过后才能进行。Furnas 改造工程的规模很大，难度高，相关设计图纸审查工作量很大。同时，涉及的 Furnas 三个老变电站设备大多是 20 世纪 70 年代老设备，缺乏备品备件，甚至存在很多图不符实的情况。因此，Furnas 对改造各项工作极其谨慎。

Furnas 公司是巴西国家电力公司旗下最大的老牌电力公司，部门分工细、技术标准高、工作流程复杂、内部部门间常存在分歧。前期主要由其工程技术部门负责图纸审查、设备监造和现场监理等工作；后期其运维部和三个 π 接老站的现场工程师还要再次审查工程部已经审查通过的图纸（接线表，施工图等），经常出现图纸反复来回修改的情况，导致整个改造方案审查时间远远超出进度计划和常规时间，十分有可能延误项目的整体进度，正常业务层面的沟通已难以解决这一问题。

为此，项目公司果断提升沟通层级和密度，由国网巴控公司主要负责人等高层领导轮流亲自出面与 Furnas 总裁等高层进行沟通，加以推动，从 2018 年 8 月开始，与 Furnas 公司持续举行首席执行官半月会。

与此同时，项目公司的业务层面团队也与 Furnas 公司相关部门建立了现场周会协调会机制，推动对方通过联合办公、增加人员及周末加班等方式加快图纸审批、

图 15-4   Furnas 技术人员进驻南瑞
巴西公司进行工厂试验

工厂见证试验、现场安装、试验见证、验收等工作。

图 15-4 所示为 Furnas 技术人员进驻南瑞巴西公司进行工厂试验。

2019 年 7 月初，在技术核准的最后关键时期，为提升效率，项目公司一方面安排专人协同设计分包、设备厂家、施工单位进驻 Furnas 老站与对方运维部门进行现场设计交底，发现问题立刻修改，尽量减少现场运维人员对图纸消化时间。另一方面紧急动员分包商西门子巴西、南瑞巴西等加人加班，加快推进里约站 Furnas 区域涉及基础设施共享协议的技术改造工作。

最终，在项目整体进度范围内，分别于 2019 年 8 月 11 日和 10 月 13 日完成第一次和第二次 π 接工作，确保了项目提前投运、提前获得特许权收益。

二、美丽山二期项目线路跨越工程建设的协调沟通管理

跨越工程是线路工程中的难点，涉及前期沟通、特殊设计与专门采购、提交跨越方案，沟通解释获得监管机构批准，安全施工等。被跨越设施管理单位或特许权公司通常会对跨越设计、施工、维护提出具体要求，以减小对被跨越设施的影响，其中跨越许可工作的申请和批复往往需要花很长时间。

项目输电线路共实施了 271 个重要跨越，包含 80 条输电线路，11 条河流，13 条天然气管道和石油管道，43 个小机场，115 条高速公路和 9 条铁路。

1. 巴西对线路跨越工程的技术要求

跨越铁路、公路、航道、输电线路等设施安全距离的计算条件为：夏季高湿度气候、导线最高运行温度、50% 置信度不超过设定的场强和电晕电流值。安全距离考虑导线至道路平面、电气化铁路接触网、河道丰水期最高水位的距离。在最高运行电压 ±830kV 情况下，考虑最大允许场强为 20kV/m。

在选线时，如果临近机场，包含私有小机场，需要事先对飞机跑道与线路走向

的相对位置进行测绘。设计要符合巴西法规《Portaria nº957/GC3 de 09/07/2015》要求。跨越或临近水管、燃气管道、输油管道时，需要向相应管理机构报送影响研究报告并得到批准。

　　在项目直流线路的跨越工程中,沟通协调工作比较复杂的个案类型有跨越巴西海军管理的大河,跨越其他特许权公司管理的重要高速公路,以及部分被跨越设施业主对金具材料个性化要求比较复杂,其沟通协调解决过程和方式各具特色,以下各举一例。

　　2. 案例1——托坎廷斯河大跨越工程

　　托坎廷斯河（Rio Tocantins）为巴西的第三大河流,发源于戈亚斯州的阿尔马斯河,向北流经戈亚斯州、托坎廷斯州、马拉尼昂州、帕拉州,注入帕拉湾。全长2640km。托坎廷斯河是巴西主要水运通道,河流上建有多座水电站和重要大坝,是巴西重要的基础设施之一,托坎廷斯河道航运由巴西海军负责管理。托坎廷斯河水文流域示意图如图15-5所示。

图 15-5　托坎廷斯河水文流域示意图

（1）前期申请阶段。托坎廷斯河大跨越工程位于美丽山二期线路第 5 标段（直流线路标段），托坎廷斯州 Porto Nacional 市，跨越长度约为 1.136km。

项目公司了解到大河跨越的审批通常需要至少 1 年时间，故于 2017 年初即与巴西海军接触，巴西海军原则上支持作为巴西国家基础设施的美丽山二期项目的施工跨越，但其尚未制定河道通航发展规划，故要求项目公司为其编制托坎廷斯河未来 10 年通航发展规划（研究分析跨越线路在未来十年对该河道通航能力的影响）等作为审批的支撑性文件。

（2）特殊设计与专门采购。项目公司组织当地工程咨询公司 Ginamo 公司编制河道通航能力发展规划报告，按照巴西海军的要求重点分析论证河流的最高水位、最大吨位船只通行可行性等，并确保建成后导线弧垂最低点至水面距离不低于 26m。

委托当地设计公司汇总整理大河跨越许可申请文件，包括跨越地形文件、平断面图、基础草图、基础分析、警示球警示灯安装草图、该流域通航规划研究、跨越点可通航性研究等资料文件。

同期向巴西环保署提出河道两侧的塔位施工的申请，根据巴西环保署的意见，对原设计方案做出了修改：增大了大跨越档距以避开河道两侧的自然保护区，这样就更加增加了塔高和塔重，材料成本和施工费用有所增加。

（3）获取跨越许可过程。巴西海军的审批时限是三个月给出审查意见，且通常需要多轮修改。经过一年多与巴西海军的多次解释、说明和请其现场查验，在 2018 年 6 月 25 日最终获得巴西海军部门批准。

2018 年 6 月 26 日开始施工，2019 年 3 月 14 日托坎廷斯河跨越工程全部完成。

（4）设计主要参数。大跨越采用耐—直—直—直—直—耐的形式，端点为 2 基 RAT8 耐张塔，耐张段总长 3882m。大跨越段档距 1136.1m，两个跨越塔采用相同设计，均为高强度角钢 STT8 重型悬垂自立塔，塔高 161.15m，塔重 184.7t，是美丽山二期项目中最高最重的铁塔。

建成后，托坎廷斯河大跨越导线弧垂与最高水位水面距离 27.28m，航道可通航船只最大高度 20m，满足托坎廷斯河通航要求。建成后的托坎廷斯河大跨越工程如图 15-6 所示。

图 15-6　建成后的托坎廷斯河大跨越工程

托坎廷斯河大跨越卫星地图如图 15-7 所示。

图 15-7　托坎廷斯河大跨越卫星地图

3. 案例 2——杜特拉总统高速公路跨越工程

项目线路工程的新建交流输电线路（线路第 11 标段）施工需要跨越里约市至圣保罗市的杜特拉总统高速公路。

杜特拉总统高速公路（Rodovia Presidente Dutra），长约 402km，是巴西全国最繁忙的高速公路，包括圣保罗和里约热内卢等 36 个城市在内的大约 2300 万人居住在高速公路周围。自 1951 年建成以来，该高速公路一直伴随着巴西经济和社会发展。如今，巴西约有 50% 的国内生产总值在通过该公路流通。

（1）前期申请阶段。对于杜特拉总统高速公路申请许可工作，项目公司需要协助该高速公路特许经营权公司向巴西交通运输部申请许可，向巴西国家陆地运输管理局申请跨越施工许可，故相对于公营的大河跨越申请多了一个环节。按照高速公路特许权公司的要求，项目公司提交了一系列报告材料，包括塔型、塔高、塔位的设计资料，施工对交通影响评估报告，跨越方案（施工方案、施工期间的隔离和安全保障措施，施工工期和建议施工时间）等。

杜特拉总统高速公路示意图如图 15-8 所示。

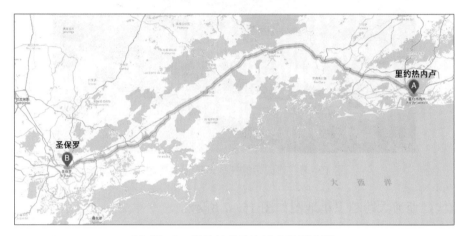

图 15-8　杜特拉总统高速公路示意图

（2）施工阶段。由于是在巴西最重要的高速公路上实施跨越工程，项目公司仅能在 6 个工作日的施工窗口完成跨越放线。该跨越工程在 2019 年 4 月 15 日启动，利用交通低谷期短暂封路，在公路中间绿化隔离带及公路两侧搭设跨越架，在公路特许权公司现场协调下，历经 6 个连续的施工日于 4 月 20 日完成跨越段的线路放线。

图 15-9 为在高速公路中间搭设跨越架用于 500kV 双回路导线展放。

图 15-9　在高速公路中间搭设跨越架用于 500kV 双回路导线展放

第十六章

项 目 风 险 管 理

第一节 项目的主要风险

美丽山二期项目实施期间面临着更多的风险,外部环境不确定性因素较多:① 巴西宏观经济环境波动较大,通货膨胀较为严重,汇率波动较大、且处于下行趋势,经济整体形势不乐观,大规模融资困难,这也是导致巴西很多大型基建项目一再推迟甚至停滞的主要原因。② 巴西当时的政治、社会环境也不太稳定,政府因受到巴西国家电力公司"洗车"腐败案的连带,多名政要涉案,总统也被启动弹劾流程,导致下滑的经济雪上加霜,巴西国家的信用评级也调低为不宜投资级,社会及经济动荡加剧政治风险。③ 环保监管极其严格,项目沿线社会群体复杂,土地权属分散、产权所有者极多,线路大跨越多。④ 工程外部接口单位多,劳工保护严格等。因此,项目公司须对汇率、环保、征地、采购等众多风险具备强有力的管控能力。

在整个项目建设过程中,项目公司从前期环评到工程投产全过程共辨识出 338 个风险点,按发生领域分为图 16-1 所示的 10 个类别。其中 217 个风险点得到有效解决从而未能实际发生或未对项目建设造成影响;对于 121 个无法避免的风险(如全国性的卡车司机罢工、反常的雨季气候等),项目公司对每个风险都预先制定应对方案,将风险对项目的影响降低到最低程度,并确保其不会衍生其他风险,从而未对项目建设造成较大影响。

图 16-1 项目主要风险类别

通过风险监测发现了若干重大机会,如巴西国家开发银行推出新的基建项目支持性融资政策等,这些虽然并非直接适用于美丽山二期项目,但通过项目公司争取,最后大多都成功抓住了机会,对项目的成功建成和整体绩效提升起到了重要作用。

项目风险管理体系包括风险管控制度、风险识别、风险分析和风险应对四个环节。

第二节 项目风险管控制度

国网巴控公司一向高度重视项目的风险管理,专门制定了绿地项目风险管理制度(Green Field Project Risk Management Rule–SGBH–PM–RU2013–002),详细规定了绿地项目风险管理的规范和标准,这些规范和标准适用于旗下所有绿地输电项目特许经营权公司。

国网巴控绿地项目风险管理制度封面如图 16–2 所示。

图 16–2 国网巴控绿地项目风险管理制度封面

项目风险管理流程如图 16–3 所示。

鉴于项目的重要性和规模,项目公司进一步制定了项目风险管理流程和全套风险管理工具,并聘请德勤公司作为风险管理顾问参与项目建设阶段的风险管控工作。

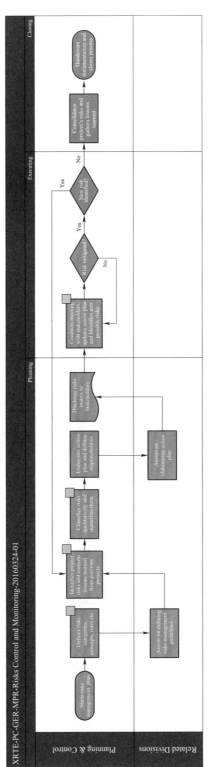

图 16-3　项目风险管理流程

项目公司风险管控工作主要包括辨识项目风险点，持续监测所有风险点的进展情况、逐一加以分析，制定相应的应对策略和行动计划建议，记录、保存和更新风险登记册，编制整个工程建设的经验教训记录。

第三节　项目风险识别

　　项目所处的的内外环境与国内差别较大，项目风险来源不相同，因此需要对项目的风险点进行全新的识别和定义。在项目前期，项目公司采用同业对标、调查问卷、专项会议、现场调研等方法，从环评到工程投产全过程各阶段可能出现的风险点进行辨识和分类并登记成册，形成最初的风险登记册。

　　对于在风险登记册中记录的每一个风险点，都标注其性质是属于威胁还是机会，风险点所处的专业领域、负责的部门、发生的地点，以及对导致该风险发生的原因、风险的表现、风险事件发生后对项目的影响（冲击）进行描述，为下一步进行风险分析和策划风险应对方案打下基础，如图16-4所示。

No.	Threat / Oppo	Process	Responsible Division	Location	Cause Description (If CAUSE exists…)	Risk (An EVENT may occur)	Impact (Leading to EFFECT)
1	Threat	SE	Planning	All	Due to a lack of commitment of CET regarding the dates already assumed, as per clauses 10.4.1, 38.2, 25.2, 53	Milestones can be delayed	Leading to - Project delay
2	Threat	SE	SE	All	Lack of commitment of CET regarding the delivery of equipment technical specification for XRTE analysis	These equipment may not fulfill the Brazilian requirements	Leading to - Adjustments to the equipment on site - Possible claims from subcontractors
3	Threat	SE	XRTE	All	Due to not having a clear division of responsibilities	XRTE might have concurrent activities	Leading to - Unnecessary rework - Loss of productivity - Not executing required tasks
4	Threat	SE	SE	All	If CET is not capable to manage their subcontractors	XRTE may have to take the lead of corresponding contracts	Leading to - Loss of quality - Subcontractors' claims - Insufficient management team
5	Threat	SE	XRTE	Rio	If XRTE takes too much time to define Rio electrode specifications and location	A delay in its approval by competent agencies may occur	Leading to - Project delay - Lack of work front for contractor - Lack of technology for marine electrode
6	Threat	SE	Environmental	Rio	If the substation layout and / or location is changed	Updates to the LI documentation may be necessary	Leading to: - Delay in obtaining the LI - Project delay - Impact on TL LI
					Due to differences between	The project may not meet	Leading to - Rework

图16-4　项目风险登记册部分截图

　　在后续实施的过程中，项目公司各业务部门分别负责各自专业范围内的项目环境和风险点的持续监测工作，包括对原有的未解决风险点的进展情况的监测，以及对新风险点的辨识。一旦发现有新的风险点出现，则及时补充进风险登记册；对于已经解决的或未发生的风险点，则及时在"风险登记册"中标记。建设阶段共识别出 10 个领域、338 个风险点。

第四节　项 目 风 险 分 析

对已识别出并记录在风险登记册上的风险点，各专业部门分别对各自负责的风险点进行定性和定量的分析。

一、风险点定性分析

对某一周期内辨识出的所有风险点的性质和领域进行定性分析和分类统计，例如对于某一时期辨识出的所有 170 个风险点，风险点的性质分为中性、机会和威胁三类，如表 16–1 和图 16–5 所示。

表 16–1　　　　　　　　　　项目风险定性分析分类统计表

领域	中性	机会	威胁	合计
Environment（环境）	1		14	15
Finance（财务）	2	1	23	26
Land（征地）		1	8	9
Legal（法律）			5	5
Planning（计划）		1	13	14
SE（换流站）	1	3	57	61
SE–TL（换流站与线路接口）			1	1
TL（线路）	1	1	35	37
XRTE（项目公司）		1	1	2
合计	5	8	157	170

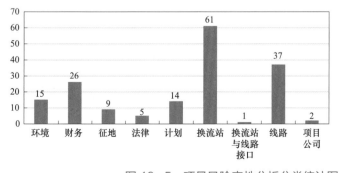

图 16–5　项目风险定性分析分类统计图

值得注意的是，并不是所有的风险点都会对项目建设造成负面的影响，也存在可能对项目建设带来正面效益的机会风险点，如上所述该时期 170 个风险点中，有 8 个属于机会风险，占比约为 5%。

二、风险定量分析

完成风险点的定性分析之后再进行定量分析，包括对风险发生的可能性和若发生则对项目影响的规模两个维度进行分析和评估，并根据分析结果对每个风险点的发生可能性和影响规模的大小进行定量评级。

其中每个风险点的发生可能性，由项目公司负责该风险点的专业部门对该风险在之后 12 个月内发生的概率进行分析评估，进行加权平均获得该风险可能发生的概率，再按照如表 16-2 所示的风险发生概率等级表，对该风险点发生的可能性，从小到大分为五个等级。

表 16-2   项目风险发生概率等级

分级	潜在风险	概率
ALMOST CERTAIN	Likely to occur frequently	>90%
LIKELY	Likely to occur several times a year	50%～90%
POSSIBLE	Possibly oc urs once a year	10%～50%
UNLIKELY	Likely to occur once every few years	5%～10%
RARE	May occur once in 5 years	<5%

每个风险点一旦发生，其对项目的成本、进度、范围和质量等四个主要目标的实现都有规模程度不等的影响，所以对上述四个目标的影响大小都要分别进行分析、评估和分级，然后再加权获得该风险点对项目各主要目标的影响规模的定量评估，表 16-3 为风险影响规模等级表。

表 16-3   项目风险影响规模等级

Project Goal	Numeric or relative scale				
	Very low（5%）	Low（10%）	Medium（20%）	High（40%）	Very high（80%）
Cost	Not significative increase of cost	Increase<10%	Cost increase between 10%and 20%	Increase cost between 20%and 40%	Increase more than 40%
Time	Not significative increase of time	Increase<5%	Time increase between 5%and 10%	Increase time between 10%and 20%	Increase time more than 20%

续表

Project Goal	Numeric or relative scale				
	Very low（5%）	Low（10%）	Medium（20%）	High（40%）	Very high（80%）
Scope	Almost imperceptible decrease of scope	Less important scope areas affected	Important scope areas affected	Scope reduction unacceptable by the Sponsor	Project final item useless
Quality	Almost imperceptible degradation of quality	Only less critical aplications are affected	Quality reduction require Sponsor approval	Qualiry reduction unacceptable by the Sponsor	Project final item useless

表 16-3 中，对某风险点对项目各主要目标的影响规模，从小到大分为五个等级：如该风险发生后，对项目成本增加几乎没有什么重大影响，则定级为非常低，定量值记为 5%；如使项目成本的增加小于项目成本目标的 10%，则定级为低，定量值记为 10%。依次类推，对项目成本的影响规模的等级，从小到大也共分为五级，定量值分别记为 5%、10%、20%、40%、80%。每个风险点对项目其他三个目标的影响规模的等级也同样如此分为五个等级，各个等级的定量值也记为相同的数字。

由于项目风险点众多，为形象直观地显示和比较各个风险点的定量值，在得到每个风险点的风险发生概率和影响规模等级定量值后，以气泡图的方式，将各个专业的所有风险点分别汇总显示在同一张气泡图内，以便直观把握、能够迅速发现重要的关键风险点，如图 16-6 所示。

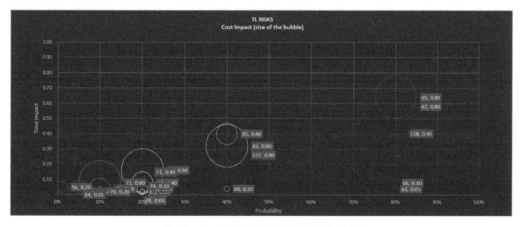

图 16-6　项目线路工程风险点气泡图

根据图 16-6，识别出某一时期项目的所有风险点，按照其发生概率、对进度的影响等级、对成本的影响等级等三项指标的定量值汇总显示的气泡图。其中每一个圆形气泡就代表一个风险点，气泡的大小与该风险点对项目成本的影响规模等级值成正比，气泡圆心的横坐标值是该风险发生的概率值，纵坐标值是该风险对项目进度的影响规模等级值。每个气泡旁边标签里的两个数字，左边数字是该风险点在风险登记册中的序号，右边数字是该风险对项目成本的影响规模等级值。因此，在图中越靠近右边的气泡代表的风险发生的可能性越大；越靠近上面的气泡对项目进度的影响越大；而气泡越大，对项目成本的影响就越大。

通过上述直观形象的项目风险展示方式，使得项目公司能够迅速辨识项目重要的关键风险点，从而能够将更多的精力和资源投入到关键风险点，策划和实施相应的风险应对方案。

第五节　风　险　应　对

对于辨识出的项目风险点，项目计划与控制管理团队则根据分析结果，对每个风险点逐一策划形成风险应对方案，记录在风险登记册上，并在项目公司周例会上就当周的项目风险管理总体情况、重要风险点的进展和应对实施情况以及新发现的重要风险点的分析结果和建议应对方案向项目公司高管进行汇报，根据周例会的研究意见，对各项目风险应对方案等进行调整，最后按照最新的应对方案具体实施落实。在实施风险应对方案的过程中，要持续监测方案实施的效果和风险本身的变化情况，并根据最新情况及时更新风险登记册，如图 16-7 所示。

	A Risk No.	H Risk Description	I Impact	J Strategy	K Action Plan (AP)
57	56	Overdue payments may occur	Leading to - Fines and interests - Impacts in subcontractors' cash flows	Mitigate	- Stablish clear rules for payments; - Follow the contractual payments steps, durations and milestones.
58	57	Revision of the whole supply scope of 10 contractors may occur	Leading to - Cost increase	Mitigate	- Follow contractual clauses, as the technical specification attached on the contract already considered the cable changes; - Cross check all contractual attachments signatures.
59	58	Revision of the whole supply scope of 10 contractors may occur	Leading to - Cost increase	Accept	- Agreed with all contractors the change of class from A to B. - Less cost for contractors - Formalize change order
60	59	A long process (6-12 months) to homologate this type of cable may occur	Leading to - Delay in cables installation	Avoid	- Technical meetings on going confirming the mandatory of ANATEL's homologation for all cables
61	60	Contractors may exceed limits determined by the government	Leading to - Fines - Loss of financing advantage (if more than 10%)	Avoid	So far, as informed by the Finance Division, the request to increase the amount for 15% was not approved by XRTE
62	61	XRTE will not be able to analyze and approve them on time	Leading to - Overdue payments to contractors and suppliers - Cash flow impairment - Delivery delays	Mitigate	- Technical meetings on going to define all suppliers; - Follow up the results.

风险应对策略　　　　　　　　风险应对行动方案

图 16-7　项目风险登记册应对方案部分截图

对于机会风险，值得应对的、价值大的机会风险很少，因此只在有价值的机会风险出现时，才会组织专人应对，日常只做常规监测。

项目的风险应对工作，日常针对的主要是威胁风险的应对，威胁风险的应对策略，主要分为规避、转移、减轻和接受四种。

在项目长达超 2500km 的线路沿线要经过很多自然生态保护区或者原住民社区，在这种情况下有两种方案：① 直接穿越过去，这样路径短，节省成本，施工进度快，但巴西环保署对此方案大概率要启动环境审查，而评估时间的长短很不确定；② 绕过去，这样线路长度因绕路而要延长，增加成本，施工时间也会加长，但可以避免巴西环保署对此方案启动评估。对于这类情况，项目只要有可能，就选择绕路方案，彻底规避巴西环保署启动评估可能严重影响项目进度的风险。

风险转移也是项目公司大量使用的风险应对策略，包括通过合约将有关风险转移给承包商来处理以及购买保险等，虽然需要为此增加了支付成本，但却能规避一些重大风险。例如，项目公司与各 EPC 承包商签署的都是固定总价合同，尽可能地将大多数项目实施过程中的成本风险转移由承包商应对，而且事实也证明承包商最有能力和动力来应对这些风险。

项目 EPC 承包合同约定的主要风险责任分配如表 16-4 所示。

表 16-4   项目 EPC 承包合同约定的主要风险责任分配

业主承担的主要风险	承包商承担的主要风险
• 导线原材料——铝材的价格波动风险； • 未获得预定的税务优惠政策； • 因环保、征地原因，导致工程延期投运、路径长度变化、工程量变化和设计变更等； • 甲供设备材料价格波动和不能按期运达现场； • EPC 承包商由于财务状况等原因破产，致使重新招标选定新的承包商，耽误工期，增加造价	• 负责采购的设备材料价格波动； • 人工、设备租赁等成本波动； • 非环保、征地和业主原因，导致的延期投运、路径长度和工程量变化和设计变更等，包括：① 地质、水文、气象参数变化，如过长的雨季导致窝工等；② 变电站系统设计、设备参数、导线配置、线路电气距离、施工措施和组织等方案变化，或原方案未获得监管部门批准

风险减轻是项目风险管理应用最多的应对策略，大多数风险既不能完全规避，也无法完全转移，只能通过采取一定的措施来降低风险发生的概率和减轻风险的影响。一般首先考虑的是降低风险发生概率的各种应对方案，比如在项目中采用加强沟通协调、加强检查、事先审批、聘用第三方监督审计等措施，来降低各种差错、舞弊等风险的发生可能性；对某些无法降低风险概率的事件，如巴西卡车司机罢工、政府换届等外部事件，项目公司就坚持底线思维，策划如何减轻这些事件发生后对

项目的影响的各种应急预案。

此外，对很多对项目标实施影响很小的风险，如大部分征地谈判价格在一定幅度内的变化，就采用接受策略，对其定期检查、监测，在时间和资金上预留一定的通用风险储备即可，不专门采取特殊措施。

在风险应对的具体实施中，项目公司根据风险的重要性和类别的不同，安排不同的领导或专业部门负责，做到每个风险点都有专人负责管理，包括组织实施应对方案和持续监测应对方案的实施效果和风险本身的进展变化情况，评估实施效果，根据评估结果和最新情况提出应对方案调整建议，更新风险登记册相应记录等，确保每个风险点的应对实施都能闭环落实。

第六节　风险管理的主要挑战和应对措施

风险管理是项目管理的灵魂，项目公司始终把对各种风险的预判和应对方案的策划放在建设管理工作的首位，要求各业务团队对所有风险事件都坚持做到提前预判、提前策划、提前应对；对于事关全局，对项目整体目标可能有严重影响的各类风险，项目公司主要领导则亲自挂帅负责，提前布局、多方沟通、全面准备、抢先处置，力争消除各类风险对项目建设计划目标的负面影响。

通过上述全面的风险管理体系建设和认真的贯彻落实，项目建设中的绝大部分风险事件都得到了有效管理，没有对项目建设整体目标造成负面影响。

项目公司也遇到了少数几次极难预料、完全无法控制其发生、且对项目实施整体目标带来严重挑战性的外部事件，常规风险管理手段难以应对，这些事件给项目的风险管理带来了极大的挑战，主要包括：

（1）由于总统被弹劾、政府换届导致环保审批极度拖延，严重威胁项目进度。

（2）工程首尾两个标段一个位于亚马逊雨林地区，另一个位于南部山区及里约城乡接合部，施工难度极大，进度较预期延迟，既是威胁，也是机会，挑战前所未有。

（3）巴西国家开发银行 2018 年推出新的基建项目支持性融资政策，相对原有政策条件可以较大降低项目整体融资成本，但并不完全适用于美丽山二期项目，而此时项目融资方案已经基本成熟，且优于原商业计划目标，属于重大机会。

对于这种近乎突发，而且对项目整体目标有重大影响的外部风险事件，项目公司创新各种风险应对措施，顽强拼搏，坚持到底，最终都成功战胜了挑战，既避免了重大威胁，又完美抓住了重大机会。对这三个事件的具体应对，可详见进度管理、成本管理等部分的相应介绍，纵观团队对这类事件的应对措施和过程，可以总结以下三条经验：

（1）这类风险事件的发生具有较大的突然性，通常是在出现时才能发现，难以提前预测，而且因为对项目整体影响重大，应对策略是：① 要全面预判该风险事件可能引发的全部次生风险，必须全面控制次生风险的发生和蔓延，要杜绝发生连锁反应；② 必须根除缝缝补补，寄希望于外部的消极等待思想，要对项目后续的整体工作安排进行全面系统的调整，做好全面准备。

（2）坚持底线思维，做好底线准备。要尽最大可能策划各种降低风险事件影响的应对预案，推演预判在各种预案应对下风险事件可能造成的最大负面影响，研判对最差结果的可接受度，以及最差情况下需要在物资、人力和时间等方面做好哪些储备，以做到心里有底，并提前做好各种相关储备，以防万一。

（3）项目公司一定要非常熟悉当地国情、监管规则以及相关方的审批流程和决策程序，以便在合规前提下及时根据项目进度调整协调沟通策略。

（4）对此类风险事件的应对，必然艰难异常，漫长持久，项目团队一定要有坚强的意志、斗志和韧劲，绝不能有绝望、厌战、听天由命、自我开脱等各种懈怠心理，一定要坚持到底，即使到最后一刻也绝不放弃。

第七节　风险管理的作用

项目的风险管理工作有力地保障了项目的顺利实施，在项目实施过程中，前后共有 338 个风险点被及时识别、分类和鉴定，并全部得到有效管理，其中 217 个风险通过提前防范，没有实际发生或未对项目实施造成影响；对 121 个无法避免的风险事件（如全国性的卡车司机罢工、反常的雨季气候等），则得益于提前制定和实施的各种应对方案，将风险事件对项目建设的影响降低到了最低，并确保不发生次生风险，未对项目整体目标的实现造成负面影响。而且，项目公司抓住了新的优惠融资政策推出的机会，大大地提升了项目的整体绩效。

项目富有成效的、贯穿始终的风险管理，确保了项目安全可靠、质量优秀、成本可控、进度超前的整体目标的实现。

第十七章

项 目 采 购 管 理

第一节 项目采购管理的流程和工具

项目建设所需的所有设计、施工、征地、环评等各种服务和所有设备、原材料全部来自外部采购，项目建设的各项组织和管理工作也都是依据具体的采购合同条款约定，通过各 EPC 承包商和供应商来落实，项目公司制定的采购管理制度和流程如表 17−1 所示。

表 17−1 项目采购管理制度与流程

序号	名目	中文名	内部制度/管理流程
09.1	PROCUREMENT RULE	采购管理制度	内部制度
09.2	CONTRACT MANAGEMENT	合同管理制度	内部制度
09.3	CONTRACT HANDOVER	合同移交流程	管理流程
09.4	KICK−OFF MEETING	启动会（承包商）	管理流程
09.5	MEASUREMENT	测量控制流程	管理流程
09.6	CLAIMS MANAGEMENT	索赔管理流程	管理流程
09.7	CLAIMS ANALYSIS	索赔分析流程	管理流程
09.8	CONTRACT ADJUSTMENT	合同变更流程	管理流程
09.9	CONTRACT TERMINATION	合同关闭流程	管理流程

其中，两项管理制度是项目采购管理体系的总纲：采购管理制度详细界定了采购管理的总体框架，包括采购管理责任部门、采购内容、采购方式以及采购实施的流程等；合同管理制度则专门规定了各类合同的审批、用章编号、合同变更、合同移交、变更、归档关闭以及合同管理流程等行政管理方面的内容，以确保数量庞大的各类合同的管理规范、完整、有序。

项目公司对各项采购合同的具体执行过程和结果进行管理控制，其中对所采购服务和产品的进度、质量、成本等的控制管理是按照项目管理体系中的范围、进度、质量、成本、资源等相应领域的管理办法和工具执行，并通过采购合同具体条款约定各项服务和产品供应商必须遵守项目公司的项目管理体系，接受项目公司在此项采购中的管理。

对在项目管理其他知识领域中没有包含的、采购控制特有的管理活动或者需要强调补充的管理活动，项目公司制定了专门的流程和工具表单，包括表 17-1 中列出的合同移交流程、承包商启动会、测量控制流程、索赔管理流程、索赔分析流程、合同变更流程、合同关闭流程，以确保对各项采购的控制更加规范和全面。项目合同移交流程和项目采购合同变更流程如图 17-1 和图 17-2 所示。

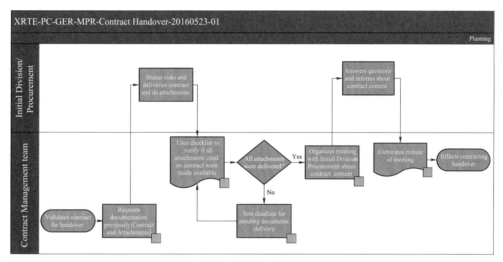

图 17-1　项目合同移交流程

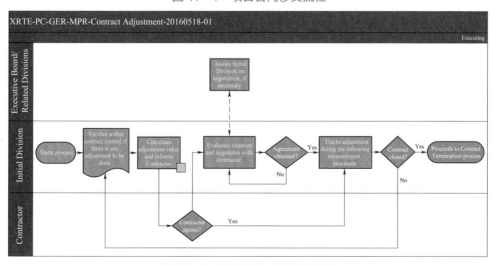

图 17-2　项目采购合同变更流程

<h2 style="text-align:center">第二节　项目的采购规划</h2>

一、采购策略的确定

项目采购规划主要包括确定采购策略，编制采购管理计划和招标文件等。采购策略的确定必须符合项目的战略需要，从国家电网公司参与美丽山水电站送出项目的方案策划工作伊始，项目的定位就确定为推动世界能源领域认可中国特高压技术，为今后更广泛的产能合作打造样本。

直流特高压输电工程的核心技术和装备主要集中在两端的换流站，实现项目战略定位的关键是能否有效地将中国的直流设计能力、设备制造能力、施工技术、工程控制系统集成与调试、运行维护管理和经验进行系统性整合，通过换流站工程EPC 和换流站安全稳定运行维护展现出来，因此在 EPC 招标中，通过建立供货商短名单确定具备特高压直流业绩的三家合格供应商：ABB、西门子、中电装备。本着公开公平最优价格中标原则，鼓励中国核心技术和装备供应商积极参与美丽山二期项目供货。

同时，国家电网公司作为央企，肩负着服务和推进"一带一路"建设，在海外推进国际产能合作的重任，美丽山二期项目是一个很好的抓手。所以明确项目建设必须坚持遵循"共商、共建、共享"的核心理念，尽量做到本地化运作，同时把中国高端的核心电力装备"带出来"。而作为重要的目标融资合作方之一的巴西国家开发银行，对项目的本地化采购比例也有达到项目投资总额 50%以上的政策要求。经过仔细研究和测算，巴西不能生产或产能不足的部分特高压直流核心设备如换流阀、直流控制保护、高端换流变压器等，中国厂家有技术和价格优势，且已经在中国的特高压项目中经过了多年考验，也具有运维优势。而常规的交流场设备，在当地采购具有价格优势和后期的质保便利优势。因此，项目最后确定的采购策略是核心直流设备采用巴西境外（主要是中国）采购。其他价值占总投资近 70%的低端换流变压器、交流设备、材料和施工服务在巴西当地采购。

国网巴控公司在此前多个巴西绿地项目实施的经验教训表明：在巴西经营的输电工程 EPC 承包商多数资金实力不够强，难以承受线路工程的铁塔钢材和导线铝材的国际市场价格波动，如按照 EPC 惯例由承包商负责这两项主材的采购，容易影响项目的顺利建设和引起索赔等纠纷，风险较大，因此决定由项目公司来承担这两项采购的风险，由此明确项目采购策略第三项内容：线路工程的塔材和导线由项目公司采购。

美丽山二期项目的采购策略如图 17-3 所示。

美丽山二期项目的采购策略
● 本着公开公平最优价格中标原则，同时鼓励中国直流技术和装备方积极参与美丽山二期项目EPC建设供货。
● 常规设备、材料和施工服务在巴西当地采购。
● 线路工程的塔材和导线由甲方采购。

图 17-3　项目的采购策略

二、采购管理计划和招标方案的编制

项目建设需要采购的物资和服务主要包括：换流站工程和线路工程的 EPC 总承包服务，工程所需的各种设备、配件和原材料等物资，以及设计、监理、环保、征地、融资、法律、管理等各种专业服务三大类。采购方式主要为招标采购。

投标前，在国家电网公司总部指导下，国网海外直流工程建设领导小组在巴西前方组建美二项目竞标委员会，负责组织预合同采购工作：国网巴控公司在进行项目特许经营权投标前就需要确定好上述大部分采购的供应商，并与之签订预合同，一起捆绑去投标，即项目主要采购工作在投标前就要完成。在确定上述采购策略后，国网巴控公司拟定了业主采购管理计划，明确了采购内容、方式、工作分工和承担单位等，如表 17-2 所示。

表 17-2　　　　　　　　　　项目业主采购管理计划主要内容

采购内容	采购方式	主要采购管理工作	负责单位
换流站 EPC 总承包，包括：勘测，工程设计，成套设计，所有设备、材料采购，土建施工，安装工程施工，调试	分 1 个标段招标采购	EPC 招标文件编制并发出	国网国际公司、国网巴控公司
		技术规范书编制、修订	国网经研院
		技术规范书审核	国网直流建设部
		EPC 预协议编制、修订	国网巴控公司
		保密协议起草并发出	国网巴控公司
		实施招标、澄清、评标、价格谈判、签订预协议	国网国际公司、国网巴控公司、国网经研院

采购内容	采购方式	主要采购管理工作	负责单位
线路 EPC 总承包，包括勘测，施工图设计，除塔材和导线以外所有的设备、材料采购，土建施工，铁塔组立、放线施工，调试	分 10 个标段招标采购，每家最多 3 个标段	EPC 招标文件编制并发出	国网国际公司、国网巴控公司
		线路工程量初步测算，技术规划书编制、修订	国网巴控公司、巴西当地设计公司
		线路、环保现场考察	国网巴控公司、巴西当地设计公司
		EPC 预协议编制、修订	国网巴控公司
		实施招标、澄清、评标、价格谈判、签订预协议	国网国际公司、国网巴控公司
输电导线	招标采购	发出询价书	国网巴控公司
		获得各供应商提交的技术方案和第一轮报价	国网巴控公司
		完成招标、评标、价格谈判、签订预协议	国网巴控公司
铁塔钢材	招标采购	发出询价书	国网巴控公司
		获得各供应商提交的技术方案和第一轮报价	国网巴控公司
		完成招标、评标、价格谈判、签订预协议	国网巴控公司
环评服务商	分 1 个标段招标采购	实施询价、预审、澄清、谈判、签订预协议	国网巴控公司
征地服务商	分 3 个标段招标采购	实施询价、预审、澄清、谈判、签订预协议	国网巴控公司

根据上述采购管理计划，除了铁塔钢材、导线这两项主材以及环评、征地等专业服务商是由业主直接采购的以外，项目建设所需的其他所有设备、原材料和勘测设计、施工等服务都是由中标的换流站和线路工程 EPC 承包商负责采购。所以，国网巴控公司明确要求中标的的各 EPC 承包商必须首先策划编制包括承包商采购管理计划在内项目建设管理大纲，采购管理计划要明确承包商采购内容目录、进度计划、供应商名录、采购质量管理办法等内容，报项目公司审批后方可执行，如图 17-4 所示。

.8 采购管理

·8.1 管理原则

1) 本项目的采购包括非物资类采购和物资类采购，其采购管理工作流程详见附件三。非物资类采购包括设计分包采购、施工分包采购、监理采购、工程咨询服务采购等；物资类采购包括换流站的所有设备和材料。

2) 项目部应根据工程进度要求编制项目采购计划，第二事业部工程2部审核，分管领导批准后报送经营法律部。经营法律部负责组织采购工作。

3) 总承包项目部根据招标结果，负责办理采购合同签订相关手续，包括草拟物资采购合同和技术协议初稿，办理法人授权委托，组织召开合同谈判和签订会议。

4) 监察审计部负责采购过程中的监督工作。

5) 分包合同签订后，项目部应建立物资采购、合同台账。

·8.2 设计分包采购管理

采购方式：成套设计：单一来源采购；
工程设计：单一来源采购。

设计单位：国网北京经济技术研究院
中国电力工程顾问集团中南电力设计院

分包方案：

包号	设计内容	潜在设计单位
E02	成套设计	国网北京经研院
E01	工程设计	中南电力设计院

·8.3 施工采购管理

里程碑计划

序号	工作阶段	里程碑节点	时间(年/月/日)	备注
1	项目前期	特许经营权协议生效	2015年10月2日	※
2		合同生效	暂定2015年12月5日	
3		征地完成	2017年3月1日	
4	勘察设计	现场勘测和大件运输现场勘道进场	2015年9月10日	
5		完成初步设计，并完成内审	2016年6月30日	※
6		完成施工图设计，并向业主报批	2018年7月31日	※
7		完成现场勘查，完成换流站、接地极地形测量	2016年3月31日	
8		全部施工图通过业主审核	2019年7月31日	
9		完成交流设备特殊试验	2019年1月31日	
10	采购供货	完成勘察设计招标采购，并签署合同	2015年11月15日	
11		完成主设备（换流变、换流阀、平波电抗器、调相机）清册及设备技术规范书，并评审	2016年1月31日	
12		完成主要设备采购计划和采购方案的报批	2016年1月15日	
13		整体采购方案通过公司审批	2016年1月31日	
14		完成主要设备（换流变、换流阀、平波电抗器、调相机）招标采购	2016年6月30日	※
15		主要设备（换流变、换流阀、平波电抗器、调相机）完成合同签订	2016年8月31日	
16		主要设备（换流变、换流阀、平波电抗器、调相机）到达现场	2018年10月31日	
17		完成施工招标采购，并签署合同	2017年3月1日	
18	施工调试	业主下达开工令	2017年4月1日	

图 17-4　换流站 EPC 承包商采购管理计划部分截图

第三节 项目的采购实施

采购实施指项目采购方根据采购管理计划实施具体的采购，直至确定各项采购的供应商，正式签订采购协议。国网巴控公司根据采购计划，按照公司的采购管理流程，在 2015 年 7 月中旬项目特许经营权投标前，完成了对线路和换流站工程 EPC 总承包、甲供材料、环保和征地服务商的采购实施工作，与各供应商签订预协议。

在各项采购的具体实施中，根据各家公司自身的能力和特点，兼顾价格、履约能力和和社会声誉等，采取公开招标的采购方式，获得了满意的结果，达到了预期的采购目的，主要包括以下几类。

一、线路工程 EPC 承包商的采购实施

巴西市场上能力较强的线路 EPC 数量不多，在满足基本的技术、管理和资金实力要求前提下，项目公司较为看重的是线路承包商的施工动员能力和报价，实行严格的最低价中标，对中外承包商完全一视同仁，以确保获得最有竞争力的价格。

因此对线路承包商采用的招投标、评标和开标方式是最为严格的密闭投标，公开开标，最低价当场中标的方式。

2015 年 7 月 1 日，国网巴控公司向 13 家通过资格审查的承包商发出招标通知，招标采用投标商隔离、密闭信封报价、最低价预中标原则，分 10 个标包依次招标。根据招标、评标、定标分离的原则，国网巴控公司组成竞标委员会负责定标，招标、评标小组组织实施招标工作。

2015 年 7 月 16 日，确定了 5 家 EPC 承包商预中标本项目 10 个标段，其中山东电建一公司预中标 3 个标段，Alumini 公司预中标 2 个标段，Tabocas 公司预中标 3 个标段、Abengoa 公司和 Amir 公司分别预中标 1 个标段，后在项目执行前期，Abengoa 和 Amir 公司由于多种原因破产，项目公司立即采取终止预合同措施，重新招标新中标方，新中标方以同等于原预合同价格承接此两标段工程。

二、换流站工程 EPC 承包商的采购实施

特高压换流站集中了目前世界电工领域最前沿的技术，美丽山二期项目还包含了很多创新的技术难题挑战，投资规模较大，因此，对于换流站 EPC 承包商的选择就必须全面考察承包商的综合实力，包括技术、实施、队伍和资金等各方面，而且这方面的供应商全世界范围内选择不多。所以换流站承包商的招标就必须经过详尽的技术澄清，方案评审、修改、补充，多轮谈判等，虽然最后还是最低价中标，但前期的技术方案评审和沟通是关键中标因素。

2015 年 5 月 6 日，国网巴控公司向中国电力技术装备公司、ABB、西门子和阿尔斯通发出询价文件。6 月 24 日，向上述四家公司发出换流站工程技术规范书和 EPC 总承包预协议。

2015 年 6 月 26 日～7 月 10 日，国网巴控公司陆续收到上述四家企业的资质、技术方案和商务报价文件。

2015 年 7 月 3～10 日，招标团队研究分析各家公司的技术报价文件，发出澄清。同时，对各家公司提出的澄清问题进行了答复，完成评标流程，并与各家展开价格谈判。

2015 年 7 月 16 日，收到各家最后一轮报价，中电装备公司最低价中标，与其签订换流站 EPC 总承包预协议。

三、线路甲供材料的采购实施

线路甲供材料包括铁塔钢材和导线，由于项目需求量大，当地最大的瓶颈在于产能不足。因此，对于甲供材料的采购，除了价格以外，最需要的是供应商确保产能的能力和承诺，甚至要引进国内的供应商。

2015 年 6 月 22 日，国网巴控公司向 8 家导线供应商及 5 家铁塔供应商发出询价书及预合同，其中导线包括本地全部 5 家导线供应商及南瑞集团、山东电工电气和中天科技 3 家中国导线供应商；铁塔包括本地全部 5 家铁塔供应商。

2015 年 6 月 30 日～7 月 3 日，巴控公司收到各家公司的首轮竞争性报价。从 7 月 6～14 日，巴控与各家公司展开了三轮竞争性价格谈判，并要求本地供货商提交可保证产能、已获得或可获得 Finame 代码（铁塔）、本地化加工（导线）承诺函。经过压价竞争性谈判，铁塔单价下降约 7%，导线单价下降 7%。

最终按照最低价中标原则，导线选择了巴西本地的 Alubar 公司和中国的南瑞集团，铁塔主材选择了巴西本地两家最大的供应商 SAE Tower 和 Brametal 公司。

四、环保、征地服务商的采购实施

环评和征地工作是工程实施的前置条件，对在巴西投资工程项目而言，这两项工作的要求和挑战都很高，是最需要本地化能力的工作。国网巴控公司对环评和征地服务的招标最为看重的是其资质、履约能力和社会声誉。所以在整个招标过程中要尽可能全面了解各家供应商的真实实力，虽然这两项服务的招标标的相对不大，但谈判的供应商数量和经过的谈判轮次是最多的，整个采购实施工作分三个阶段进行：

（1）询价。项目拟选聘一家环评服务公司，为整个项目的环评取证提供支持服务，国网巴控公司共向 12 家环评服务公司发出保密协议和询价文件，收到 12 份有效报价。征地服务按线路长度共划分三个标段，其中第一标段（北段）800km，第二标段（中段）953km，第三标段（南段）800km。国网巴控公司共向 10 家公司发出保密协议和询价文件，收到 8 份报价。

（2）短名单确定，根据各环评、征地服务投标方提供的技术资质文件及服务方案，经过资质预审，筛选了 6 家环评服务公司和 6 家征地服务公司进入澄清和谈判阶段。

（3）竞争性价格谈判，截至 2015 年 7 月 14 日，国网巴控公司与进入短名单的各家服务商均进行了三轮技术和商务谈判。最终综合技术实力和价格优势，选择了巴西知名的环保和工程咨询公司 Concremat 公司为项目提供全过程的环评服务工作；选择了 Mapasgeo、Avalicon、Medral 三家公司负责项目征地服务工作。

国网巴控公司通过实施严密的采购管理流程圆满完成了各项主要采购任务，获得了市场上最具竞争力的价格和最符合自身需求的供应商，为最终在首轮投标中，就以恰好胜出的最低价成功中标项目特许经营权奠定了坚实的基础。

国网巴控公司就此基本完成项目主要的采购工作，与确定的各家供应商分别签订了预协议。在国网巴控公司中标项目的特许经营权后，按照巴西法律规定，成立独立的项目公司，所有项目的业主责任和权益全部由项目公司承担，由项目公司与各家供应商签署正式采购合同，并在项目建设过程中，根据合同条款对各 EPC 承包商负责的采购的计划和采购合同的执行进行管理，即对各项业主采购合同的执行进行控制。

第四节 项目的采购控制

采购控制的重点是对各 EPC 承包商和甲供材料供应商承担的项目设计、施工、生产和设备原材料采购等各项工作的实施过程和进度、质量、成本等各方面进行监督控制，包括要求供应商在开工、生产、采购前必须将相应的进度计划、实施方案、分包商资质、质量控制方案等上报项目公司审批；项目公司在各专业监理的协助下，通过日报、周报、月报和各类会议、检查、监造、审计、测试等工具及时掌握供应商各项工作的实际进展情况和完成质量；对于不符合计划和标准的缺陷提出整改要求，监督整改闭环完成；对已完成各项成果进行见证和验收等。

对于换流站 EPC 承包商负责采购的各种比较复杂的大型设备的设计、制造过程和产品质量控制，项目公司更要强化管理，包括专门组织总承包商深化、细化技术规范书审查和技术交底，参加设备技术冻结，明确技术协议和排产计划是否符合工程总体要求；每周会同总承包商审查、协调、整合设备物资的生产、试验、到货进度计划，及时发现风险项纠偏；派出工程师与总承包商的设备驻厂监理共同见证型式试验及关键出厂试验，组织专家团队进行质量问题排查等。设备材料生产现场见证如图 17-5 所示。

图 17-5 设备材料生产现场见证

换流站采购的中国设备供应进度计划部分截图如图 17-6 所示。

表1：国内设备执行进度控制表								
批次	设备	集港完成	报关及装船	运抵境外港口	运抵施工现场	周进度	累计进度	预警
CNTR1	欣古站支柱绝缘子	2018/1/16	2018/1/27	2018/3/25	2018/4/14		已运至现场	
CNTR2	里约站支柱绝缘子	2018/3/1	2018/3/8	2018/4/7	2018/4/24		已运至现场	
BBK1	欣古站3台换流变	2018/3/12	2018/3/25	2018/5/10	2018/6/6		驳船预计6月15日到达欣古码头	
BBK2	里约站3台换流变	2018/3/12	2018/4/1	2018/5/23	2018/7/5		预计6月12日开始陆续到达现场	
CNTR3	欣古站测量装置	2018/5/22	2018/5/31	2018/7/18	2018/8/7		已装船发运	
CNTR4	里约站测量装置	2018/5/22	2018/5/31	2018/7/3	2018/7/19		已装船发运	
CNTR5	欣古站换流阀悬吊框架、连接金具、阀冷水管及金具	2018/6/12	2018/6/20	2018/7/25	2018/8/14			
CNTR6	欣古站极1换流阀（一半）	2018/6/12	2018/6/20	2018/8/1	2018/8/21			
BBK3	欣古站2台换流变、避雷器、电抗器、隔离开关、阀冷、测量装置、换流阀配件、装置性材料、调试设备	2018/6/12	2018/6/20	2018/8/9	2018/9/5			
BBK4	里约站2台换流变、避雷器、电抗器、隔离开关、阀冷、测量装置、换流阀配件、装置性材料、调试设备	2018/6/12	2018/6/20	2018/7/30	2018/9/11			

国内设备计划 巴西设备（除低端变压器）低端换流变专项计划 交流控保专项计划 现场收货进度 设备

图 17-6 换流站采购的中国设备供应进度计划部分截图

整个建设过程，项目采购执行效果良好，项目各项采购的范围、进度、质量等目标可控。采购成本方面，线路甲供的导线原材料采购价格由业主进行套保得到有效降低，其他采购签署的基本都是固定总价合同，采购成本风险基本锁定，能够影响到业主成本控制的主要就是承包商的索赔行为。项目公司制订了贯穿项目实施全过程的索赔管理体系，对承包商的索赔进行防范、分析，对不合理索赔进行反驳的管理行为，包括以下三个方面。

一、积极做好索赔防范工作，从源头上抑制索赔的发生

（1）严把招标质量关，在对承包商招标的过程中，对承包商的财务、法律、业绩和股东关系进行深入调查，选择信用度较高、口碑较好的承包商，能够在一定程度上防止低价中标，高价索赔现象。

（2）在合同文本的制定和合同谈判时，对 EPC 合同总价下的甲乙双方义务和责任进行清晰的界定，杜绝灰色地带。根据市场经验，对容易引起争议的事项，如施工过程中监管机构要求的技术规范的变化、环保改线、改塔型等；施工通道、征地等造成的阻工等均给出明确的责任定义，避免后期索赔处理过程中的推诿扯皮。

（3）积极监控索赔征兆和信号，提前处置，控制索赔的发生。施工过程中，项目公司紧密关注现场进展，及时分析、跟踪索赔发生前的信号和征兆，并提前进行预处理，能大幅降低索赔的真实发生率。常见的征兆有工程变更（易产生工程量的增加，从而导致承包商提出索赔）、漏项（承包商易在后期大量提出索赔）、不可抗力事件发生等。通过对索赔信号的辨析，项目公司能够及早对索赔事件进行后果预测并及时处置，将索赔发生的风险尽可能降低。

二、建立规范的索赔管理流程体系，杜绝管理漏洞

项目管理体系在采购管理领域中，就索赔工作专门制订了索赔管理和索赔分析两项管理流程，以规范公司对索赔的管理行为，杜绝遗漏，防范相应的风险，如图 17-7 和图 17-8 所示。

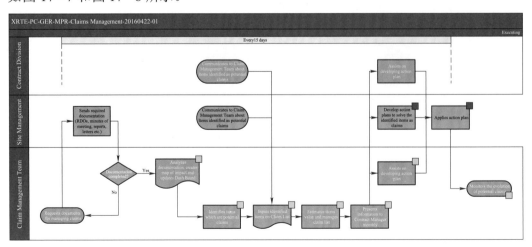

图 17-7　项目索赔管理流程

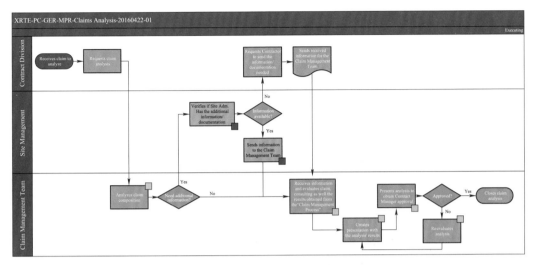

图 17-8　项目索赔分析流程

反索赔的核心是反驳索赔报告，证明索赔报告不符实，转移或回避索赔风险。根据索赔分析流程，项目公司对承包商索赔报告的分析、审核主要关注以下三点：

1. 索赔依据审核

索赔依据审核主要针对项目合同中的依据进行核查，核对承包商提出的索赔要求是否符合合同规定，不符合则项目公司可拒绝该索赔。

2. 索赔事件责任审核

项目建设过程中，项目公司严格理清索赔的起因，认真分清事件的合同责任，拒绝非甲方原因所造成的索赔要求。例如，若索赔事件是由于常规的自然条件或非不可抗力产生的，并非甲方的责任，项目公司可据此予以书面反驳；若合同双方都有责任，理应按照合同责任比例合理分摊损失。

3. 索赔值审核

项目公司主要针对索赔费用和索赔工期两方面来进行索赔值的审核。索赔费用审核要检查索赔费是否根据应担风险进行合理计算、计价报价是否依据工程项目合同规定等；而索赔工期的审查主要针对关键路径来展开，若施工延误的是关键工作，那么批准的索赔工期就是施工延误时长；反之，若延误后并非关键工作，则予以驳回。

三、引进专业第三方提供专业审查意见

项目公司还专门聘请理赔咨询顾问进行索赔分析，对承包商提出的每一项索赔进行全面审查、提出专业意见，供项目管理团队参考，提高了索赔管理的效率和专业性。项目公司在项目前期设计、采购、施工、环境及征地合同拟定谈判阶段，确定并规避了约 140 个风险点，包括含糊不清及对己方不利的条款。

同时，在项目施工阶段，对现场监理进行索赔管理培训，帮助现场监理了解 EPC 承包商如何通过双边公文中的日常记录来提出索赔，以及该如何回复此类索赔及其依据，提高应对索赔能力，取得很明显的效果。

图 17-9 显示了对监理进行培训所产生的效果：在工程刚开工时，仅 27.7% 的索赔证据得到了有效回应，到 2018 年 7 月，当施工进度已经达到 70% 时，81.3% 的索赔诉求得到了有效响应，驳回率达 73%。

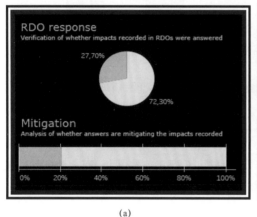
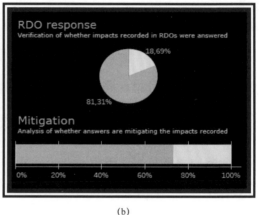

(a)　　　　　　　　　　　　　　　(b)

图 17-9　现场监理反索赔培训前后效果对比

（a）2016 年 9～12 月的日报响应评估；（b）2016 年 9 月到 2018 年 12 月的日报响应评估

项目公司通过贯穿全程的索赔管理体系，对承包商的索赔要求采取了及时响应，达到了良好的控制效果。

第五节　采购管理的主要挑战和应对措施

1. 巴西建设市场优秀承包商较为稀缺

巴西工程建设市场资源有限，市场中规模大、信誉好、有实力的 EPC 公司数量有限，具有典型的乙方市场特征。为应对巴西当地合格 EPC 承包商资源不足的困难，国网巴控公司主要通过合理设置预协议条款和引进中国承包商的方式加以解决。

例如参与投标的 Alumini 公司在线路第 6、7 标段预中标，但在签署预协议时，Alumini 申明由于受"洗车案"影响，其多个项目工程款无法收回，已申请破产保护，公司正处于司法重组申请中。考虑到其施工承包能力得到了国网巴控公司的认可，在预协议中明确：项目公司有权引入其他 EPC 承包商与 Alumini 进行合资、联合或者分包。其后，在签署正式协议前，Alumini 公司确定智利 SK 公司为施工合作伙伴，国网巴控公司经过实地考察，确认 SK 公司是一家有实力有资质的国际工程承包商，同意了 Alumini 的要求。同时，中国电建集团旗下福建电建也有意参加项目实施，鉴于福建电建是进入巴西建设市场的新承包商，项目公司建议三家公司组成联营体，以发挥三方在技术、财务、设备材料和当地劳工招聘等方面的优势，三方达成了联营体协议，继承了 Alumini 公司的线路工程合同。

又如，在预协议招标时，8 号标段的中标者 Amir 公司有一定施工资质，有着强烈的承包意愿，但考虑到其实力并不强，单独完成标段施工有一定难度，国网巴控公司同样在预合同中设置可推荐引入其他承包商特殊条款，在对方未达到约定时，甲方可解除合同。在其后签署正式协议前，项目公司对 Amir 公司进行详细企业背景调查中发现，其已被当地检察院起诉并查封财务，该公司已经不能正常履约，根据预协议条款，项目公司与 Amir 公司解除预合同，并通过招标确定国网新疆送变电公司按原预合同价格中标第 8 标段。

通过上述设置有保障的合同条款和引进中国后备承包商，项目公司成功克服了巴西 EPC 市场合格承包商不足的不利情况，在特许经营权投标前完成了主要承包商的采购工作，既获得了符合市场实际的有竞争力的 EPC 价格，又为其后的灵活调整、保障队伍施工能力留足了空间。

2. 确保三大核心设备按时按质运抵

美丽山二期工程的三大核心设备高端换流变压器（单台重 337t）、换流阀和控制保护设备均来自国内，这些设备也是首次从中国成规模运抵海外工程现场：经 20 000km 海陆联运，穿越雨林、河流、山路，按时、按质、安全地运抵两端换流站施工现场。

项目建设期间，共计完成 43 批次货物运输，其中集装箱发运 37 批次，运量共计 541 个国际标准箱单位，运往欣古换流站和里约换流站的货物平均运输周期为分别是 85 天和 49 天；散杂货发运 6 批次，运量共计 32 572 计费 t，包括 14 台换流变压器本体大件设备，运往欣古站和里约站平均运输周期分别是 112 天和 167 天。

（1）中国设备部分。中国设备包括 800kV 换流变压器（西电）、欣古站换流阀（南瑞继保）、里约站换流阀（普瑞工程）、两站直流控制保护系统（南瑞继保）、平波电抗器（北电）、测量装置（南瑞继保）、直流绝缘子（抚顺电瓷）、避雷器（廊坊东芝）、接地开关（泰开）、装置性材料（平高）。以上设备采用集装箱货物共计 28 批次、散杂货（BBK）共计 6 个批次。

中国设备均是通过巴西北部的贝伦港和里约热内卢州的伊塔瓜伊港分别转运至欣古换流站和里约换流站，均由中特物流公司负责集装箱和散货运输。

欣古换流站设备公路运输路线：欣古河码头——BR230 公路（3km）——进站电路（0.8km）——站址，运输线路全程为 3.8km。欣古换流站±800kV 高端换流变压器运输环节如图 17-10 所示。

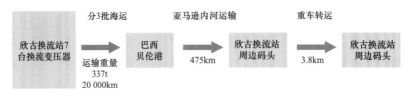

图 17-10 欣古换流站±800kV 高端换流变压器运输环节

贝伦港至欣古换流站站址水路、公路运输线路示意图如图 17-11 所示。

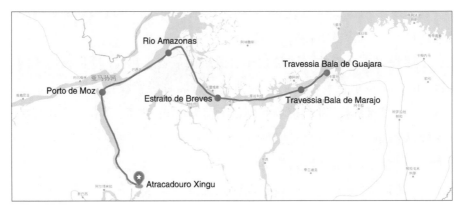

图 17-11 贝伦港至欣古换流站站址水路、公路运输线路示意图

贝伦港至欣古河码头转运货船如图 17-12 所示。

图 17-12 贝伦港至欣古河码头转运货船

欣古河码头至欣古换流站站址公路运输线路示意图如图 17–13 所示。

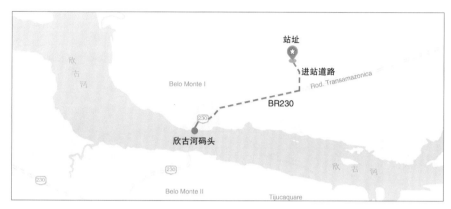

图 17–13　欣古河码头至欣古换流站站址公路运输线路示意图

图 17–14 为 2018 年 9 月底，五台换流变压器停靠在欣古河码头待转运。

图 17–14　五台换流变压器（两台高端换流变压器，三台低端换流变压器）
停靠在欣古河码头待转运

里约站设备公路运输路线：伊塔瓜伊港——港区内道路（4km）——BR493 公
路（26km）——BR465 公路（3km）——BR116 公路（6km）——杜特拉立交桥（分
线点）——R116 公路（6km）——换装点——BR116 公路（1km）——西侧乡村道
路（6km）——健身器材场地——乡村道路（4km）——进站道路——站址，运输线路全程约为 56km，线路示意图如图 17-15 所示。

图 17-15　伊塔瓜伊港至里约换流站址公路运输线路示意图

　　（2）巴西当地设备部分。巴西当地设备主要包括 400kV 换流变压器、直流穿墙套管、直流转换开关、直流滤波器、交流滤波器、交流场设备、调相机系统等。以上设备采用集装箱，运输货物共计 9 批次。

　　两站低端换流变压器运输均有条件限制：欣古侧是由 ABB 圣保罗工厂发到圣保罗的桑托斯港，转运至欣古河码头，上岸后由当地交管部门安排欣古河码头到欣古站的封路措施；里约侧相对复杂，由 ABB 工厂到里约换流站的公路运输路径途经 CCR Nova Dutra 特许权公司路段，该公司为避免同时存在两台换流变压器在其路段上影响正常交通流量，采取了限制换流变压器进出的措施，即在一台换流变压器完成其路段运输后，才允许第二台换流变压器上路，期间间隔 10 天以上。

　　欣古换流站和里约换流站的换流变压器运输途中图片分别如图 17-16 和图 17-17 所示。

　　此外，在里约换流站低端换流变压器安装期间，为了确保换流变压器运输能够满足现场施工进度要求，项目公司会同承包商采用了第五台低端换流变压器和第六台低端换流变压器并行运输的策略（第七台换流变压器为备用变压器），第五台低端换流变压器并未通过 CCR Nova Dutra 特许权公司路段进行运输，而是由圣保罗工厂发到圣保罗州桑托斯港，通过海运转运至里约州的伊塔瓜伊港，之后按照高端换流变通行的路线进行 70km 左右的公路运输，确保了现场的正常的安装进度。

图 17-16　欣古换流站低端变压器运输途中　　　图 17-17　里约换流站低端变压器运输途中

（3）关键设备的运输包装情况。对于换流阀、控制保护设备等关键电力电子精密设备的跨洋运输工作，工程创新使用了食品级包装工艺，通过真空袋、防撞膜、防尘膜、保护层等多层无尘真空包装进行封装，避免受潮和灰尘影响，保证储运过程无环境影响，确保设备经两万余公里运抵开封后完好无损、功能正常，到场后开封即具备安装条件，如图 17-18 和图 17-19 所示。

对于高端换流变压器的运输，运输过程中采用了 GPS 定位系统和碰撞计数器，严格监测运输位置和动作碰撞情况，并在途中监测器身气体质量避免破空受潮。

图 17-18　换流阀配件包装　　　　　　　　图 17-19　换流变压器配件包装

中国设备运往巴西施工现场的途中历经海运、清关、内陆船运、公路运输许可办理、道路改造等多个流程，全程历经约 3 个月，其中换流变全程约一个月时间。项目公司提前准备，精心协调和沟通，圆满完成了世界上运输距离最远、税务清关最复杂、运输条件最苛刻的直流设备运输工作。

第六节　采购管理的作用

项目的采购管理工作决定了特许权项目的投标价格，使得国家电网公司在首轮投标中，以刚好胜出的价格独立中标；同时也实现了项目战略目标：实现了中国特高压一体化全产业链、全价值链协同走出去。

项目建设所需的所有具体的服务和产品全部来自采购，项目管理的主要工作也都需要根据采购合同相应条款，通过采购控制来落实，使得项目以最优成本提前高质量建成投运。

第十八章

项目干系人管理

第一节　干系人管理的流程和工具

美丽山二期项目社会影响力大、干系人众多，确保所有干系人对项目的支持和参与是项目按期建成的基础，让项目干系人对项目感到满意则是项目成功的标志。

干系人管理流程为：① 项目公司辨识梳理对项目有影响或受到项目影响的主要干系人；② 分析各类干系人对项目的需求、作用等，分别制定不同干系人的沟通策略，确保项目管理团队与主要干系人之间的沟通畅通、及时互通信息；③ 为确保与关键干系人有关的项目关键事项的成功，制定管理流程并严格执行，主要包括监管事项管理流程、许可证管理流程和 EPC 承包商管理流程等。

一、监管事项管理流程

巴西国家矿能部、电力监管局、电力调度中心等巴西电力行业监管部门是美丽山二期项目的主要干系人，对项目的建设和运营有重大影响和约束作用。监管事项管理流程用于辨识梳理业主应该承担的所有责任、持续监督这些责任的履行，避免不符合政府监管要求导致的处罚，及时对各种不符合监管要求的事项进行整改，不断提高各行业监管部门对项目的满意度和支持力度，如图 18-1 所示。

二、许可证管理流程

环境保护等各项许可证的获取是项目可以动工建设的前置条件，许可证管理流程用以提高项目公司各项取证环节工作的规范性和有效性，确保各项许可证的按时获取，如图 18-2 所示。

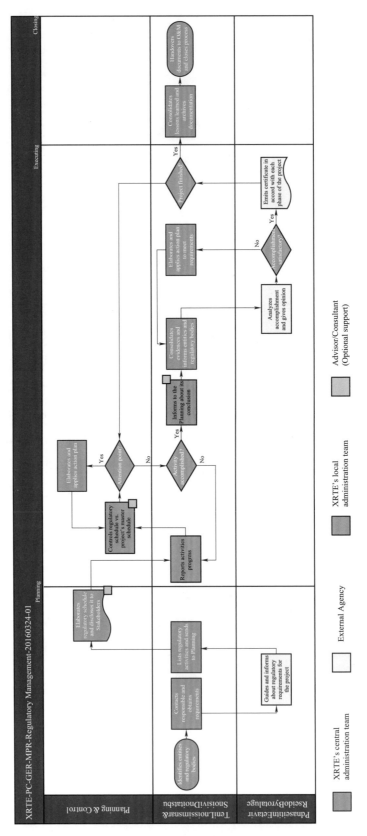

图 18−1　监管事项管理流程

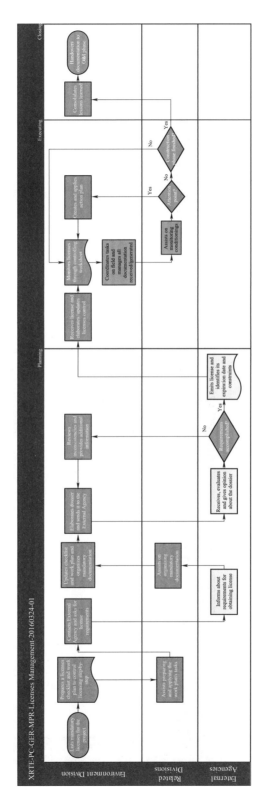

图 18-2　许可证管理流程

三、EPC 承包商管理流程

各 EPC 承包商是美二项目施工的主力，是项目公司的重要干系人。"EPC 承包商管理流程"主要用来规范在项目现场的业主管理团队与承包商管理团队之间的工作沟通流程，如图 18−3 所示。

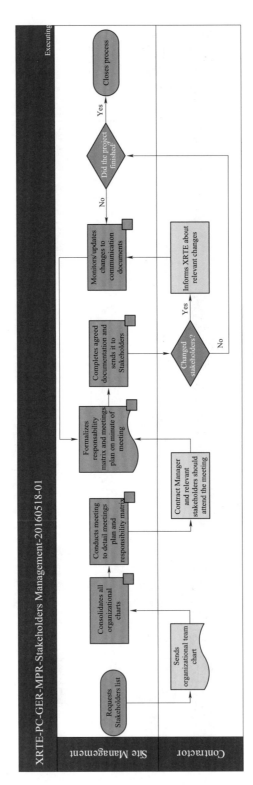

图 18−3 干系人（承包商）管理流程

业主与承包商团队项目现场责任矩阵如图 18-4 所示。

PROCESSES				STAKEHOLDERS			
Project phases legend: P - Planning; C/N - Contracting/Negotiating; E - Executing; C - Closing Matrix legend: R - Responsible; A - Accountable; C - Consulted; I - Informed				XRTE	OWNER'S ENGINEERING	CONTRACTOR A	CONTRACTOR B
			DIVISION				
GROUP OF ACTIVITY	P	1	Descrição da atividade a ser desenvolvida				
	C/N	2	Descrição da atividade a ser desenvolvida				
	E	3	Descrição da atividade a ser desenvolvida				
	C	4	Descrição da atividade a ser desenvolvida				
		5	Descrição da atividade a ser desenvolvida				
		6	Descrição da atividade a ser desenvolvida				
		7					
		8					
		9					
		10					
		11					
		12					

图 18-4　业主与承包商团队项目现场责任矩阵

第二节　关系人管理典型案例

1. 积极主动，创造项目良好外部环境

在国家电网公司独立中标美丽山二期项目后，国网国际公司会同国网巴控公司拜访了巴西矿能部、电力监管局、国家开发银行、国家电力调度中心和中国驻巴西使馆，阐述了国家电网公司在巴西长期战略投资和互利双赢的发展战略，以及本土化运作、本地化经营的基本原则；根据上述各政府部门及机构的工作分工，有针对性地提出希望各方对巴西公司业务发展及实施美丽山项目提供支持和帮助，取得了良好的效果。受访各方对公司技术实力和特高压工程实施经验表示充分认可；愿意在环评许可、征地、优惠贷款审批等工作过程中提供支持，矿能部和电监局认为项目对巴西国家非常重要，将与巴控公司建立更加积极的跟踪协调机制，以提供支持。

特许权协议签订后，美丽山二期项目被能矿部列为巴西国家重点工程。国网巴控公司持续推动监管协调，与矿能部等监管机构建立双周会议机制，就重大问题定期寻求高层协调支持，电力监管局、国家电力调度中心等监管机构参会。通过不断加强与巴西政府相关部门和机构的主动沟通和联系，寻求其对环评、征地、社会协调等工作的支持，为美丽山二期项目的实施和建设创造了良好的外部环境。

2. 引入成熟经验确保项目收益

项目公司努力促成巴西电监局采纳中国成熟运维经验，优化直流特高压输电项目效益考核指标，保证项目收益。巴西输电特许经营权的年度监管收入基数在投标前就已经确定，每个特许经营权竞标者的报价就是经过详细的财务模型测算后，报出的基础年份的年度监管收入数。但能否稳定获得年度监管收入取决于运营商的每月资产计划和非计划停运的时间，每次停运都将受到处罚。因此，对于输电经营商收入影响最大的就是每月的资产停运处罚。为了提高项目的收益，项目公司需要重点做好以下三方面的工作：

（1）在进行项目商业计划编制时，就对项目的目标质量、总投资、建成后的运行维护成本、建成后可能的各种计划和非计划的停运时间、以及相应可实际获得的年度收入等进行仔细的测算，寻求最优的平衡组合，以获得理想的投资回报。

（2）加强对输变电工程的运行维护，不断提升运维管理能力，及时排除各种停电风险，提高工程的可靠性，减少非计划停电，提高发生非计划停电的恢复供电能力。

（3）对于每次非计划停电，跟国家电力调度中心加强沟通，分析停电的具体原因和实际失效的资产范围，以尽量减少处罚的资产范围和罚款的倍数。

巴西电力监管局在最初公布的对项目的监管规定中，简单套用交流输电工程的考核指标和资产停运处罚扣减加权倍数作为运行质量考核的指标和相应的资产停运处罚扣减倍数，没有考虑直流工程的特点。

直流输电系统与交流输电系统，尤其是站内设备的差异和运维停运设备范围的差异很大，例如直流线路的计划检修停电必须全线停运，不像交流线路可以逐段停运检修，如果套用交流线路的计划停电扣减倍数和失效资产的年度监管收入对直流线路进行考核的话，直流项目工程的收益将严重受损。

为此，国网巴控公司协调国内直流专家与电力监管局、国家电力调度中心、巴西输电协会等监管部门和研究部门反复沟通和进行技术交流，介绍中国成熟的直流特高压运营经验和实际运行数据，建议巴西电力行业专家和监管部门应该对直流特高压项目设定不同的运行考核指标和资产停运处罚扣减倍数。

沟通交流的过程艰难、漫长，经过国网巴控公司坚持不懈地跟各部门沟通，提出多种方案和合理化建议，最终促使巴西电力监管局借鉴中国特高压成熟运行指标，优化了原有的指标以适合直流特高压项目的特点，经过研究和听证，发布了直流输电工程新的运行考核规则，见表 18-1，确保了项目的收益和经济效益。

表 18-1　　　　　　交直流输电线路监管指标和资产停运处罚扣减办法比较

序号	项目	交流规则 REN729/2016	直流规则 REN853/2019
1	功能单元 FT 划分	8 个 FT，包括 4 个换流站 FT；2 个输电线路 FT；2 个通用 FT	5 个 FT，包括 1 个换流站 FT；2 个输电线路 FT；2 个通用 FT
2	资产停运处罚计算公式	$PVI = \dfrac{PB}{24 \times 60D} \cdot \left(K_{p'} \sum_{i=1}^{NP} DVDP_i + \sum_{j=1}^{NO} (K_{oj} PAOD_j) \right)$	换流站 PVC $$PVC = \dfrac{PB}{24 \cdot 60D} \cdot \sum_{i=1}^{Nl} \left| \sum_{j=1}^{N} d_{ij} \cdot \left(0.025 + K_{ij} \cdot \dfrac{P_{ij}}{P_{min}} \right) \right|$$
3	计划停运系数 K_p	$K_p = 10$，超过申请计划停运时间 K_p 增加 50%	换流站 $K_p = 5$；输电线路 $K_p = 10$。超过申请计划停运时间 K_p 增加 50%
4	紧急停运系数 K_u	$K_u = 50$，300min 后降至 K_p	$K_u = 25$，300min 后降至 K_p
5	其他停运系数 K_o	$K_o = 150$，300min 后降至 K_p	换流站 $K_o = 75$；输电线路 $K_p = 50$。300min 后降至 K_p
6	最低维护 RMM 项目	REN669	REN669＋高压直流项目
7	最低维护 RMM 项目时的资产停运处罚减免	每 3 年变压器 20h；每 6 年输电线路 20h	每个日历年，80 个等效小时优先维护期内停运免资产停运处罚，再增加 40 个等效小时，$K_p = 1$
8	其他停运免资产停运处罚	不适用	另外，在最近连续 12 月内（滚动），非计划停运时间 20 个等效小时内，还可免除资产停运处罚
9	投运后宽限期	6 个月	12 个月

第三节　干系人管理对整个项目成功所做的贡献

项目干系人管理工作不仅确保了项目各方干系人对项目的参与和支持力度，保障了项目提前 100 天安全优质建成投运，还极大地提升了各方干系人，尤其是巴西公众和各级政府部门对项目的满意度，赢得了巴西社会各界的普遍赞誉，美丽山二期项目成为巴西近年来第一个零环保处罚通知单的大型工程。2019 年 6 月 26 日，美丽山二期项目被巴西标杆管理（Benchmarking Brazil）评审机构授予 2019 年巴西社会环境管理最佳实践奖，也即获得了联合国可持续性发展目标（Sustainable Development Goals）的实践认证，成为尊重环保、合法经营的典范，用实际行动诠释了共商、共建、共享的"一带一路"倡议内涵，有力地提升了中国的国家形象和声誉。

第十九章

项目收尾管理

项目收尾管理主要包括运维机构组建、人员招聘及培训、备品备件和建章立制等工作，做好项目收尾工作是确保工程顺利建转运的关键，项目公司在 2018 年 5 月施工高峰期时即启动收尾管理工作。

第一节 运维机构及运行管理模式

一、运维机构组建

美二项目试运行阶段，项目公司新成立综合计划处和技术处两个处。项目公司在工程现场组建里约运维工区、欣古运维工区和线路运维工区三个工区，地点分别位于里约换流站、欣古换流站和特高压沿线运维营地。

美二项目正式转运维阶段后，项目公司本部保留两个处，其他处合并到巴控公司相应部门，项目公司按巴控公司部门化管理方式运作。机构设置如图 19−1 所示。

二、集团化运维管理模式

按照有利于提高项目可用率、节约成本和提高管理效率、发挥专业化和属地化优势的原则，并参考借鉴参考美一项目运维管理模式，美二项目运维管理采用跨国集团化运维管理模式。

在国内，国家电网有限公司海外直流工程建设领导小组和国网国际公司负责项目管理。国网电网有限公司系统内外相关设计、科研和制造单位配合开展项目故障分析等技术支持工作。

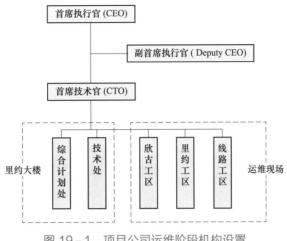

图 19－1　项目公司运维阶段机构设置

在巴西，国家电网有限公司从系统内单位抽调精干力量和美二项目公司中方部分建设管理人员充实运维管理团队，开展现场管理和协调工作。

（1）换流站运行维护模式。在里约换流站建设集控中心，集中控制里约、欣古和新伊瓜苏三个换流站，在两端换流站设立运行班组和检修班组。考虑到巴西缺乏特高压换流阀、直流控保系统运维经验的实际情况，在运行初期，安排四大核心设备（换流阀、换流变压器、阀冷系统和控制保护）厂家技术支持人员驻站辅助运维，辅助运维到项目公司运维团队具备独立故障处理能力为止。大型设备事故应急抢修采用"项目公司检修团队+外部专业公司"的模式，通过与大件运输租赁公司、大型吊车租赁公司等外部专业公司签订抢修协议，明确抢修时期对外部专业公司任务要求，这种模式能够充分发挥不同团队的业务优势、提高抢修效率，最大限度降低停电损失。

（2）线路运行管理模式。美二项目特高压直流线路长度 2539km，且沿线多在地广人稀的乡村和草原雨林地区，线路运维采用本地化团队运维模式。项目公司在线路中点设立 1 个线路运维主营地，在线路沿线设立 10 个运维辅营地（见图 19－2）。所有营地均存放有备品备件、应急工器具等，部分营地存放应急恢复塔（按照巴西 ONS 规定，输电线路在发生倒塔断线故障后，需在三天内恢复线路送电），应急恢复塔如图 19－3 所示。主营地负责美二项目线路应急抢修指挥和线路运维技术培训，辅营地负责所属区域线路巡视和中继站的通信设备运行巡视等。

图 19-2　美二线路运维主营地和辅营地分布示意

图 19-3　应急恢复塔

三、集团化运行管理为项目成功所做的贡献

案例1：2020年11月1日，里约换流站极Ⅱ的800kV穿墙套管故障发生后，项目公司连夜启动应急预案，检修团队和驻站厂家分工协作、密切配合，紧急租用大型吊车，历时111h完成套管抢修更换工作，较2019年工程投产前夕时同位置穿墙套管抢修时间缩减约1/3，整个工程的可用率较2019年提升约0.3%。

案例2：里约换流站极Ⅱ同位置穿墙套管发生两次故障后，国家电网有限公司发挥集团化运作优势，协调相关公司将故障套管运抵国内，组织国内专家开展穿墙套管解体分析，查明了故障原因。与此同时，国家电网有限公司也研究制订了国内在建工程大尺寸穿墙套管运抵巴西的替代方案。

案例3：美二项目调试期间，里约换流站500kV交流出线连续两天三次出现过电压保护误动作情况，当时项目公司技术人员及项目调试单位、保护设备厂家无法立即准确确定故障位置，在巴西的国内技术支持人员到达现场后，调取故障录波图，迅速定位并处理了故障，汇报巴西国调（ONS）后，交流线路恢复正常运行。

案例4：美二项目协调控制装置和稳定控制装置在试运行期间多次动作，正确动作率100%，每次动作后，项目公司仍与国内厂家技术人员开展联合分析，不断深化装置特性研究，进一步提高巴西电网的系统稳定性。

第二节　巴方人员招聘与培训

项目公司采用完全市场化的方式招聘运维团队巴方人员，招聘的主要是输电行业资深的管理人员和实践经验丰富的运行人员、设备维护人员等。培训工作紧密结合特高压设备的特点和现场运行维护难点开展，注重设备厂家人员现场操作指导培训，在理论培训的基础上大力开展现场实际操作和演练，通过现场设备安装跟踪及验收、配合参加工程调试工作以加快运维人员技术技能成长。

（1）人员招聘。通过招聘不同年龄层次、不同专业背景、不同工作经历的专业人员组建美二运维团队。对于经理层级，招聘具有20多年运行经验的伊泰普直流送出项目原技术经理担任里约工区经理，续聘美二项目建设团队欣古换流站经理为欣古工区经理，招聘马德拉直流工程原线路运维经理为线路工区经理，招聘中电装备巴西公司原技术负责人为技术处经理。对于主管层级，招聘原驻站经理为欣古换

流站检修主管，招聘原二次专业工程师为二次专业主管。对于重要运维岗位，招聘具有 40 多年变压器工作经验的厂家技术人员为变压器专责，招聘诸如原控制保护开发工程师、调相机厂家原现场服务人员等一批参与过美二工程建设，熟悉本工程特点的技术人员。

高效灵活的用人机制提升了运维管理水平，发挥了巴方员工熟悉当地政策环境的优势，加强了与 ONS 等监管机构和其他项目业主沟通协调，提高了运行和故障处置效率；利用熟悉周边地理环境的优势，降低运维成本；有利于国内丰富的运维管理经验和核心设备技术经验在本项目全面应用。

（2）人员培训。特高压直流输电工程设备数量庞大、技术含量高，换流阀、换流变压器、直流控制保护系统、阀冷却系统等都是在巴西少见的设备，运维人员需要系统性培训，才具备上岗条件。

1）特高压直流输电理论知识培训与现场培训。工程建设收尾期间，项目公司组织直流控制保护厂家对新入职换流站运维人员进行直流输电理论培训，累计培训 32 批次，共计 1100 多人次，如图 19-4 所示。培训内容包括直流输电换相基本原理、直流输电控制理论、直流输电保护配置、直流输电基本结构和组成、直流输电换流阀等，以及电抗器、开关设备、互感器、避雷器等设备原理。通过理论培训，运维人员全面掌握了直流输电技术的基本知识。

图 19-4　美二项目换流站运维人员集中培训

2）特高压输电线路运维作业培训。线路运维人员结合输电线路验收工作，登塔走线开展线路巡视培训；选择典型铁塔，利用便携式玻璃绝缘子更换工具进行现场更换培训，如图 19-5 所示。

图 19-5　美二项目线路运维人员实操培训

经过培训的运维团队提前进场熟悉安装环节和设备特点，巡视各型设备、核对设备操作后状态、严格执行巴西国调要求，圆满完成各项操作任务。工程调试期间，运行值班员编写和执行了 152 项操作任务，协调其他业主实施 224 次停电计划；两站检修人员共开展了 550 项消缺维护任务，为项目顺利投产奠定了基础。

第三节　备品备件和专用工器具

备品备件和专用工器具的配置对工程故障后的快速恢复至关重要，项目公司高度重视此项工作。

（1）备品备件。美二项目备品备件的配置原则既考虑了核心设备均为国产的情况，也考虑了美二项目和美一项目间的共享使用机制。项目公司共配置换流变压器套管、电容器、电抗器等共 19 大类设备 7163 个换流站备品备件和足够的线路备品备件（见图 19-6）。备品备件布置上也充分考虑换流站仓库和线路 11 个运维营地的布局、备品备件需求响应速度，明确了配置种类、数量。

美二项目、美一项目共享备品备件模式提高了备用设备的充裕度，确保了项目运行的可靠性，应用举例如下。

图 19-6　美二项目高压直流套管备品

案例 1：美二项目、美一项目两端换流站分别共享两套高压直流穿墙套管备品。2019 年 9 月，美二里约换流站高压直流穿墙套管闪络故障后，安装使用本站备用套管，同时项目公司调美二欣古换流站备用套管至美二里约换流站作为备品，此时美一项目欣古换流站高压直流穿墙套管共享作为美二欣古换流站备品；2020 年 11 月，美二项目里约换流站高压直流穿墙套管发生第二次故障，项目公司安装使用里约换流站内第一次套管故障时从美二欣古换流站调运来的备用套管，此时美一埃斯雷多换流站的高压直流穿墙套管共享作为美二里约换流站备品，并制定了两站间的备品运输方案。

案例 2：美二项目阀冷却系统型号种类众多的流量、温度和压力仪器仪表备品备件实现了在美一和美二项目间的共享。

（2）专用工器具。项目公司在设备采购和生产准备期间，配置大量专用工器具，以满足美二项目日常运行、检修、维护的需要。换流站配置了阀厅平台车、换流阀试验仪和油化实验室等常用工器具；此外，项目还考虑跨区域和维护便捷需求，配置了皮卡式高空作业平台车、吊臂式卡车（见图 19-7）等一批实用型工器具。

项目公司专用工器具共百余个，主要仪器仪表包括红外仪、紫外成像仪、SF_6 检漏仪。换流变压器专用工具主要有色谱分析仪（见图 19-8）、油介损测试仪、油压耐压测试仪等；换流阀专用工具主要有阀厅平台车、可控硅组件测试仪、可控硅测试仪等。

图 19-7　吊臂式卡车

图 19-8　换流站油色谱试验仪

专用工器具配置机制给项目成功所做的贡献如下。

案例 1：美二项目调试期间，由于当地盗抢造成直流输电线路倒塔断线故障，借用美一项目直流离线故障测距仪（见图 19-9），第一时间定位故障位置，为线路抢修恢复节约三天的时间，也为工程提前 100 天投产做出了贡献。

图 19-9　输电线路离线故障测距仪

案例2：检修人员在现场通过油化仪器开展油色谱试验，跟踪变压器油色谱指标，评估设备运行状态，避免设备出现事故，为工程长期稳定运行奠定了坚实的基础。美二项目运行初期，欣古换流站极Ⅱ高端换流变压器 A 相分接开关发生故障导致压力释放、压力继电器动作跳闸，在厂家更换有载分接开关后，检修人员利用油色谱仪连续监测却发现分接开关内乙炔气体数值逐步升高，立即通知厂家赶赴现场处理，及时消除安全隐患。

案例3：美二项目、美一项目实行错开年度检修时间、共享阀厅平台车的机制，大大提高了阀厅平台车的利用率。

第四节 规 程 与 制 度

为规范美二项目运行管理工作，明确运维管理职责、内容与流程，根据项目运维实际需要，项目公司制订运维规程与制度，主要分为通用部分和直流专用部分，其中通用部分内容是按照巴控公司运维要求编制的。

欣古换流站和里约换流站分别编制了运行规程和检修规程，其中检修规程是按照 ANEEL669 号文最小检修要求编制的。两站均存放 ONS 发布的电网规程规定及巴西其他相关机构发布的管理制度供运维人员执行。两站均配置直流系统典型操作票、典型缺陷作业指导书和应急预案。两站均制定了换流变压器应急处理预案、高压直流穿墙套管预案、高压平波电抗器应急处理预案等各类设备处理预案。

项目公司的运维管理提升措施为：运维团队中方人员在梳理巴控公司原有规程制度体系基础上，结合《国家电网公司十八项反事故措施》、《国家电网公司二十一项直流反事故措施》等反事故技术要求、国家电网有限公司运维管理"五通一措"、《国家电网公司变电站典型设计》、《国家电网公司二次设备分析制度》等规程规定要求，修订和完善了项目公司运维管理规程。

规程和制度给项目成功做出的贡献如下：美二项目试运行期间，调相机厂家、换流阀厂家在设备消缺中连续出现误碰和安全措施不到位引起的停电故障，项目公司运维团队分析故障原因，引入国家电网有限公司二次工作安全措施票制度，迅速扭转了巴西电网基建现场经常发生的误碰、误整定和误接线的继电保护"三误"问题，提高了现场作业水平。

第五节 新 技 术 应 用

项目公司重视新技术应用，引入电力运维管理云平台、在线设备状态监测系统、直升机巡视等，强化特高压设备监测手段，改进运行维护的方式方法，提高了生产运行水平。

1. 电力运维管理云平台

该平台可实现集中监控、分析、辅助决策和科学运维，及时上传运维信息，确保运维管理的标准化，实现资源及时调度共享，实现缺陷分级和闭环管理，使项目的运维管理高效运转，创造更大价值。

2. 设备在线状态监测系统

该系统通过对设备状态、各种参数的在线监测，及时发现潜在的故障，分析趋势，判断设备健康状况。运维人员通过跟踪设备运行状态，及时分析高压带电设备的绝缘气体压力、温度等设备状态信息，掌握设备运行状态趋势，采取应对措施，对提高设备可用率以及设备可靠性至关重要。

3. 直升机巡线技术

特高压输电线路具有铁塔高、间距大等特点，在广阔的巴西热带雨林或草原上，直升机巡线效率高，巡线具有无可比拟的优越性。2019 年上半年，在直流线路工程竣工验收阶段，项目公司采用直升机对特高压线路进行了巡航验收，成效显著，借助紫外成像、红外测温及可见光检测等技术，对全线铁塔进行了巡视检查，发现缺陷二十余处，也为线路安全稳定运行提供了有力保障。

电力运维云管理平台、在线检测系统和直升机巡线的运用，提升了现场运维水平，确保了运维人员更好地掌握设备运行状态，实现了运维业务的"千里眼、顺风耳"的功能，也为设备停电安排和抢修提供了决策依据。